锯齿纹彩陶鼓 马家窑文化

青铜面具 商

舞蹈陶俑 南唐

青花海水云龙纹扁瓶 明

第二版序言

我还记得十多年前北京的一批中青年美学家在一起聚会谈及《华夏审美风尚史》(11卷本)这个国家重大项目时，大家抑制不住的跃跃欲试的兴奋心情溢于言表。我们都在20世纪80年代进入大学或研究生院学习，而且都是美学专业。一些基础的课程都熟悉了，在事业上也小有成就了，但大家都议论到了同一个话题：我们所学的中国美学史，都是历代文人的言论史。这种美学史，是理论的美学史，当然，离审美实践还有很大的距离，显然，这种现状远远不能满足我们了解中国美学的愿望。应当另辟蹊径——这就是我们当时的决心。

《华夏审美风尚史》面对中国历史上的审美实践，涵盖着人的审美活动和人的审美活动的成果——器物的审美表现。《华夏审美风尚史》出版后，获第五届国家图书奖(2001年)，应当说这是学术界对这个科研成果的一种宝贵的肯定。

事隔十多年，北京师范大学出版社慧眼识珠，决定再版本书，作为主编，我深感荣幸。本书的再版，各卷作者除了仔细校订勘误以外，还增删了文字，使之更加简洁明了，并增加了与内容相匹配的图片，可读性也更强了。

当然，在目前的学术视野中，中国美学的深度开掘还有非常大的空间和很遥远的路程要走。五千年来，中国的审美实践绵延不断，它的思维成果的结晶——器物和物质遗存，异常丰富。大量的物质遗存在深度上构成了一个审美风尚的物质证据链，它当然地成为中国美学理论的原生地和出发点。整理、了解、发掘这块原生地的工作，是《华夏审美风尚史》以后的工作任务了。《华夏审美风尚史》完成了它的历史任务，记载了华夏审美风尚的实践，这一开创性的工作，在当代中国美学史研究上留下了重要的一笔，是值得以此纪念的。

是为序。

许　明

2015 年 6 月

第一版序言

写这部书的缘起还是在20世纪90年代初厦门美学会议上。当时北京的几位青年学者结伴回京，旅途上谈论起当前的美学史研究。大家都感到有必要改变一下传统思路，再写一部大美学史。传统的美学史通常是美学思想史，是历代哲学家或文艺理论家的理论发展史；而与美学相关的艺术部分及日常生活中的审美现象，则不在研究范围内。显然，这是有缺憾的美学史表述。

写一部大美学史，谈何容易。20世纪80年代初，已经有学者提出这一建议。但事实上，这种构想既无前车可鉴，也无现成理论可支持。这样一部原则上范围极广的“美学史”如何写？这种注定是没有边际的写法将会出现什么结局？这实在是个问题。说实在话，这也是作为主持这个课题的本人的一块心病。因为谁也不知道怎么写，而在只有一个良好愿望的情况下，历史是无法诉说的。

但问题是实实在在的，即一种具有鲜明文化内涵的审美现象，应当是可以被描写和研究的，也就是说，人的审美精神及其外化表现，是可以被思维和语言表达的。

这种学术自信建立在对美学学科的新的认识之上。作为一门学科，美学是不成熟的。尽管关于美、关于美的艺术的讨论已有数千年的历史，但美学究竟是一门什么学科，人们一直争论不休。19世纪德国学者提出美学是“Aesthetics”，即感性学，这种说法一直被沿用下来。直至今天，西方美学的主要研究对象是人类的审美经验，这是历史提供的一种可能性。但是，美学并不仅仅研究审美经验，它应当有更广泛的研究范围和更基础的构架理论的起点。

20世纪80年代以来，西方美学的理论著作不断被译介进来。据南京大学倪波、赵长林编的目录，20世纪以来，汉译外国美学、文艺学著作(不含译文)，截至80年代中期，有700余种。20世纪最后的15年，美学、文艺学著作翻译过来的不会低于100种。也就是说，今天的中国学者，仅仅凭中文就可以阅读800余种国外的美学、文艺学著作。到现在仍说资料不够，视野不宽，这大概只是一种不肯读书的托词了。在这800余种的美学、文艺学著作中，像中国美学界热衷于写的“美学原理”之类的著作，只占极少的一部分，如帕克的《美学原理》、托马斯·门罗的《走向科学的美学》、科林伍德的《艺术原理》、伊格尔顿的《文学理论导论》、丹纳的《艺术哲学》、列斐伏尔的《美学理论》等，绝大多数是对具体的艺术经验和审美经验的描述、研究和分析。而他们的“美学原理”的构建，大都又是从一定的哲学体系出发的演绎。所以，在我看来，美学，作为一门成熟的学科，其出发点仍无法在现有的这些成果中确立。

所谓学科出发点是一个无前提的前提，一种抛弃了任何体系的元点。如数学，就是研究数的关系的学科；伦理学，是研究人的伦理关系的学科。美学呢？传统的研究实践表明大多数美学家囿于习惯的出发点，局限于研究美、美感、艺术经验、美育等。于是，由这几块分割组合的“板块”构成了一部又一部美学专著。问题仍然没有解决：既然关于什么是“美”还争论不休，那么，“美的本质”之类的问题怎么可能构成学科的基本出发点呢？这显而易见的悖论中国学人不是看不到，而只是由于理论上的自卑以及缺乏独创性的勇气，不敢为天下先罢了。20世纪80年代中期，苏联哲学家的“活动理论”开始进入中国。于是，美学界开始有了遮遮掩掩的尝试。开始是微小的呼喊(因为不是来自西方而有点自惭形秽），一片沉寂之中有人顽强地坚持，然后是小心翼翼地论证，有了“审美活动论”之类的著作出现。到现在，终于在很多高校的美学课堂上，“审美活动”作为美学理论的基本出发点和构架，已成为不争的事实。关于美是主观的、客观的、实践的等的争论，已成为学术史上的记载。

学术是进步的。

显而易见的事实是：人类先有“活动”而后才有各种理论、学说。人类先有审美活动，才有关于美、关于艺术的理论。美学研究的出发点转向审美活动，这个在近十年间才完成、才被逐渐认可的美学研究出发点，算是中国学者对世界美学的一份贡献吧！

由审美活动的感性层面构成的有一定发展方向，总体特征具有某种统一性的审美趣味、习俗的总和，我们称之为“审美风尚”。审美风尚是一个时代审美理念的“风向标”，是一种“总体趣味”，是某种“大道无形”式的风格习俗。它既是可触摸的，又是无处不在的。因此，它可以，也应该成为美学学科描写、表述、研究的对象。

如果说，理论美学史的研究对象相对确定，边界也较清楚的话，那么，“审美风尚”则相反，这是一个没有边际的对象。因此，要将审美风尚构成一部史，操作上的难度极大。也正是这个难度，令我们在准备过程中不断请教、研讨，并最终形成一套想法。当然，在写作方式上最富启示意义的是布罗代尔的《15 至 18 世纪的物质文明、经济和资本主义》一书。这位享有盛名的法国年鉴派史学家，以其独特的叙事方式将历史画卷多层次地、形象地、多角度地展示给我们。他所主张的“整体的历史”观点，强调了历史“包括人类活动的全部现象”。“年鉴学派”的史学研究实践在历史学领域中开创了一个新的阶段，他们的这种写作，打破了传统的历史写作以事件与人物为主线的方法，勾画了一个立体的、多维的生活世界，回归了历史为生活代言的本质功能。

从这一启示出发，我们企图构思一部具有原生样态的《华夏审美风尚史》，而不仅仅是美学思想史。在构思写作过程中最大的困难不是材料缺乏，而是材料太多却要将它们容纳在一个有限的表达空间内（每卷 30 万字左右）。于是，在不断的讨论中，一个“博物馆式”的构想成熟了。可以想象，一个时代的审美风尚表现并融合在各个方面，从精雅的文人艺术到市井化民俗趣味，从华丽富贵的宫廷摆设到粗犷随意的砖雕石刻……方方面面，林林总总，让人目不暇接，美不胜收。我们不可能将材料全部收罗其中。而且，就审美风尚而言，它们不是有明晰的逻辑进程的思想之流。除了大致的时代特征之外，在漫长岁月演化中的鲜明特征，是很难确定的。我们不可能十分清晰地进行界定。在这里，时代特征的把握是最重要的。这要靠平时的学养、积累、已有的知识资源，而这是我们构思每卷的"元出发点"。如"大风起兮"，这是汉高祖刘邦的《大风歌》中的名句。用此句作为汉代卷的书名，很恰当地点出了汉代审美风尚的时代特征：一个大一统的强盛的封建帝国壮阔雄伟的风貌。汉代，精雕细琢的艺术品不是没有，而汉青铜器的简朴，玉器的"汉八刀"，粗犷而写意性十足的汉代画像砖，均以简洁、有力、随意性强为主要特征，它们构成了一个时代审美风尚的内核。其余各卷的书名也形象地反映了各个时代审美风尚的内涵，如《俯仰生息》(第一卷)、《郁郁乎文》(第二卷)、《盛世风韵》(第五卷)、《徜徉两端》(第六卷)、《勾栏人生》(第七卷)、《俗的滥觞》(第九卷)等，均以寥寥数字将各个时代的审美风尚概括出来，并辅之以大量的材料，这也不失为一种构思吧！

我们没有别的办法再去证明"元出发点"的合理性——这大概是做研究的一个"极端状态"吧！李泽厚、刘纲纪写的《中国美学史》，其理论的出发点是"自然的人化"，这是不加证明的前提。布罗代尔的"总体性历史观"，这无须先作方法论上的论证。当然，这种前提的设置是经验、材料、知识、积累、约定俗成的见解的综合。这是否合理得当，就要看展开论述的合理性了。有了这个综合，我们才可能对《华夏审美风尚史》进行"博物馆式"的构思。

在无法模仿、无法参照现成框架的情况下，我们退回到人类思维最单纯的叙事方式：陈列式。我们是要用形象的材料展示一个时代的特有审美风貌。由于各个历史时段的情况不一样，所以，每个时段的"陈列方式"就各有特点。如两宋，北南两地泾渭分明，虽有传承，但各有千秋，写法上可以更多些历史感。而元代蒙古族入主中原，汉蒙文化交流，时代特征明显，百年还不足以构成明显的历史发展，也就会有另一种“布局”。总之，全书以“总体历史”观为出发点，每卷以“博物馆的展览室”格局来展开，潇洒自如，酣畅淋漓地铺陈而去，舒卷出一幅哀婉动人、辉煌壮丽的中华民族审美风尚的历史长卷。

基于以上考虑，《华夏审美风尚史》各卷的写法除了格式一致外，其内容的编排是各有特点，各有个性的。我们要求各卷作者充分发挥自己的创造力和想象力，以各时段的审美风尚特征为主线，将丰富的材料裁剪取舍，构成一个整体。细心的读者可以在通读全书的过程中，体味到著者的良苦用心。

这样的写法也许会引起疑问。主要问题是：以往的历史书写法都有明确的历史事件发展的线索，作者给你展示的是一个明晰的历史观照。而我们却以“铺陈的事实”向你展示一种状态，通过阅读你能感触到这种状态，体悟到这种状态，并从中找出中国审美文化的某些规律性的东西。我们力求避免给你强加一个裁剪的规律。这是可行的吗？

说到历史观，现在人们以反“本质主义”为时髦。我们倒没有这种领风潮之先的念头。只不过认为：历史本质隐藏在丰厚的历史表象之中，任何有限的诉说只是一种假说。那么，我们为什么不可以将这种历史诉说化解为一种原生状态呢？这倒无意中迎合了某些后现代的想法。没有先例，作为一种尝试吧！

经过数年努力，洋洋 11 卷大作就要奉献给读者了。参加这个课题组的同行，都是 20 世纪 80 年代以来国内培养的中青年学者，在美学这块园地上，学习和耕耘了十几年。如今积数年之努力，对丰富无比的华夏审美文化来一次总梳理，这算是向培养我们的时代交上一份答卷吧！

成书过程中，本书顾问季羡林先生，以及汤一介、侯敏泽、栾勋、何西来等学界前辈，或亲自授课，或耐心指教，先后共召开十余次讨论会，使我们获益匪浅。

许　明
2000 年 7 月

自 序

《腾龙起凤》是11卷本“华夏审美风尚史”的首卷，也是全书的序卷。全书的第1卷至第10卷，分别从史前写到近代，洋洋洒洒300余万字，应当说初步概括了华夏审美风尚的一个基本面貌。为什么还要一本“序卷”呢？这要从全书的构想说起。

正如在“总序”中写到的那样：写一部华夏审美风尚史，一是没有先例；二是没有现成的理论。假如在构想之初，就将每卷的理论框架强硬搭建，写出来肯定是一个众所周知的框架，再加上些许材料。这种将材料硬塞进某种框架中的办法，既不新鲜，又无新意，因为不管你搭建何种框架，这个框架总是被今天的人们熟知的。

所以，全书的构想追求自然的、真实的、活生生的立体效果，即将一部审美的“风尚史”呈现在读者面前，这也是构思本书时的要旨。然而，一部规模宏大的著作又不能没有相应的理论阐述。因此，序卷是这样构思的：上篇对本书的理论要点和写作方式予以说明，下篇对华夏审美风尚史的全景作鸟瞰式的描述，以简图、提要的方式呈现给读者。序卷，就成了全套书的一个阅读提纲和思想地图。

本卷上篇由“方法论”“本质论”“起源论”“发展论”四章组成，比较详尽和明确地将主编意图作了阐述。

在这内容和逻辑互相关联的四章中，“方法论”讲到了本书从“审美活动论”出发的立场，确定了“博物馆的展览室”的写作路径。“本质论”论述了中华文化的伦理本位特性，确立了理解华夏审美风尚发生发展的背景。“起源论”对审美风尚起源的缘由作了框定并描绘了华夏审美风尚的史前影踪，这在总体结构上，是对源头的一种理论探讨。与这一章相关联，“发展论”讨论的是审美风尚之历史发展过程中的有关理论问题，其要点是“中介”和“变与稳”之间的关系。综上几点，虽不很全面，但也较明确地讨论了在写作审美风尚史过程中碰到的理论难点。

下篇是在理论说明的基础上对华夏审美风尚史的一个“鸟瞰”。这个“鸟瞰”没有严格地按朝代分期，而是根据文化转型的大致脉络，将华夏审美风尚史分成五个时期，即起始（史前到周秦）、确立（先秦、两汉）、震荡（魏晋南北朝）、峰巅（唐宋）、嬗递（明清近代）。这个分期，与文化转型的大致脉络是一致的。中华历史上的两个文化发展高峰（先秦西汉、唐宋）与华夏审美风尚的两个兴盛时期是一致的。本卷对这五个阶段的描述和勾勒，使读者可以大致了解到华夏审美风尚是如何演化发展而来的。

而在本书的写作上，是严格按照朝代发展的历史分期的，但这仅仅是为了写作上的方便，并不是我们对华夏审美风尚史的机械的、硬性的划分。每卷的任务是将每一个朝代的风尚状况写清楚，并不负担卷与卷之间的内在关联的解释。这是要向读者交代清楚的。由于这种不同，序卷的写作有了其自身的意义。读者在阅读全书时，可以将某几卷放在一个大历史时间段中来比较，以期对历史总貌有个较全面的了解。

本卷由许明、苏志宏两人合作完成，由许明提出写作提纲，共同商定。上篇由许明完成，下篇由苏志宏完成，由许明核稿并增删某些文字。

作　者
2014 年 8 月于北京

目　录

上　篇

下　篇

上　篇

第一章　方法论

第一节　理解美学史

美学史，从狭义的角度讲，是指用文字构成的人类对自己的审美活动历史的反思结果，它实质上是人类特殊的实践活动的理论表达。自先秦以来，中国美学史上的理论活动可以分成两个部分：一部分是人类审美活动的理论见解。如老子、庄子关于美和艺术的见解，如中国古人认为“美”字的文字起源为“羊大为美”，后汉许慎的《说文解字》说：“美，甘也，从羊从大，羊在六畜给主膳也。”宋·徐铉注说：“羊大则美，故从大。”①“羊大为美”是一种说法，但不能否认，这是中国美学史上最早的关于美的理论表达。先秦之后，中国美学史上的理论形态以哲学体系为基础，关于什么是美，什么是美感等提法，无不与理论家各自的哲学体系有关。如墨子的“非乐”，庄子的美在于“无为”②，荀子的“爱美出于本欲”③等，都反映了古代思想家关于什么是美的理论概括。

---

① 《说文解字》卷四，78页，北京，中华书局，1963。

② “天地有大美而不言，四时有明法而不议，万物有成理而不说。”(《庄子·知北游》)

③ “夫人之情，目欲綦色，耳欲綦声，口欲綦味，鼻欲綦臭，心欲綦佚，此五綦者，人情之所以不免也。”(《荀子·王霸》)

我们一般而言的美学史，都是指狭义的美学理论史。这种美学史表达了人类理性思维的发展程度，其最为完善的整体性的表达是与西方哲学史相伴的西方美学史。从柏拉图一直到近现代的美学大师康德、黑格尔、克罗齐……无不以丰富复杂的理论体系表达了思想家对人类审美活动的理论思考。当然，这种美学史构成了鲜明的发展脉络，其理论范型的结构既独特，又互相关联，形成了已有的美学史的基本构架。

另一部分是直接描绘人类审美活动的，如专题性质的艺术史、部门美术史。可惜，迄今为止没有一部著作是专门地综合性地描绘和分析人类这种直接的审美活动的，这种空白正好是本书要填补的。

对以往美学史研究的不满足，早在20世纪80年代初学术界已经有人提出来了，① 可惜迟迟没有成为学术界的具体行动。有人虽提出了"大美学"概念，但仅仅停留在假设的层面上。然而，这种假设是有其道理的，人类的审美活动是一个实证的具有丰富内涵的主体性活动。就这个活动本身而言，它的实践品格是第一位的，同时，它的实践与对这种实践的理论概括又是不可分割的。可是，长久以来我们的文人学士，只是对见诸文字的经验性总结给以重视，而对于活生生的发生于人的实践活动中的审美事实，却往往视而不见。比如，中国的陶瓷艺术闻名世界。然而，陶瓷美学史却无人去写。有陶瓷史，但没有人去仔细地总结陶瓷的造型和装饰艺术风格的美学特性，更不用说形成一部美学史了。宋瓷的精美与宋代其他精美的艺术样式一样，构成了宋代审美风尚的特征。而一个朝代之中，早、中、晚时段，又呈现出不同的审美风格。明早期青花瓷，以永乐、宣德年间为代表，胎质细腻洁白，釉层晶莹肥厚，青花色泽浓丽。而明代中晚期，陶瓷艺术的造型、画风，都有所不同，特别是民窑青花瓷上的人物画，与晚明画家陈老莲的风格相近，人物线条在挥洒自如之中凸显一定的变形，令人玩味无穷。这些活生生的审美活动的事实，令人信服地说明：我们已有的美学理论，对人类审美活动的归纳、总结、理论提升

① 20世纪80年代初在全国第一次美学会议上就有人提出"大美学"概念。

是很不够的。无论是理论总结也好，还是部门艺术史也好，这些都仅仅是对审美活动描绘的一个方面、一个局部，而这些方面、局部并不能反映出一个民族或一个文化区域审美活动的真实面貌。

局部的、部门的研究积累，使美学史研究的新的突破成为一种时代的需要，或者说成为一种学科发展的必然趋势。这一任务的提出给美学史研究的范型突破提供了契机。

然而，超越传统的规范以后，“大美学”怎么驾驭，这倒成了一个问题。

第一个问题是：中国历史如此漫长，以至于我们仿佛感到对如此众多的材料无从着手驾驭。理论美学史线条相对单一，驾驭的方法相对要简单些；部门艺术史也是如此。而偏偏是从无先例的审美风尚史如何界定和确立，这倒成了一个问题。在写作过程中，有两种可能会导致本书的失败：第一种可能是成为各部门艺术史的汇编，或成为各个门类艺术史的简编本；第二种可能是排列无序，杂乱无章，眉毛胡子一把抓，让人摸不着头脑。

第二个问题是：华夏审美风尚的总体特征如何界定？各个阶段发展的逻辑关系又如何界定？这是个尤其困难的问题。这个问题可以说是全书的关键，也是写作成败的关键。只有第二个问题解决清楚了，第一个问题才能迎刃而解。

一个文化区域的审美风尚特征从内在的机理上讲是客观存在的。中华民族以汉文化为核心形成一个多种民族交融的文化景观，统称为华夏文化。华夏文化从形成到发展已经历了漫长的六千年的时间。在这个过程中，中国文化的发展，就如一条浩浩荡荡的大河，绵延不断。它有时高潮迭起，有时低回九曲。在国家统一时（如汉唐盛世），文化就繁荣发展。相对而言，魏晋南北朝、宋辽金时期，社会动乱，文化发展就相对缓慢；但其间文化发展的哲学人文方面，却又因为其所处历史的复杂多变，人生际遇的丰富，而又呈现出特有的丰厚性。中国文化发展的独特的轨迹，自然就形成了它特有的内涵。当然，这个独特的内涵也包含了审美风尚的特殊性在内。

要研究这个“特殊性”，首先要从中外对比的角度确立这个“特殊性”。西方的审美文化以古希腊—罗马文化为核心确立了其发展的脉络。生活习性不同，文化发展的路向自然相异，其整体上的审美文化构成以及呈现出来的风尚特性自然就不一样。不用说各个具体民族之间的差异，就是从整体上讲中西审美文化、审美风尚的差异也是客观存在的。

与西方的审美文化、审美风尚相比，中国的审美文化与审美风尚的特征呈现的独特性是十分明显的。与构成审美文化的内涵——审美意识相比，风尚更表现为外在的各种特征。其中包括人与人的交际方式、衣食住行、艺术欣赏与创作上的趣味和爱好等。而在这一切上面，中国特性表现得非常明显。中国的象形文字表达系统以及以《周易》等上古哲书为源头的思维系统，形成了华夏文化的独特形态。用徐复观的话来说，中国文化的主流，是人间的性格，是现世的性格，走的是人与自然亲和的方向。所以，中国的审美精神，从人的具体生命的心、性中，发掘出艺术的根源，把握到精神自由解放的关键。①

徐复观关于中国艺术精神的见解，很精彩地点出了华夏审美精神的内涵。华夏的审美精神，以人生体验、寻求生命的意境为其主要境界。当然，也有追求世俗感官快乐的一面，但这毕竟不是中国美学精神的主流和基本部分。当然，我们还应看到，这种基本的审美指向有其深刻的文化根源。由孔子和庄子构筑成的中国文化哲学的内涵，再加上当时“西学”佛教的加入，三者相融，形成中国文化史上的蔚然景观，即所谓的儒、释、道三教合一的文化哲学与艺术理想。当然，这种本质上是统治阶级或知识分子的意识形态，造成了一个时代的审美氛围和风尚特征。“上有所好，下必从之”，即使是皇帝个人的某种嗜好，也往往对一个时代的“趣味”产生重大的甚至是决定性的影响。明早期宣德皇帝嗜好艺术，对书画、瓷器无不精研，从而形成宣德时期的艺术趣味的精巧、清丽之风格。“一个人可以影响一个时代”“每个时代的思想都是统治阶级的思想”，从思想的发生、传播来讲是这样，从艺术趣味与审美风尚的形成来讲大致也是如此。

---

① 徐复观：《中国艺术精神》，1页，沈阳，春风文艺出版社，1987。

与中国传统文化的生成、发展密切相关的华夏审美风尚的总体特征，自然也与西方文化与西方的审美风尚有了明显的区别。清乾隆朝御用画师意大利人朗世宁，虽然穿着长袍马褂，也画中国风景(如《乾隆巡猎图》)，但由于美学观念的不同，所留画作，一笔一画之间，总留下西方人的审美观(如有意掩饰的透视感、用彩的立体效果，缺少或根本没有中国文人作品的种种飘逸、超脱的气韵)。中国是独特的，这一点无可怀疑。

接下来的问题也颇为棘手。中国有文字记载的历史有五千多年，从史前艺术的考察算起，上溯到新石器时代的早期，就有万余年的历史了。这万余年的历史发展，并不只是一个模式，文化学术发展如此，审美风尚发展也是这样。审美风尚应该有个起源、形成、演化发展的过程。我们都知道商周时期的青铜纹饰与该时代的尚武尚勇之风有密切关系，而汉风的雄浑、壮阔，与大一统的汉帝国的政治、经济状况密切相关。汉以后，魏晋时期的内乱，使华夏民族的文化——审美精神陷入一种混沌与重组状态。在多年的战乱中，意识形态发生了深刻的变化：士大夫阶级逃避现实，崇尚清谈，玄学思想发展。人民挣扎于水火之中，佛教借此传播，儒、道、佛三教并行交融，佛教艺术勃起并对当时的诗、词、散文及手工艺术产生了重大影响。《中国工艺美术史》如此评介这个时期的审美特征：

“六朝的工艺美术，在汉代雄厚的基础上，在战乱艰难的环境中向前发展，由宏伟浑朴转入深沉隽秀。在意识形态上，思想性、宗教性、文学性、艺术性等方面，都有相当的深入。题材内容上体现着宇宙观的新选择，非汤、武而薄周、孔。文人无力扭转现实，遁进山林，以求怡静、超脱。‘玄学’流行，崇尚清谈、超然物外的直接表现：形象塑造上出现了仪容清癯，‘秀风清象’的审美典型，无论人物男女，甚至动物龙虎、凤鹤、天马、飞鸿以及植物卷草、忍冬、莲花，从图案纹样到器物造型，都以秀动、挺俊为美。艺术风格上具有清秀、空灵、雅逸的时代特征。”①

① 卞宗舜等：《中国工艺美术》，232 页，北京，中国轻工业出版社，1993。

时代大环境的变化，给一个时代的审美风尚带来了转折性的变化。经过短暂的过渡以后，唐代社会发展获得了空前的成果。文学艺术、绘画、音乐、陶瓷工艺、服饰，都达到了中国历史上的高峰。用雄大壮阔、精致丰腴等形容词来描绘大唐帝国的审美风尚，当不为太过。这是一个政治上、军事上和文化上都达到历史高峰的时代。这个时代的审美风尚的特征，与大唐国力的强盛，社会的安定，生产的发展，形成了一种相互适应的典范。

从大体上看，历史上阶段性呈现出来的审美风尚的变化，是与历史发展的趋势性阶段相适应的，它并不是脱离社会历史发展而独立自成的一个系统。所以，华夏审美风尚史的历史发展阶段的确定，当与政治与社会发展史的脉络大体相一致，这是没有问题的。当然，艺术潮流与审美风尚的转变并不机械划一地与朝代的更替相一致。但与鲜明的时代特征相比，这种过渡性质的不一致几乎可以忽略不计。先秦与汉，魏晋与唐，宋与元，明与清……它们之间的风尚独特性的区分是极其明晰的，这给我们的研究工作带来了好处和便利。我们可以从社会历史发展的连贯性中触摸到审美风尚变化的内在关联。

审美风尚史作为一种大历史叙述，有相对稳定的风格演化的过程。而相对独立的一个阶段的审美风尚如何被描述，这倒成了一个问题。我们知道一般文学史是以作家作品的时间顺序排列的，而理论美学史则基本以思想者为单位进行罗列。有一些文化史著作是例外，给人一种结构上的新鲜感。如汤恩比的《历史哲学》，描写和分析了 26 个文明模式。《剑桥中国通史》则以专题研究为体例。一段已被限定的历史，既然只能在审美风尚这个范围内书写，那么，结构上的安排能否不拘一格作一试验性的尝试呢？我们相信“风尚”首先是描绘对象，而它如何被描绘，则不应当存在一个固定的模式。这部多卷本的著作由十多位作者书写，各卷体现各自的风格当在允许之列。

第二节　“审美活动”

从小美学到大美学，这是美学史研究模式变化的一个时代性特征。这个变化是由对“何为美学”这样一个学科对象的认识发生变化而发生的。

中国美学界长期以来无法确证美学研究的对象是什么。从20世纪50年代的关于美是什么的争论开始，一直到今日中国美学界不断出版的美学理论著作，几乎都将“美”作为一个本体论前提进行研究和论述。“美是客观的”“美是主观的”“美是主客观统一的”“美是社会的”等说法，都先决地把“美”作为一个可以指证和论述的对象。而事实是：这个对象并不存在。“美”不是一个物理学实体。所以，美学原理和其他一些美学理论的构建如果从论述“美”开始，将不能不是一个逻辑上的失误。这一点在经过了20世纪八九十年代的美学讨论后，将不会有所疑问。

于是，问题就接着而来：如果原先的美学体系的逻辑框架出现了问题，那么，取代它的模式将是什么样的呢？我们能找到某一个契合点从而使学科研究有个公正的起点吗？于是我们回到了起点，我们不得不抛开各种繁荣的表述而回到一个单纯的出发点：美学作为一门学科是研究什么的？迄今为止我们所知道的回答无非是这么几种：美学是研究美的；美学是研究美感的；美学是“感性学”(Aesthetic)；美学是研究审美关系的；美学是研究审美经验的等。以上种种假定都不能满足我们深入发问的需要。试问美学如果是研究美的，那么，美是什么呢？美不是一个实在的对象，显而易见，这个命题本身是同义反复，美学理论走不出死胡同，显然与这个命题有关。“美学是研究美感的”——这个命题的片面性在于它只偏重于美感，而其他的美学研究对象则没有列入。“美学是研究审美关系的”，这个命题似乎有了较大的宽泛性，“关系”一词也能给人以更大的想象空间。但“关系”并不能代表某种实践活动，它的抽象性质仍然不能满足建立一个完备的学科发展的需要。建立在以上种种前提之上的“美学原理”显然是不能自我满足的，它们处处显露出内在的矛盾特性。在这种理论前提下，美学史的领域无法拓展。事实上也是如此，以往的美学史，只是美学理论的论述，是关于什么是美、什么是美感的理论形态史。

促使美学史研究发生变化的，是审美活动论的提出和确立。应当承认，这是中国美学界在 20 世纪 80 年代中期以来的最大收获。而且，这个收获的理论资源不是来源于当代西方，而是来源于马克思和苏联的哲学界。马克思主义的研究进入 20 世纪 80 年代获得了一些进展，其主要内容是强化和突出了马克思主义的实践观。这种用实践本体论来替代反映论、物质本体论的企图固然有其局限，但毕竟它强调了人类的实践概念在理论活动中的意义。而与此相关的马克思主义的“艺术生产”理论也受到关注，有关的专著不断出现，论题也相当引人注目。

审美活动理论所观照的是人类的一种基本实践活动。千百年以来，人类的实践活动先于理论而存在。从原始人打制第一把石刀、石斧开始，人类具有审美意味的实践活动就实实在在地开始了。人类的审美活动作为一种特殊的实践活动，有其固有的规律和特殊本质。在马克思主义以前历史发展的不同阶段上，美学家们都从各个不同侧面接近了这个本质，但还未达到对它的最高本质的揭示，而且还没有一种理论能够正视审美活动本身的实在性，从而使美学理论与审美活动本身的外延相契合。

迄今为止，整个审美活动的理论表达可以分为四个阶段：第一阶段，是朴素的直观经验阶段。这一阶段无论在古希腊还是在古代中国，都同样存在，并且以相当发达的程度表达了人类对审美活动的最初思考。第二阶段，是审美理性的自觉提升阶段。这在欧洲表现为大陆理论主义和英国经验主义两大潮流的兴起。这是自文艺复兴到 17 世纪这一段美学史的主要特征。这一时期，人们对审美活动的理论表述，还未能触及审美活动的哲学本质，但由于这两大潮流的片面性，却以相反的效果使得人们自觉地开始向本质问题前进。第三阶段，是自觉地把握审美活动的哲学本质的起始阶段，以综合两大潮流的德国古典美学为代表。这一时期，康德—席勒—黑格尔构成一条向上发展的链条。第四阶段，是建立在上述基础上的马克思主义美学，最终揭示了审美活动的本质所在。

人类的审美活动作为一种特殊的实践活动，有其固有的规律和特殊本质。在马克思主义的历史发展的不同阶段上，美学家们都从各个不同侧面接近了这个本质，但还未达到对它最高本质的揭示。对审美活动本质的揭示，是随着哲学理论的发展而逐步深化的。哲学对人类全部活动的揭示达到什么程度，美学对审美活动本质的揭示也就达到什么程度。所以，接近这个本质的过程，是一个与哲学史同步发展的过程，接近这个本质所提出的问题，也就是哲学史提出的问题。围绕这个问题，我们首先要注意到一个事实，即恩格斯在《路德维希·费尔巴哈与德国古典哲学的终结》一书中指出的，哲学从本体论到认识论的转化，是由近代哲学，特别是德国古典哲学开始的。一般哲学史（包括西方哲学家的哲学史著作）也都承认在近代（17 世纪至 18 世纪）哲学史上发生的这个转变。哲学史研究的理论之核心，就体现在这个"转变"之中。为什么会"转变"？"转变"意味着什么？"转变"中提出了什么问题？"转变"跟美学理论的自觉提升有着什么关系？

我们必须回答这些问题。

这里没有必要详细回顾哲学史，只需指出以下事实就够了：这个"转变"是随文艺复兴以后的"人的发现"而产生的。哲学是对世界的一种客观把握，其性质是一种"自我意识"。但在文艺复兴之前，这种"自我意识"仅仅意识到对象世界，即客观世界的本原问题（就其主流而言），也即我们常说的本体论问题。人对自我的意识，对自己认识能力的意识，对自己与这个客观世界关系的意识，是由于人在政治上、经济上事实上的解放（历史的解放——近代资产阶级革命）而逐步形成并成为哲学的自觉的。资产阶级革命的历史贡献是使"人"觉醒了，这种觉醒的哲学反映就是由培根、休谟、狄德罗等人为前导，以康德、黑格尔为哲学家的中心议题。思考认识论的问题，就是思考人的问题，就是思考人的存在的价值的问题，思考人与对象世界的关系问题。

这个转变，意味着人又一次自觉地意识到自己与自然的对立。这是一次真正的自觉意识，是人完全自觉地把握自己与客观世界关系的历史标志。在这以前，朴素唯物论或朴素唯心论的出现，已标志着人类开始意识到自己与自然的对立。赫拉克利特说，最美的猴子也比人难看。这既是辩证法，又是自觉的哲学的意识。但是，这种自我意识的演化是漫长的、渐进的，一直到经过了文艺复兴，才开始进入过渡阶段，即由培根到康德的这一阶段。所以，历史上人的自我意识在理论上至少有两次“提升”，由古代哲学家(包括中国的孔、老、庄、墨)所完成的“提升”，在这次“提升”中，人开始自觉意识到与自然的区别(所以能自觉地思考客观世界是什么)。但这次提升仅仅是朴素的，因为人还未上升到开始把握自己的进程。另一次“提升”以德国古典哲学的成熟作为标志，完成了这个提升，使人能够在与对象世界的关系中思考自己、把握自己。

审美活动的理论史也有着同样的过程。对美的本体论的思考曾在漫长的十几个世纪中沉浮，从柏拉图、亚里士多德到文艺复兴，包括作为过渡阶段的大陆理性主义和英国经验主义，都没有超越历史提供的可能。他们思考美的主体，对这个本体作出唯物的、唯心的、形而上学的、经验的等各种各样的解答。尽管他们的美学理论五花八门，但在没有超越哲学发展阶段这一点上，却是一致的。

但是，“美是什么”这样的问题，如果不给予历史的界定和一定的条件，在哲学上就会被理解为一个本体论的问题。而这样的问题，是无法单独加以解决的，因为审美活动是人与对象世界发生现实的关系的活动，是人类共同自觉参与客体的本体思考。随着人们的自我意识的觉醒和自觉提升，与哲学史的发展一样，也一定会上升到对审美活动的认识论的思考，上升到对对象与自己的关系的思考。如果说，古代美学的经典命题是“美是什么”(柏拉图)，那么以康德为代表的近代美学的经典命题则应是“审美是什么”。

提出这个问题意味着：单单描绘和证明“美是什么”已经不够了。因为美尽管是一种客观存在，但它只有存在于与人发生关系时，才显出其意义来。要揭示这个意义，只有对审美活动的本质揭示后，才有可能。

理论的表达与一个活动存在的本质有时是两回事。随着近代哲学的这种转变，原先的美学理论(特别是大陆理性主义与英国经验主义)明显地暴露了它们的不足。它们各执一端，要么对客体，要么对主体，进行自己的偏执的考察，结果都无法从整体上去把握审美活动的全过程。但近代哲学对主体的能动性的提升，对主体—客体关系的重视，都使美学家的思考发生了变化。过去的美学，好比一个躺在经验和感性摇篮里的孩子，而近代哲学则使孩子站立起来，并站在高处反思自己的历史以及与自己那个“摇篮”的关系。这就是理性的自觉。这种自觉，渗透在以康德为代表的近代哲学家的美学论著中。

哲学从本体论到认识论的转化，提出的问题是思维和存在的关系问题。用恩格斯的话来讲，这包含着两个基本方面：一是物质第一性原理；二是可知不可知的问题。毫无疑问，近代认识论已自觉发现了人与客观世界的对峙，也即此岸与彼岸的对峙，主体与客体的对峙，人与自然的对峙，理性世界与感性世界的对峙……对这种对峙的解答只有两种：理论的和实践的。理论的，即哲学的或美学的。在近代以前，都没有上升到对这种“对峙”的自觉理解，更不用说理论解决了。实践的，即行动的、实证的、可以把握的物质的历史活动，是人从客观世界分化出来的那一刻起，已经在解决着的。人不断地克服自然，掌握自然，从而达到与自然的对立统一。这种实践上的解决有两个方面：第一方面，是物质的生产劳动。人从制造第一把工具起，就开始沟通他与自然之间的鸿沟，力图解决主客观之间的对立。第一把工具的意义在于：它是一座真正的物质的桥梁，使主体与对象世界联结起来。这个过程在以后千百年的发展中不是被弱化，而是逐渐被强化，并随着人类的发展而延续下去，永远不会终结。主体越发达，对客观世界的把握就越丰富，而这种实践的丰富性反过来又使主体更发达。人与对象世界的关系，就这样既对立又统一地不断向前发展着。第二方面，人类对这种“对峙”(首先是人与自然)的解决包含着精神上的解决，这就是审美。这里讲的不是审美理论，而是日常存在着的，从原始人那里就可见的，千百次重复、发展着的审美活动。

审美活动不是物质生产活动，但又几乎和物质生产活动同步(从编年史的意义上看)发生、发展。这就提出一个非常值得思索的问题：人类究竟为什么要从事这种审美活动呢？我们回答了“人类究竟为什么要有审美需要”的问题，而这里的问题又深入了一步，也更宏观，更有哲学意义。确实，审美是一种心灵的需要，是根植于人的社会本性之中的对理性自由的渴望。但这是从主体的心理机制来说的，还必须揭示审美活动发生的客观必然性究竟是什么。

人类的物质实践活动，事实上解决着人与客观世界的对峙，调整着人与客观世界的关系。但人既是物质的，又是精神的，物质的活动由精神的活动支配和制约，有自我意识的人类不是盲目地从事物质实践活动。马克思、恩格斯指出，生产一开始“立即表现为双重关系：一方面是自然关系；另一方面是社会关系”①，人通过物质生产活动为自己创造了一个“人化的自然界”，同时也造就了自己所特有的生物属性。同样，人通过物质生产的交往活动为自己创造了一个社会关系系统，同时也造就了自己特有的社会属性。“思想、观念、意识的生产最初是直接与人们的物质活动，与人们的物质交往，与现实生活的语言交织在一起的。观念、思维、人们的精神交往在这里还是人们物质关系的直接产物。”②这说明，人类一开始就从物质和精神两个方面从事着改造客观世界的活动。由于人的理性特征和人的意识的能动作用，人在物质活动方面所受到的局限，会在超乎自我局限的精神活动方面得到补偿。如一个原始人在狩猎中杀不死一头野牛，他可以在自己最初的艺术作品中将它杀死。在主客体的交互作用中，物质和精神一方面具有决定与被决定的关系；另一方面又是互补的，它们事实上的作用是同一个：实践着主体与客体的相互联结，解决着人与自然的相互对峙，沟通着主观世界与客观世界的鸿沟。

人类既从事物质实践活动，也从事精神实践活动。对这两种活动的最高的理论反映是哲学。但是，只有到了近代，哲学才自觉地意识到自己的历史使命，将思维与存在的关系问题放到了首要地位。由于有了这个衡量历史的宏观的坐标，我们就有可能比较透彻地分析审美活动作为一种精神实践活动的本质。康德提出了“两种目的”问题，黑格尔谈到了“两种实践”问题，马克思则论述了“两种生产”问题，这一切都不是偶然的。主客体之间，存在着两种过渡。一种以物质生产为

① 《马克思恩格斯选集》，第1卷，34页，北京，人民出版社，1972。

② 同上书，30页。

标志；一种以精神生产为标志（当然，这首先是在物质生产上分化出来的）。揭示审美活动的哲学本质，就是要揭示它作为精神生产实践的内容和机制，揭示它如何解决主客体之间的过渡、对峙问题，如何成为联结主客体之间的又一座桥梁。

在揭示主客体实践关系的理论中，马克思主义的“精神生产”理论给审美活动提供了内在的机理，并为研究美学史打开了一种新的视角。当然，实际情形的发生与理论上预设的可能性有很大的不同。尽管在最基础的理论点上我们早已了解“美”的发生其实是在人类的审美活动之中，但美学理论迟迟找不到确凿的位置。20 世纪西方美学随着在哲学上对黑格尔的否弃而疏离了对本体论的追究，转向或者说偏向现象学和不可知论。20 世纪的现象学美学、语言学美学、结构主义美学、情感论美学，自然而然地转向了审美感觉的研究。美学理论在这种现实的理论背景下路子越来越偏。所谓的当代西方美学，成为黑格尔以后当代西方哲学记录新康德主义路向的一种学科替代形态。

中国美学的传统资源除了中国古代文论与艺术论的资料外，还受到黑格尔—马克思—梅林—普列汉诺夫的传统影响较大，所以很自然地令 20 世纪 80 年代以来的中国美学界与 20 世纪 70 年代的苏联哲学界提出的“活动理论”有了亲和力。在马克思主义两种生产理论与实践基础上提出的活动论，更广泛地囊括了人类两种实践的各个要素及内在关联，使之更完美地框架了研究对象本身的完备性。

回到活动理论使美学研究有了改观的契机。当我们将美学理论本质上看作是人类审美活动的理论概括时，传统的理论美学史就不应是美学史的唯一形态。相反，审美活动史才是真正的新美学史范型。“风尚史”在这个基础上提出来，不仅顺理成章，而且成为极其需要的写作。

第三节　描绘的历史

一切历史都是当代史。从两种意义上讲，它是合理的。首先，一切历史都是当代人书写和阅读的。所以，表述历史的过程，就是渗透了当代人的意见和情绪的过程，它无法不打上时代的烙印。其次，一切历史都是可以被重写的。不仅是新的史料不断地被发现，而且由于人的认知水平的不断充实和提高，重写的历史将以新的面目呈现出来。“我注六经”与“六经注我”从来就不曾真正地分割开。

从这个立场出发，一切历史都可以被认为是人们的一种塑造——当然是在尊重客观事实之上的塑造。这里讲的塑造是指人们驾驭史实的方法，表述的样式。已有的历史著作在容量上都是有限的(一卷本或多卷本)，而一切的历史内涵从某种意义上讲是无限的。所以，历史著作不能不是对历史本身的有意识的一种剪裁。撰写任何历史类的著作，首先都有个历史观、历史学方法论问题。

据陆象淦所著《现代历史科学》一书介绍，现代史学的主要方法论共有三种：整体化趋势、计量化趋势与模式化趋势。

审美风尚史作为美学史研究的一种范型，迄今没有先例供我们参照。已出版的几部中国美学史，总体上看是中国美学思想史。它的构架比较传统、明晰，与传统的中国哲学史、中国思想史研究比较接近。而各种类型的文化史，虽各有特色，但又不能替代审美风尚史的特别的表现内容和方式。如韦姆斯特与布鲁克思合著的《西方文学批评史》，基本上以人物为主线，以人物在批评历史上的独特贡献为基本内容，将西方文学批评史的发展脉络显现了出来。它的特点是以介绍思想为主，而思想与思想之间内在的必然的联系方面，则缺乏研究和界定。《剑桥中国明代史》①，是著名的剑桥通史的一种，该书的特点是以时间顺序分章，各章内容以帝王活动为中心，这是掺杂着思想、文化、经济研究的单独篇章。这种构架是有中心的散点透视，完全不同于教科书式的叙述。企图从这部书中获得一种社会、时代的明晰的总体观照是不可能的，但能从它的各章中见到不少独到的看法。这可能与各章由不同作者分别执笔有关。熊铁基著的《汉唐文化史》②

① 崔瑞德、牟复礼编：《剑桥中国明代史》，北京，中国社会科学出版社，1992。

② 熊铁基：《汉唐文化史》，长沙，湖南人民出版社，1992。

在构架上颇有特色。全书分总论篇与分论篇。总论篇以勾画宏观轨迹为基本内容，并凸显了作者对汉唐文化研究的理论识见；分论篇分五章加以叙述，分别论述了家庭、经济、社会思想、文学艺术、风俗习惯，包括了文化史研究的基本内容。此书的弱点是两个部分缺乏有机的联系，分论部分类似问题研究，缺乏史的线索。在我看来，《中华文化史》①是一部具有理论特色的、有初步系统的历史意识的专著。该书导论讲理论与方法，阐明了文化史研究对象、文化概念、文化结构、文化史研究的历史地位等，可以看作是一篇方法导论，这在历史研究，特别是文化史研究中是不多见的。此书上篇“中华文化生态”，在宏观上将中华文化产生的地理背景、人文土壤、社会结构等作了分析，给史的描述作了背景式的铺垫。从史的叙述来讲，作者着重抓住能代表一个时代精神面貌的特殊现象，八方论述，立体交叉，使得内容呈现出五彩缤纷的格局。该书的问题仍是衔接欠妥，文化发展的内在脉络、代与代之间过渡的机理缺乏交代。所以，该书名为文化史，实质上可以看作是一部真正的有机的文化史的准备阶段的著作。

综上所述，历史研究的理论与文化史研究的现状，在中国学术界，是有很大的反差的。现代历史科学坚决拒绝无主体的罗列式的“史学”研究，从新历史学派开始，史学研究的格局绝对地要求有明晰的指导思想与方法框架，有历史哲学的意识。在这个层面上，中国的学者是无法回避这一切的。我们进行审美风尚史的研究，在基本的方法上遵循以下的原则是无可非议的：

1. 确立“审美风尚”有一个“史”的发展过程。这不仅是研究的基本出发点，而且也是新史学等理论家的共同起点。“新史学”要回归历史本身是完全可取的态度。

2.“历史学研究若要顺利展开，第一个必要前提是提出问题。”(布洛赫)华夏审美风尚史要提出的问题是：什么是华夏审美风尚的核心特征？

---

① 冯天瑜、何晓明、周积明等：《中华文化史》，上海，上海人民出版社，1990。

3. 审美风尚史的广泛的包容性要求研究进行全景式与立体交叉式描述，使材料尽可能忠实地凸显风尚形成的真实的历史过程与问题的本来面目。

华夏审美风尚史的研究目前处在空白地带，在展开系统的研究之前，有必要对相关的领域进行界定。

《简明大英百科全书》“文化”条载：文化(Culture)是人类知识、信仰与行为的综合形态，其范围包括语言、信仰、习俗、梦忌、规范、制度、工具、技术、艺术品、礼仪、仪式及其他构成部分，其发展依人类学习和知识及向后代传授之能力而定。台湾《当代国语大词典》“文化”条载：指一个民族由野蛮进化到文明，其间所有的生活表现方式，包括宗教、道德、艺术、科学、法律等综合体，谓之文化。

在中国文化史上，“文化”正式作为专用名词使用，是在西汉之后。如“圣人之治天下也，先文德而后武力。凡武之兴，为不服也，文化不改，然后加诛。夫下愚不移，纯德之所不能也。而后武力加焉”①，“设神理以景欲，敷文化以柔远”②等，虽不是具有严格的现代意义上“Culture”的解释，但也离本义不远了。文化作为一个内涵丰富的多维概念被众多学科所探究、阐发，是在近代欧洲展开的。进化论者、传播学派、历史地理学派、功能学派都给“文化”下了定义。定义虽多，但文化的广泛涵盖性却是共同的。

随着时代的进步，人类创造的文化向深度和广度拓展，“文化”这一概念所包藏的内容也愈益丰富，而对其本质的探究也愈益必要。由此产生了从文化机理的内部探究文化结构的需要。

从结构上看，文化可划分为技术体系和价值体系两极。技术体系指人类加工自然造成的技术的、非人格的、客观的东西；价值体系指人类在加工自然、塑造自我的过程中形成的规范的、精神的、人格的、主观的东西。而技术体系和价值体系又经由语言和社会结构组成文化统一体。这个统一体便是广义文化。

---

① 刘向：《说苑·指武》。

② 《文选》，束皙：《补亡诗》。

广义文化包括众多领域，诸如认知的(语言、哲学、科学思想、教育)、规范的(道德、信仰、法律)、艺术的(文学、美术、音乐)、器用的(生产工具、衣食住行)、社会的(制度、机构、风俗习惯)等。

请注意这个观点："将文化硬性地区别为物质的和精神的，其不妥之处还在于，作为人类化现象的文化不仅指人类创造活动的结果，而且还包括创造、分配、消费文化成果的过程本身。文化的某些表现形态，或者是指人类加工自然和社会的实践活动，尚处在物质变精神，精神变物质的过程之中，很难用物质与精神划然两分的办法加以归纳。"①

从文化形态的角度看，将文化分成包括内核与若干外核的结构层次：物质文化层；制度文化层；行为文化层(它是一种以礼俗、民俗、风俗形态出现的见之于动作的行为模式。一个时代的文化集中体现在该时代的思想理论体系中，却更广泛地活跃在各种社会风尚间)；心态文化层(由人类的社会实践和意识活动中长期化育出来的价值观、审美情趣、思维方式等主体因素构成)。

从各种角度对文化各层面的研究和剖析看，构成了丰富多彩的文化研究的流派和理论。

从研究一个社会特定的审美风尚的角度看，它的核心应在行为文化层。风尚是由习俗、礼俗、风俗构成的。一种俗文化行为构成"风尚"，就意味着形成了某种意义上的倾向性，成为一种时尚。所以，由审美的、艺术的、情趣的习俗构成了行为文化层的审美层面。审美风尚研究的主要对象就在这里。

从审美的角度对行为文化层面的剖析看，涉及对"俗文化"的理解。从感性上讲，"俗文化"是根植于人的生活各个方面的实践的文化—生存活动。它受制于一定时期的人的社会生存意识的支配而外化为活动，同时又受到传统的习俗的限定。但人们不能将俗文化理解为只是生活表层的"泡沫"，相反，俗文化折射着心态文化层的内涵。一个特定时代、特定民族或特定人群的价值观、精神情趣等，深深地融

---

① 冯天瑜等：《中华文化史》，30页，上海，上海人民出版社，2005。

合在俗文化的方方面面，所以，通过对俗文化的分析了解，我们可以达到对一个民族和时代的文化精神的深入了解。同时，俗文化又与物质文化层、制度文化层密切关联，物质技术的发达程度与制度对一个时代的精神影响，也是显而易见的。

从上述的情况来看，审美风尚的研究也可以称为审美的民俗学研究。民俗并不全是审美的，如《敦煌古俗与民俗流变》①一书中，研究了卜卦、符咒、算命等风俗，这些并不全在审美视野之中；但民俗之中也有审美的，如巫术形式、民俗艺术、游览风俗等。当然，审美领域也并不限定于民俗，它应该包括更大的范围。如此看来，审美风尚史领域是民俗与审美两大领域的交叉之处。

从民俗学的角度看，审美风尚的研究是极有前途的。民俗学作为一门人文科学，历史只有一百多年，而中国研究民俗，也只有七十余年。高国藩认为，中国民俗学的特殊之处，在于它不仅仅是通过人们今天的生活来探求潜流于人们生活深处的基本的民族特征，而且对于占我国人口绝大多数的汉民族来讲，还存在有无与伦比的民俗文献典籍。而且，中国民俗学还有一个特殊之处，在于它不只是研究那些平凡的文化较低的下层民众，即未受近代文明洗礼的民众之风习，而且也研究那些有教养、有文学知识、有较高文化的民间中上层人士的风习，并将两者结合起来加以考察，揭示我国民俗丰富的内涵，认识我国精神文明之由来。

而从美学的角度看，风尚史的研究将是一种文化的深层内核的有机揭示。美学研究作为一种理论探求，要求揭示现象后面的本质关系。通过对审美风俗的研究，要求将一定时代、一个特定的社会的审美精神揭示出来并令其获得理论形态。这对中国文化研究的现状是全新的。一个民族、一个时代的审美精神，不能仅由一些理论典籍来限定。美是什么？美的理想是什么？审美情趣是什么？这是一个多层次的结构，只有综合各方面的现状，才能将这一深层本质揭示出来。

---

① 高国藩：《敦煌古俗与民俗流变》，南京，河海大学出版社，1990。

第四节 范围和操作

审美风尚史的研究由于其边缘性、学科的交叉性，情况显得十分复杂。它既要顾及不同学科领域的对象，如民俗、风俗与艺术，又要注意到从实践出发，引出理论性的结论来——这种结论不是现成的美学史上关于什么是美的论断，而是从大量材料出发得出的理论性结论。

1. 哪些材料可纳入审美风尚史的研究范围？审美风尚主要是从审美角度对行为文化层的研究。而构成行为文化层的内容的，则是以礼俗、民俗、风俗形态出现的。因此，我们就有了十分具体的研究对象。据著名民俗学家高国藩在《敦煌古俗与民俗流变》一书中所列，与审美风尚有关的民间习俗类型有：A. 宗教符咒(有鬼怪形象和符咒形式)；B. 风俗(巫傩、燃灯、浴佛节、拜新月等)；C. 民俗小调；D. 游览民俗；E. 建筑风俗等。

而民俗学家阿兰·邓迪斯主编的《世界民俗学》①中涉及的审美风尚的内容有：A. 民间文学(含民间故事、传说、神话、笑话)；B. 民间音乐；C. 儿童游戏；D. 民间建筑及图案等。

我们还可以在其他的文化史著作中，看到对雅文学、绘画、书法、陶瓷艺术、纺织品、服饰以及婚丧礼俗的描述。这无疑都是审美风尚史的十分重要的内容，都可以列入行为文化层以及与行为文化层相关的物质文化层的研究系列。当然，一个时代的审美风俗是由民俗风俗部分构成的，而且也一定渗透了那一时代的理论美学思想的影响。如诗论、文论、美论等也在一定程度上影响着行为文化层的审美风尚。

总之，审美风尚研究的范围包括四个层次：第一，作为行为文化的习俗、风俗以及相关的民间艺术；第二，作为物质文化层面的建筑、雕刻、服饰、装饰等物质艺术；第三，作为精神文化层面的雅文

① 阿兰·邓迪斯主编：《世界民俗学》，上海，上海文艺出版社，1990。

化、雅艺术、诗歌、小说、绘画、戏曲、音乐等；第四，作为一个时代审美精神的理论代言的美学理论。

以上四个部分，组成了一个时代的审美风尚的多层次多结构的立体画面。

2. 能否界定一个时代总的审美风尚的特征及内涵？如果有，它与该时代的理论美学(如已有理论美学出现)是什么关系？

一个历史时代与一个审美阶段在民族精神发育上并不完全相等，但大致还是匹配的。两汉的艺术精神就不同于魏晋，隋唐也不同于晚清。在文化史研究上，有人称秦汉文化是“礼文化”，而两宋文化却是“市井文化”的勃兴时期，不管这种界定是否科学，一个数百年相对独立和稳定的时代的文化(包括审美)，具有一定的特征，这是确切无疑的。文化史证明：相对稳定和独立的文化样态不仅是历史上实存的，而且这种样态还具有内聚性和发散性。内聚，即它们通过种种中介，都可以达到一个大致相近的核心内涵，它们的风貌可以用被人理解的语言描绘出来，界定出来；发散，即这种内聚的内涵精神可以渗透到文化风尚的方方面面，在一个文化圈内，相隔遥远的不同种类的艺术样态可以具有大致相近的艺术精神。当然，这种内聚与发散的规律比较复杂，它们并不是简单的对应关系，而是通过中介运动着。就唐诗而言，初唐、中唐、晚唐的风格与审美趣味都有差别，但作为唐文化，又有大致相同的共同含义，这就为我们研究特定的审美风尚带来了操作上的复杂性，这使我们必须注意到不同层次的文化单位的相交相叠发展而形成的复杂而丰富的画面。

一个特定时代的审美风尚的被描述与在一个特定时代形成美的理论说明，其间有多种过渡。就问题的本质来讲，这是审美观念的金字塔结构的一个显现。① 一切审美风尚与对事物的美的评价，都是人的审美观念的外化与美的客体的对应产物。所谓“金字塔结构”，即审美

---

① 审美观念的金字塔结构，是许明在博士学位论文《美的认知结构》(花山文艺出版社 1993 年版)一书中提出来的概念，意在说明人们的审美观念的多层次性与结构的复杂性。

观念的多层次结构。在最顶端，是关于美的，最抽象的观念与本质定义，如“美是理念的显现”“美是快乐的对象化”“美是形象直觉”“美是典型”等，而在其下，是分别关于自然美、艺术美、社会美、技术美的具体观念，在这四类美之下则是更具体的审美观念，如：艺术美可分别界分为绘画美、音乐美……“审美风尚”与在审美风尚中透晰出来的审美观念，是非常具体的，所以，不能将某一方面具体的审美观念当成一个时代审美精神的理论概括。而更大的可能性是，该时代的哲学家都做了这样的概括——当然，在中国美学思想史上，这样的概括是不多的，更多的是二级、三级的审美观念的表达，如诗论、画论、乐论等。因此，理论美学的一些界定只有通过具体分析才能与具体的审美风尚史研究结合成一个整体。

3. 结构上如何把握审美风尚的发展脉络？既是一部史，就有史的发展轨迹，代与代之间，一个社会与另一个社会之间，一种文化范型与另一种文化范型之间的过渡如何把握？我们需要的是一种发展的逻辑轨迹。如果从这个观点出发，人们就要问：审美风尚有发展轨迹吗？或者，先从一般理论上来考察，文化发展到底包含着哪些因素并足以构成研究审美风尚史的参照。

一种特殊的文化史的发展线索，实际上就是一条世代相传的事物的一种传统的变体链，也就是说，围绕着一个或几个被接受和延传的主题而形成的不同变体的一条时间链。这样，一种宗教信仰、一种哲学思想、一种艺术风格、一种社会制度，在其代代相传的过程中既发生了种种变异，又保持了某些共同的主题、共同的渊源、相近的表现方式和出发点，从而它们的各种变体之间仍有一条共同的锁链联络其间。正是传统使人类过去所创造的种种制度、信仰、价值观念和行为方式等构成的表意象征在代与代之间，历史阶段与历史阶段之间有了某种连续性。因此，我们对审美风尚史的连续性研究，其实就是对审美传统的研究。传统作为一种文化链，它虽有时间上的突变和中断，但它的连续性却是确切无疑的。

因此，为了解决这个问题，应当从更大的范围界定华夏审美风尚的传统特征。与别的文化圈相比较(如与印度、西欧、拉美)，以汉文化为主的华夏审美风尚有一个大致确定的共同样态，这应当与汉文化形成初步样态是同步的。因为有了这个共同样态，才有了汉文化的审美特征和风尚内涵。

4. 在一部“华夏审美风尚史”中，汉民族与其他民族的关系如何处理？

在漫长的数千年的历史发展过程中，汉民族是在与周边少数民族相互影响、交融的过程中形成的。先秦、两汉、隋唐各代，都是民族大融合的过程，更不用说五代十国、元、清诸朝了。所以，在中国历史上，“华夏审美风尚”的研究应当不仅包括汉族，也包括其他少数民族的风情、风俗。当然，今天的我们只能在可能的情况下收集资料，力图使一个时代的审美风尚得到完满的展现。在这种构思条件下，当然不排除以大民族、多数民族为基本研究对象的方向。

5. 本书各卷的结构如何体现既统一又有独立个性的关系？

这部多卷本的著作要求统一的是：对华夏审美风尚的总体把握的理论界定与发展脉络的分析并贯穿始终。各卷分别对该卷所描绘的时代的审美风尚做出与实际情况相符合的理论界定，并根据实际材料分章叙述之。叙述要求是：材料丰富而生动，有理论识见。历史感体现在具体材料的分析中。比如建筑风格的变化，小说文体的变化都要在“发展”的眼界中进行阐述，而不仅仅是就事论事地铺陈事实。

以中国文化为母体的华夏审美风尚中蕴含的审美理想，当然是极为复杂的一个组合体，从各个角度、各个侧面去分析、描绘，都会得出不同的结论，但并不等于一个特定的文化圈的审美精神是不能描绘的。

审美精神作为人性的内在的组成部分，是一个民族的生存之核。对于中国文化的组成来讲，审美精神尤其显得重要。徐复观讲道，道德、艺术、科学，是人类文化中的三大支柱。中国文化的主流，是人间的性格，是现世的性格。所以在它的主流中，不可能含有反科学的因素。可是中国文化，毕竟走的是人与自然过分亲和的方向，征服自然以为己用的意识不强，于是以自然为对象的科学知识，未能得到顺利的发展。但是，在人的具体生命的心性中，发掘出道德的根源、人生价值的根源；不假借神话、迷信的力量，使每一个人能在自己一念之间，即可于现实世界中生稳根、站稳脚，中国文化在这方面的成就，不仅有历史的意义，同时也有现代的、将来的意义。在人的具体生命心性中，发掘出艺术的根源，把握到精神自由解放的关键，并由此产生了许多伟大的画家和作品，中国文化在这一方面的成就，也不仅有历史的意义，并且有现代的、将来的意义。①

显然，在一个时代的实证的艺术史中反映出来的审美情趣与审美倾向，与该时代的人文经典中所表述的美学理论，存在着某种有趣的关系——它们既互相连接，又互相独立。在一般的美学史与美学理论著作中，这两者的互相关系是不被纳入视野的。从表面上看，如此生动活泼的艺术实践与审美实践，无疑充分体现了人的本质的生命活动，用中国古代美学的主内、主静、主德、主和、形气相融、仁艺合一的理论去概括，似乎也不全面。古代理论家与当代理论家一样，对该时代的艺术与审美实践的概括、提炼、反映，并不是完全客观和准确的，并不是反映了审美活动的本质的。所以，对一个特定的时代，特别是对华夏审美风尚开始形成共同体的时代的审美理想的总体考察，必须从对审美实践的具体分析与对该时代美学理论的概括中去获得。

一个主要思想是要寻找一种传统的共同体形式，一种华夏审美风韵的理论概括。

这是审美风尚史研究的理论任务之一。

第二个重要的理论任务是：漫长的审美风尚发展与演化史，有一个“文化共同体的承传与裂变过程”②。对这个过程的演化轨迹的发现，是文化史研究中非常重要的一环。从总体上看，作为母体文化观念发展中的演化在深层次上制约与影响着审美风尚的发展。笔者认为，中国文化观念史的发展总过程可以这样来概括：

(1)从夏商到秦汉之际，形成了中华文化的共同体。这是一个充

---

① 徐复观：《中国艺术精神》，沈阳，春风文艺出版社，1987。

② E. 希尔斯：《论传统》，上海，上海人民出版社，1991。

满生命力的上升的时代，是一个民族青春时期朝气蓬勃的象征。秦汉文化是建立在宗法—专制社会之上的伦理—政治型文化。这种范式的文化共同体，以家庭血缘关系为心理基础，衍生和构成了秦汉时代所建立的文化共同体内在特征，即对血缘关系的重视，形成了中华文化共同体所特有的历史心理。所谓德性主义的文化，就是这个文化共同体的一个极恰当的比喻。

(2)汉以降，进入了一个历史的转型期，特别是经魏晋的大动荡、大组合，中外文化冲撞出一个新的中华文化形态，即以宋明理学为标志的成熟的中国封建专制制度的理论说明。

(3)清末民初，中华文化的第二次文化转型又拉开了帷幕，外来文化的激烈冲撞使文化共同体的形态发生剧变，这个过程迄今没有完成，而在这个过程中，建设中华民族的新的民族精神的历史性要求又被提了出来。

以上文化走向的大趋势制约着华夏审美风尚的演化过程，在总体上讲，这是一个历史自律的过程，秦汉之际的健康的艺术精神到隋唐的“有容乃大”的文化气魄，到宋明的纤弱与博雅都紧密地与文化发展的内在理论相关。当然，这种“相关”是多层次的，通过多种中介的，在民间存在的审美风尚的演化受到上层观念的制约要慢些，因为它只有通过制度与传播媒介才能实现。

以上从理论上提出了研究华夏审美风尚史的必要性和初步构想。

华夏审美风尚史的研究具有紧迫的现实意义。当代中国审美文化正处在转型与激变之中，它将朝哪个方向发展，极需清醒的理论引导和深入的历史性考察。只有在这个基础上，新的、当代中国的审美文化的有机构成，才能被科学地构建起来。这正是我们今天进行审美风尚史探索的现实意义。

第二章　本质论

第一节　文化共同体

如果从裴李岗文化算起，中国文化已有了八千余年的历史；如果从考古界公认的二里头文化算起，中国文化也有四千多年的历史了。二里头文化是夏文化的标志，夏以降，以商、西周的巫史文化，东周的诸子勃兴为标志，中华文化在历史激荡中逐渐融合成为具有较稳定内涵的中华文明的模式。

然而，中华文化史的发展不是直线演进式的。它在历史上至少经历了两次大的震荡和整合。第一次是在秦汉以后的魏晋南北朝时期，历时四百余年，直到隋唐在新的高度上整合成恢宏博大的文化模式，而它的理论论证要拖后到宋明时代才完成这一次的文化整合、转型，是对一种历史模式的确认和论证，是中国发育完善的封建时代的最高的哲学表达。这是中国文化史上的第一次转型，宋明理学是第一个关节点。宋明以后，一直到清末民初，中国文化在外来文化的强烈冲击下，终于迎来了第二次转型的文化展望。第二次文化转型迄今没有完成，但也已走过近百年的历程，内中各种层次上的问题，值得我们认真地分析、解决。本书试图对中国文化发展史上的两次转型作一简略叙述，对其中涉及的理论问题做出初步分析。

1. 以伦理本位为核心的中华文化共同体

从夏商到秦汉之际，终于形成中华文化的共同体。从历史发展的眼光看，秦汉文化是一个民族青春时期朝气蓬勃的象征，是充满着生命力的一个上升的时代表征。

一个文化共同体的形成首先是同一个结构性生成相关联的。据考古材料，在中国大陆范围内，散布着数十处新石器时代的文化遗址；而在殷商、西周中原文化勃兴的同时，区域文化的格局也逐步形成。① 也就是说，中华文化圈的地域性形成并不是一开始就有共同体的格局的，只有当社会自身的经济、政治发展达到相当规模，区域的政治经济联系形成某种程度上的一体化时，民族文化的共同体特征才可能出现。这个条件是由秦汉一统天下所造成的。

我们只能把秦汉以前的中国文化，特别是号称“轴心期”的春秋战国时期的文化，看作是中国宗法社会(成熟的封建社会)在动荡中催生的一支前奏曲。在这支辉煌的前奏曲中，诸子百家形成众星灿烂的局面，日后发展成为中国文化基本精神的思想也分别包容在这些文化学术流派的著作之中。特别是以孔子为代表的儒家学派，当时虽然只是诸子百家中的一家，但《论语》的基本思想却已映照出恢宏的中华文化的伦理本位精神。

秦扫六合，于公元前221年建立中华民族第一个统一的封建专制主义集权的国家。这为文化统一建立了客观的社会历史条件。中华文化共同体的形成经过了漫长的岁月，简略地说，它是以源于传说时代的民族部落，经历夏、商、周三朝，与黄河中下游地区其他各部落相互融合而成的“华夏”族为核心，再经过春秋战国时代与周边异族相互交融，彼此吸收文化成分，而由秦的统一最后予以强化、定型而成。兼并和战争是民族融合的催化剂，各民族的文化在这种激烈的历史变动中互相吸收，互相渗透，互相催化，最后走向趋同。

秦汉文化是中华文化共同体的初胚，在这以后的两千余年中，中华文化发生流变演化的因子均可从秦汉文化之中找到。那么，秦汉文化所形成的中华文化共同体究竟有什么共同的特征呢？

秦大一统封建王朝的建立，奠定了中华文化共同体得以生成的结

① 齐鲁文化、楚文化、吴越文化、巴蜀文化、秦文化、三晋文化等相继形成，与中原文化形成相辅相成的局面。

构，它是建立在宗法—专制社会结构之上的伦理—政治型文化。这种范式的文化共同体，以家族血缘关系为心理基础，衍生和构成了秦汉时代所建立的文化共同体内在的特征，即对血缘关系的重视，“以孝事君则忠”“夫孝，始于事亲，中于事君，终于立身”①，由此衍生出对传统的极端尊重，历代帝王，无不以“尧舜禹汤文武周公孔孟”的继承者自居，形成了中华文化共同体所特有的历史心理。在理论形态上，宗法与氏族血亲关系造成了伦理为本的特点，本体论、认识论、知识论与伦理学在互相渗透，畛域不清。这与古代罗马社会更多地倚仗契约、法律关系形成明显的区别。所以有人说，西方是智性文化，而中国是德性文化。在这种德性文化的范式制约下，中国的治道要津不在法治，而在人治。人治方面又特别重视道德教化作用。“以身训人是之谓教，以身率人是之谓化。”②德性主义的精辟表述是孔子的“道之以政，齐之以刑，民免而无耻；道之以德，齐之以礼，有耻且格”③。伦理道德的地位和力量如此之大，足以使德性文化普照千秋了。事实也是如此，秦汉形成的以伦理本位为核心的中华文化共同体，在以后的两千余年的发展中，虽屡遭灾变，但其本质特性源远流长而持续发展，成为历史发展中民族精神之魂。

这里要特别说明的是，秦汉风魄虽以伦理本位为核心，但其生命状态却不似日后儒学发展所显示的那样，却是活泼的、刚劲的、朝气蓬勃而呈现无穷活力的。汉虽以儒学独尊，但汉文化却是博大宏伟、沉稳流长的。

2. 帝国衰落与经学谶纬标志着文化转型的历史必然性

与汉代经学的兴衰共始终的一种文化现象，是谶纬神学的出现。今文经学大讲特讲天人感应，符瑞灾异，其末流更是完全离开儒家经典的“微言”，胡编乱造出种种离奇古怪、荒诞不经的“大义”，附会到天帝和孔子名下。古文经学一方面攻击今文的妖妄；另一方面自身也

---

① 《孝经·开宗明义》。

② 管同：《与朱干臣书》，载《因寄轩文初集》卷六。

③ 《论语·为政》。

没有摆脱神学的羁绊。首倡古文的刘歆，便以符命为王莽上台摇旗开道。马融也曾“集诸生考论图纬”。西汉经学，尤其是今文经学的发展，实际上也正是沿着谶纬化的方向前进。儒家经典被如此“解释”，汉运之衰就显得无可奈何了。

虽然不能说由于正统儒家学说导致了汉亡，但有一点至少可以肯定，先秦诸家学说生气勃勃的特性，一方面被凝固成为一种统治方式的解释词；另一方面被发展为一种非常局促的统治手段，以至于统治思想与汉末的党锢之祸成为两种相互补充的社会现象。

经学谶纬神学倾向的烦琐形式以及它的僵化学风，最终使经学走入死胡同。① 于是，一个时代精神的终结时刻终于到来了。西汉经学实质上是先秦诸子特别是先秦原儒的僵死教条化的标志。虽然，在秦汉建立文化共同体的过程中，经学成为占统治地位的意识形态理论模式，但是，它的僵死结构和教条学风，与汉统治者失却那夺取天下时的勃勃雄风正相适应。董仲舒说善治而至今不可善治者，失之于当更化而不更化也。古人有言曰：“临渊羡鱼，不如退而结网。今临政而愿治者七十余岁矣，不如退而更化；更化则可善治，善治则灾害日去，福禄日来。”董仲舒所说的“更化”就是历史上著名的“崇儒更化”。可是崇儒虽然成功，更化却入歧途。从历史发展的角度看，这也是命运使然。

大凡一个社会衰败之势渐显，而原有的意识形态体系又不足以满足社会发展的需要，精神改革的必然性就出现了。东汉末年，儒家各教学说式微，经学颓败，谶纬消亡，自西汉武帝以来形成的儒家独尊的局面不复存在。“儒墨之迹见鄙，道家之言遂盛”②，玄学消极无为，佛学般若空无，佛玄相互激荡，共同趋于繁荣，使中国文化的第一次转型真正拉开了序幕。

---

① 西汉经学家援引阴阳五行入儒学体系，他们“假经设谊，依托象类”，用自然现象比附社会人事。董仲舒说：“灾者，天之遣也；异者，天之威也……惊骇之尚不畏恐，其殃咎乃至。”（《春秋繁露·必仁且知》）经学走火入魔至此，它最终走向衰败也成必然之理了。

② 《晋书·郭象传》。

汉末，佛陀东来与道教创立是思想文化史上的两件大事，也是传统文化的结构第一次受到他种文化冲击的历史现象。

据《魏书·释老志》记载，(西汉)哀帝元寿元年，博士弟子秦景宪，受大月氏王使伊存口授浮屠经。范晔《后汉书》则载：世传明帝梦见金人长大，项有光明，以问群臣。或曰："西方有神，名曰佛，其形长丈六尺，而黄金色。"帝于是遣使天竺，问佛道法，遂于中国图画形象焉。

佛学在西汉之际传入中国，自有印度佛学发展的本身原因，但是中国社会当时的精神需求则是首要的原因。西汉之际，佛学还只是被社会上层少数人视为神仙方术。只有到了东汉末年，才出现盛况空前的演佛法会，"民人来观及就食且万人，费以巨亿计"①。当时，社会状况急剧恶化，痛感人生悲苦，渴求安宁生活，成为人们普遍的社会心理，而佛教教主正是以人生之苦为最基本的命题。这种外来的宗教以特有的慰藉心灵的方式逐步替代了日益衰微的经学。汤用彤先生认为这是魏晋时期学术的一大变化。②

出于同样的社会心理原因，东汉末年的道教作为中国的本土宗教也开始产生并盛行于世。道教追求双重理想境界，③ 也同汉末的死气沉沉形成了极鲜明的对照。

汉末，儒弱，佛入，道生，文化是一大变动格局。从表象上看，这虽是社会动荡所造成的文化剧变，但也可以认为，社会注定还要在动荡中才能形成成熟的中国封建统治的理想结构和理论表达。秦汉的统治方式虽然成熟，但它所需要的上层意识却是薄弱的，它没有，也不可能发展到它的历史性成熟阶段。儒家的衰败十分有力地说明了这一点。

于是我们看到中国历史上似曾相识的一幕出现了，④ 一个正统意

---

① 《三国志·吴志·刘繇传》。

② 汤用彤：《汉魏两晋南北朝佛教史》第六章。

③ 在现实世界上追求平等，在人生境界上追求外生死，极虚静。

④ 中国20世纪80年代的情景仿佛是一千多年前出现的历史情景再演。正统的动摇和消解使得非主流文化大肆入侵，这就是20世纪90年代西化潮流的一个"场景"。

识出现危机，于是非主流、非正统的意识形态以强劲的攻击力开始了它的社会历史行程。主流一消解，文化的多元性就出现了。汉亡，魏晋南北朝三百多年，充满动荡，社会苦难，由于政权更迭，中国传统的政治权威和权威主义消解，文化中心主义不复存在。由此，魏晋南北朝时期形成了一个精神上极自由极解放，最富于智慧、最浓于热情的时代。时代的苦难激发了文化创造的深层体悟与呼唤生命的强烈意识。敏感的文化人悟“兴废之无常”，哀“人生若尘露”，感“性命之不永”，惧“凋落之无期”。

将近四千余年的动荡、分化、变化、整合、激荡，文化上虽不以一家一派为主干，但文化创识的自由、热烈，却是前代所不能相比的。在这个文化的转型期，在这个所谓的乱世，文化发生了以下几个变化：

第一，正统儒学的裂变。

两汉文化还在其迸发华丽光彩时，实际上已蕴含着深重的危机，今文经学和古文经学都走向了死胡同，而且，社会大动乱更宣布了儒学的“不周世用”①。经学的衰落到了这个地步：魏文帝初政时，欲振复经学，然而，“诸博士率皆粗疏，无以教弟子。弟子本应避役，竟无能习学，冬来春去，岁岁如是”。正始年间，“有诏议圜丘，普延学士”，“是时朝堂公卿以下四百余人，其能操笔者未有十人”②。

第二，名教的危机。

中华文化共同体固有的道德形态在汉定型(三纲五常、仁义礼智信)，但魏晋时期，传统的道德观受到了毁灭性的打击。后世所谓“名士风度”，即是指这个时期那些全然不顾传统道德约束，狂放不羁的学者，阮籍竟敢对儒教作出如此反诘：“六经以抑引为主，人性以从欲为欢；抑引则违其愿，从欲则自其然。然则自之得，不由抑引之六经；全性之本，不须犯情之礼律。”③

---

① 《魏书·杜恕志》。

② 《〈三国志·魏书·王萧传〉引注〈魏略·儒宗传序〉》。

③ 《嵇康集·难自然好学论》。

名教的危机同时引发了玄学成风。“有晋中兴，玄学独振”①，玄学由老庄哲学发展而来。汉末魏初，士人还有坚持儒家风范的，曹操仍高呼“山不厌高，海不厌深，周公吐哺，天下归心”，但社会毕竟太残酷了，儒家的道德规范在社会激烈的动荡中，显得那么可笑，儒学无法成为士大夫的信仰基础。

玄学是对“秩序”的解构，然而却是对人性的深入开掘，所以，玄学之风大盛，而使魏晋南北朝期间的艺术精神得以充分发育。《文心雕龙》，《诗品》，以及陶渊明、嵇康为代表的人生态度，② 都昭示了那个时代士人“情驰神纵，超逸优越，临事制宜，从意适便”③的潇洒自如，崇法自然，归依本性的精神状态。

第三，道教显丕，佛教勃兴。

两汉之际，道佛两教仅是初露端倪，而到了魏晋六朝，道教成了一个有学统而严密的教会组织，有完善的宗教教义和理论体系，道家经典有千余卷；④ 佛学在此之间，乘乱世之机，大大扩大了它的传播和影响。唐道宣在《释迦方志》(卷下)中说：“自晋、宋、梁、陈、魏、燕、秦、赵，国分十六，时经四百，观音、地藏、弥勒、弥陀，称名念诵，获其将就者，不可胜纪。”唐代诗人杜牧更有“南朝四百八十寺，多少楼台烟雨中”的名句，展现了南朝江南佛风的弥漫。

第四，胡汉文化的冲击碰撞。

魏晋南北朝期间，胡汉杂居，民族交融，匈奴、鲜卑、羯、氐、羌等草原游牧民族组成了与汉文化不同的文化类型。魏晋六朝不少政治当权者是北方少数民族，组成了与汉文化不同的文化类型。所以，胡汉两种文化的杂合，成为不可抗拒的历史趋势。大一统的文化专制终于在社会分崩离析的历史条件下走向了终结。它给人们带来了自由

① 《后汉书·儒林传》。

② “目送归鸿，手挥五弦；游心太玄，俯仰自得。”(《文选·嵇康〈赠秀才入军〉》)。

③ 张怀瓘：《书议》。

④ 《三洞经目录》有1280卷。(见汤一介：《魏晋南北朝时期的道教》)

个性的发展和思想的空前活跃。正是“体有万殊，物无一量”①。

以上四点，恰好呈现了一个转型时代的文化特征：一统格局的打破，多元文化的发展，各种风格和精神价值的提出，迷惘与选择并行，传统与新潮互悖。简言之，这是一个没有精神枷锁的时代。但是，这远不是转型的结束，魏晋时期的转型，确实造就了一种风格，一种宽阔的胸怀和多元的眼光，一种博大的恢宏，一种个性和精神的解脱，然而，这只能看作是过渡，它的四分五裂的社会状况终于结束的时候，文化的整合以什么样态来回答时代的尖锐提问呢？

这个回答是有的，而且是极成功的，这就是经隋唐的勃兴而形成的宋明新儒学即宋明理学。

第二节　历史转型

魏晋玄学，虽有嵇康、阮籍、何晏、王弼、郭象等思想家的出现，但终于没有形成一种统合与博大的主流意识。中华文化共同体在动荡中的新的催生，还未出现。

历史是这样提出要求的，中华文化共同体自夏、商、周、先秦诸朝，终于在秦汉初步形成规模与格局。这时，中华文化的价值核心、认知方式、文化理念、生命哲学与政治理想，形成了以伦理本位为核心的注重人伦关系的文化样态，与同时期的西方古希腊、罗马形成了有明显差异的文化特征。但是，这时文化共同体的内在结构与外部发育条件，均没有达到成熟阶段。中国封建时代的形成和发展，还只是处在青春时代，它的终结架构虽然有基础，但仍是稚嫩的，它的哲学与文化理念虽然有变化，但仍是需要发展的。魏晋时期的大动荡充分说明历史仍需在激荡中成熟。封建形态的成熟要到盛唐才出现，而为这个成熟的形态做出理论说明，要到宋明时代才完成。这个成熟期，又是四五百年。中国封建社会的历史，无论从哪个方面讲，这时才走向了巅峰。唐帝国宏阔壮丽，在这个庞大的帝国之中，各种文化设

① 陆机：《文赋》。

置、教育措施，皆以空前的规模得以实施。唐代成为中国诗歌发展的顶峰，这是人人皆知的事实。而后人从文化史的发展中注意不够的是唐代三教并行不悖的现象对宋明理学形成的影响。道教在唐代发展到“凡天下总一千六百八十七所”，李唐王室奉老子李聃为先祖，唐高宗尊老子为太上玄元皇帝。道教受到皇室支持而呈兴旺发达之象。与此同时，佛教风行，长安城中坊里60%都设寺庙，“一个佛堂院，可敌外州大寺”①。而一度受挫的儒学在唐代开始振兴。唐太宗宣称，“朕今所好者，惟在尧舜之道、周礼之教，以为如鸟有翼，如鱼依水，失之心死，不要暂无耳”②。他诏求前代通儒子孙，特加引擢。他命国子祭酒孔颖达等撰定《五经正义》，令天下传习，造成唐代学术界“学者慕明，儒教聿兴”。

三教昌盛，当时达到可自由论辩的程度。文宗太和元年(827年)十月，儒、佛、道三教御前论辩，“始三家若矛然，率而同归于善”③。真是一个开放的时代容纳了各种思潮的存在，而且，并无尊某一宗为国教，而强行压制他教的现象。所以，唐朝近三百年间各教的义理发展，得到了充分的外在环境的保障。也由此，吸收容纳了各教优点的宋明理学才有可能得以出现。宋明理学在义理上不仅仅是对先秦原儒的继承，而且是对隋唐三百余年间的各种文化的吸收，特别是在对佛、道两教吸收的基础上开掘出崭新的精神之果。

关于这一点，余英时先生论道：

“宋明新儒家发议的主要对象是禅宗……宋代新儒家在这个基础上重建‘心性之学’，一般人不易察觉他们所运用的概念和分析方式是源于佛教的……新儒家虽然在这一层面上假途于佛教概念和分析方式，把儒家传统中引而未发的‘心性之学’全面地建立了起来，因而丰富了并更新了这个传统。”④

---

① 《入唐求法巡礼行记》。

② 《贞观政要》卷六。

③ 《新唐书·徐岱传》。

④ 余英时：《中国思想传统的现代诠释·自序》，台北，联经出版事业公司，1987。

宋明新儒学所做的许多重大贡献之中，最杰出的无疑是对佛、道两家的思维方式（特别是作为外来文化的佛学）与儒家思想传统的结合。从当代中国文化发展的现状来看，这一点有着特别的启示意义。我同意余英时先生这样的说法："任何以西方现代的理论直接套用在中国经验之上的努力都不免要流为削足之履。"①当代中国文化建设所遇到的问题有相似之处，即使不算清300年的义理之学的中断，宋明理学作为传统中国文化中最重要的主流思潮，在今天也遇到了强大的挑战。现代西方文化以势不可当的来势迅速地占领本土文化的精神领域，如何回应，如何综合，如何创造与本土文化传统的有机构成相适应的理论形态，成了中国文化建设最急切、最重要的课题。从这个观点出发，已经具有完成形态的宋明理学，则具有极为重要的参考意义。

宋明理学家以佛援儒，以道援儒，事迹举不胜举。如智园（976—1023年）有"儒者饰身之教，释者修心之教"的判断，外在的"身"属之儒家，而以内心的"心"归之释氏。沈曾植（1850—1922年）曾指出，陆象山所悟之道即是"太极"，极似华严法界观；他自言其学得力处在"智识"或"灵识"，显然是佛教的观念。② 新儒学与道教的关系，也是特别密切的。被视为"道学宗主""理学开山"的周敦颐，以"太极先天之国"与陈抟的《无极图》为主要依据，构制了"太极图说"；而邵雍则依据道教的《先天图》提出"先天象数学"，构造了一个包括自然和人类历史在内的世界图式。

作为宋明理学集大成者的朱熹，对释道之学十分留心。朱熹自述："某年十五六时，亦尝留心于禅。"③朱熹参禅于大慧宗杲正相当于此时。年长以后朱熹也潜心于佛。他不止一次地直言："熹于释氏之说，盖尝师其人，尊其道，求之亦切至矣，然未能有得。"④对于道

---

① 余英时：《中国思想传统的现代诠释·自序》，6页，台北，联经出版事业公司，1987。

② 《海日楼札丛》卷四。

③ 《朱子语类》卷一〇四。

④ 《朱子文集》卷三〇。

教经典，朱熹也下过许多搜集整理和研读工夫。尝自谓“清夜眠斋宇，终朝读道书”，足见他对道教的重视。正是在充分吸收释道哲理基础上，朱熹对理学展开了一次系统的创造性总结，一个庞大的以人的伦常秩序为基本轴心的儒学体系得以建立。

理学建成，对中国文化史的发展产生了难以估量的影响。它终于使汉末以来礼崩乐坏、礼治式微的局面得以改观，使重建礼治的中国文化发展中的内在要求终于以理性的形式实现。从中国社会发展的进程看，自秦汉初步形成大一统的封建统治开始，中国封建社会的发育史呈现出波浪形前进状态。秦汉从政体到思想文化的建树，均呈现了高潮，但这只是一种历史状态呈现的样式。很快，它被走向成熟前的混乱和震动打破了。盛唐作为政治经济的存在样式到了这个历史样式的顶峰，而替它做出理论说明的却是宋明理学。这是一个社会理性权威的真正建立。只要看看集理学大成的朱熹汇辑的《五经大全》《四书大全》《理性大全》就可以知道了，这是“合众途于一轨，会万理于一原”“使家不异政、国不殊俗”的大业。[①] 三部大全的编定，终于完成了封建帝皇的恢宏理想，也实现了一代知识分子的最高学术目标。所以，过去有人在批评理学的缺陷时，认为“由理学家强化并推广于社会的礼治秩序给中华民族带来深重的精神损伤，礼治秩序只承认人伦关系网络的存在，而根本否认个体的独立价值。礼治秩序的长期漫染，在中国国民中造成一种主奴根性”[②]。从历史发展的现代意义来讲，这种理学所造成的“吃人的礼教”完全应该进行认真、严肃的批判。但是，礼治重建与以伦理本位为核心的理想人格的提出，给一个稳定发展而且注定还有八个世纪历史的社会制度树立了一个“克里斯玛”(Charisma)范型，这是真正的历史性贡献。在这个意义上讲，社会意识形态与社会存在的发展是同步的。

这里值得提出的问题是：这个“克里斯玛”效应在何种历史条件下会衰落从而造成文化传统的断裂和再生？

---

① 《御制序》。

② 冯天瑜等：《中华文化史》，653 页，上海，上海人民出版社，1990。

一个历史时代形成相对独立具有结构特性的文化形态，它的“克里斯玛”的范导作用是确凿无疑的。马克斯·韦伯(Marx Web)认为，“克里斯玛”是指具有神圣感召力的领袖人物的非凡体格特质或精神特质，也用它来指一切与日常生活或世俗生活中的事物相对立的被认为是超自然的神圣特质。① 美国著名社会学家希尔斯(Eewardshils)教授则更进一步引申了“克里斯玛”的含义，他认为不仅仅是那些具有(或被认为具有)超凡特质的权威用其血统能产生神圣的感召力，而且社会中一系列行动模式、角色、制度、象征符号、思想观念和客观物质，由于人们相信它们与“终极的”“决定秩序的”超凡力量相关联，同样具有令人敬畏的、使人依从的神圣“克里斯玛”特质，这样，在社会中行之有效的道德伦理、法律规范、制度和象征符号等都或多或少被注入了与超凡力量有关的“克里斯玛”特质。②

宋明理学作为一种范导式的意识形态体系，具有典型的“克里斯玛”特征。

现在我们要弄清楚的是：宋明理学的“克里斯玛”性质究竟是在什么条件下发生变化的？新文化创识意识的要求是如何从历史运作的深处涌现出来的？

宋明理学在其发展过程中形成的“义理结构”，使中国文化的传统特质得到了充分的理论支持。《尚书·大禹谟》说：“正德利用厚生。”这当是中国文化生命里最根本的一个观念形态。用牟宗三先生的话来讲，它表示中华民族首先向生命处用心。这是一个道德政治的把握。③ 宋明理学时代，中国文化生命本体的这个“把握”，一方面，达到了它的历史性巅峰；另一方面，它内在的局限也进一步凸显出来。二程言：“推本而言，礼只是一个序。”④理学将贵贱、长幼、尊卑名

① 参见马克斯·韦伯：《经济与社会》，116、121页，加利福尼亚大学出版社，1978。

② 希尔斯：《论传统》，5页，上海，上海人民出版社，中译本，1991。

③ 参看《新儒学论著辑要·牟宗三卷》，33页，北京，中国广播电视出版社，1993。

④ 《二程集·遗书》卷一八。

分强化并形成了人伦关系中的准则，这只能严重地扼杀人的独立的创造性与价值尊严。在一个尚未达到其发展高峰的时代，还需要以强制式的专制统治完成其历史使命的时候，理学家构造的这种礼治秩序的存在仍是合理的，但这仅仅是历史的暂时的合理性。旧秩序的打破与新秩序的建立作为历史要求被提出来时，意识形态更新的时代课题就必然地凸显出来了。

这里有两个层面需要研究。

第一个层面，宋明理学社会性实践目标的局限与历史发展的新要求之间的矛盾；第二个层面，宋明理学自身的发展中义理构成的局限制约了历史发展的内在要求。

关于第一个问题，其实就是传统变迁的外部因素问题。传统变迁的外部因素可以来自新出现的传统，也可以来自于在本社会中前所未闻，然而在异族社会中已相当发达的传统。某个特殊社会的内在传统与外来传统的对抗，通常是两个社会之间的人口、政治、军事及经济变迁的结果。也就是说，由于本社会的内部变迁而产生了对传统的新的适应要求，而外部传统的强大压力使传统发生了变化。

明朝末年，社会历史的发展恰恰完全满足了上述两项要求。传统的历史学家一向把万历时期的明中叶当成明帝国历史中的一个转折点，万历以后，王朝的局面变得难以维持，它的崩溃变得不可避免。据《剑桥中国明代史》载，1603 年，明都察院的十三道监察御史中有九道仍然长期空缺；1604 年，国内几乎有一半知府空缺，行政机构的无效能和普遍的违法、贪污腐化使明王朝无可奈何地走向了没落。社会的衰败不只是政治危机，也确凿地显示了它的思想和精神危机。它非常有力地证明了新儒家提倡的“内圣外王”之道的软弱无力。虽然宋明理学家重视道德，开启了心性之学新面貌，但他们强内圣而弱外王，使得支持社会统治思想的核心理念僵化而无实效。所以明末的思想家如李贽等人均提出了对道学的批判和有限地强调了人的自由精神实现。这个由于社会自身演变而衍生出来的产生新的传统的要求，更由于明末西方文化的开始进入与工商资本主义萌芽，而显得日益强大。明中后期，对钦定的礼制的反叛，越礼逾制的思想浪潮日益强大。礼拜金钱，反叛理规的婚恋，在哲学上对自然人性、人欲的热烈肯定……这一切都产生了一股新的文化传统的要求。明末的启蒙和文化转型的内在要求已经提出，然而却在历史的演化中被打断了。①

以宋明理学为代表的文化传统的转型的要求，还在外来文化的强大压力下凸显出来了。这主要有两个因素。外来传统的第一个因素是，晚明西学的流传和输入。15世纪至16世纪，代表着另一种现代文明的西方文明耶稣会传教士来华，带来了天文历法、地理学、数学、工程机械、火炮制造等西洋学术文化知识。虽然这些文化输入还构不成一股强大的文化潮流与正统思想发生激烈的冲撞(如晚清)，但毕竟带来了新思想的萌芽，甚至出现了像徐光启这样激进的主张全面接受西学的思想家。明代后期，阳明学派的末流在狂禅中走向肤庸空疏，徐光启、李之藻(光禄少卿)公开予以批判，认为这些只不过是"一一皆精实典要，洞无可疑"②。外来传统的第二个因素是，清入关和满族文化对已经无力支撑一个社会的衰败的理学的冲击。清儒一反宋明空论义理，与清统治者的思想控制有关，而内在的因素，则是与知识分子对明亡的痛苦反思有关。清初，一大批思想家如黄宗羲、顾炎武、王夫之等人在反思历史、总结明亡的历史经验教训的同时，共同倡导实学，这绝不是偶然的，这包含着对明儒所走过的谈玄误国的深重的历史教训在内。

以上只说明了问题的一方面。另一方面，以宋明理学的内在理路来看，到明末，其义理的发展也到了转折的时期。希尔斯在论及传统变迁的内部因素时说：

"传统之中包含着某种东西，它会唤起人们改进传统的愿望。最卓越的伟人不停地在为更高的真理、更大的清晰性和融贯性，以用更充分地表达知觉和想象而奋斗着。"

"对每一代新人来说，知识传统都存在着修正的可能性，这不是

---

① 黄仁宇认为，明末的启蒙思想家批判性强而建设性差，因为他们无法提出一种新的思想体系去代替正统的教条。(见《万历十五年》第7章)

② 徐光启：《刻几何原本序》。

因为人类心智存在着任何必然犯错误的倾向，而毋宁在于，即或是伟大的天才的智慧之光也不能照射到未来几代人将会认识到事物的外缘。”

宋明理学变革的另一因素确实来自传统内部的义理发展。组成对程、朱、陆、王理学主潮批评并寻求改造之途的是这样一批理学家：陈确、顾炎武、傅山、王夫之、颜元等人。从11世纪到16世纪的600年间，程朱理学与陆王心学的内在逻辑已完全展开，程朱学派于明中叶逐渐衰落；陆王心学于明末流为“狂佯”，被认为“曲学误国”。明亡，传统学术的弊疾进一步得到印证，于是，理学内部批评与革新就应运而生。陈确(1604—1677年)评《大学》，重论“知行观”；顾炎武则批评理学清谈误国说：“刘、石乱华，本于清谈之流祸，人人知之，孰知今日之清谈，有甚于前代者。昔之清谈谈老、庄，今之清谈谈孔孟，未得其精而已遗其粗，未究其本而先辞其末。不习六艺之文，不考百王之典，不综当世之务，举夫子论学、论政之大端，一切不问，而日一贯，日无言。以明心见性之空言，代修己治人之实学。股肱惰而万事荒，爪牙亡而四国乱，神州震荡，宗社丘墟。”①

明末清初另一大儒傅山，在明亡后，誓不帝清。康熙大力提倡程朱理学，单讲君臣之义，傅山起而痛斥：“以尧舜呼？”②对以理学事清的“鄙儒”，傅山不仅痛斥，而且从学理上进行了辨析，提出“无理胜理”“故理不足以平天下，而无理始足以平天下”③。

明末清初的这些批判性学者，从内部揭开了革新理学的序幕。如果有这样一个历史条件让王夫之、傅山、顾炎武等人发展下去，理学产生质变的可能性是存在的，但历史并没有提供这个机会，如后来第三代新儒学学者一再强调的那样，清近300年的思想禁锢引发了考据风盛行。义理中断两百多年，这也是命运使然。这场由明亡引发的，从现代意义上讲具有启蒙意义的思想运动，终于由于外来传统的强制

---

① 《日知录》卷七，《夫子言性与天道》。

② 《圣人为恶篇》。

③ 参见郝树侯：《傅山论》。

性打断与对旧传统的重新确认而中断了。清近 300 年正是欧洲文艺复兴以后的启蒙时期，工业革命拉响了新时代的汽笛，而我们的儒生们，在封建专制帝国的严酷统治下，却仍在皓首穷经，注释儒学经典，考据字词章句，自得其乐。这种令人悲切不已的民族灾难，要在西方文明终于敲碎了封建专制主义的美梦后才有转折。直到 1840 年，现代意义上的中华文化的第二次转型终于拉开了序幕。

第三节 文化转型作为背景

自鸦片战争拉开了西学东渐的序幕，在古老的华夏大地上政治—经济—文化震荡期终于开始了。以宋明理学为代表的、为封建专制主义辩护的一整套意识形态体系，终于完全不能适应现代社会发展需要而不得不走向衰落。近百年，现代思想史就是以突破传统、重建传统、再造传统这样的主题展开的。对于这近百年的思想史，研究著作已经汗牛充栋，各种问题也均反复提出。如中体西用与西体中用之争，三个主义之分野(激进主义、保守主义、自由主义)，科学论与玄学本体观……所有这些思潮的相互激荡与演化，都体现了中国现代知识分子寻求中国现代化之路的急切心情与责任感。从历史的眼光看问题，从鸦片战争被西方列强打破国门开始，到今天已有一百六十年的历史了。前一百年是在战乱、政权更迭和社会动乱中度过的。1840 年有鸦片战争，19 世纪 60 年代有太平天国运动，19 世纪 90 年代有甲午之战，接着是戊戌、辛亥、五四、北伐、内战、抗战、再一次内战，可以说，在这段时间里，文化建设的正常秩序已被打得七零八落，中国文化的飘零花果只是在少数知识分子顽强的坚持下才没有败落。然而，文化发展的内在的逻辑问题比之外在动乱的环境更难以把握。从中国文化的发展脉络而言，清末民初，作为现代文化转型的起始阶段，中国知识分子面对文化传统是彻底的非现代的——一大批从“四书”“五经”中走出来的知识分子也刚刚开始接触新学，而当时的所谓新学，也是浅陋得极可怜的一些西方现代文化常识。以宋明理学为高峰的这条义理路线，仍是顽强地凸显着自己的生命之旅，而且，事实上，中国文化的发展也断然不能拒绝它的合理性，但是，这次转型与魏晋到宋明这一段不同。魏晋以降，儒、释、道三教合一，儒、道为主干的路线是没有变化的，也是符合历史需要的。但是，清末民初以来，关于这个问题有两层意思需要重新考虑：

第一，以本土文化，特别是以儒文化为主干的转型能适合现代社会的需要吗？

第二，儒文化能与现当代西方文化有机地结合起来吗？当年释、道、儒融合，自有其内在的理路，现在西方文化，特别是西方哲学的合理之处能被中国儒文化的机制汲取过来吗？

以上两个问题，在社会动乱的历史环境中，始终得不到深入冷静的思考与回答。19世纪中叶到20世纪中叶，动乱的中国只是在最紧迫的政治问题上让历史做出了选择。从建设的角度讲，这一百年不过是文化震荡期，并没有真正成型的成果出现——当然这是与宋明理学比较，与历史的最高要求相比较而言的。

尽管如此，中国传统文化的现代转型却是个无法回避的时代课题。

以笔者所见，讨论中国文化的现代化的文章著作，虽然论题范围广泛，而且数量繁多，但迄今仍是没有回答上述问题。为了阐明这个结论，应当追溯有关历史。20世纪50年代以来，中国政治经济的发展处在相对平稳时期，在中国大陆，虽然政治运动不断，但没有分裂和内战（“文化大革命”是特殊情况），在台湾，几十年埋头发展取得可观的成就，这相对稳定的社会环境，使得知识分子在赖以维持正常生活的情况下思考文化问题。但是，中国大陆知识界对传统文化的摒弃状态，直到20世纪80年代才改变过来，而且，文化学术风向一变，马上遇到一个问题：用什么思想、方法、框架去整合解析中国传统文化？以传统为本，能有一整套从价值到方法的理论构架吗？这个问题在中国大陆知识界显然还没有来得及回答。台湾及海外知识界在20世纪50年代以来对传统文化的现代转型做出的工作以第三期儒学为标志，学术界统称为“海外新儒家”。有人认为20世纪初新儒学的潮头已经开始形成，这是不确切的。在20世纪上半叶，社会的政治—

文化矛盾主要表现为拯救民族前途的危亡。所以，含在深层文化中的义理之核的发掘，还没有充分显示出它的历史必然性来。只有民族矛盾与社会结构大致趋于平稳，以恒长的文化建设为目标的思想建树才会凸显出它的必然性，并成为一批知识分子的学术追求目标。当代新儒学作为中国现代思想史上的一个重要的思想运动，可以以 1959 年年初“四君子”宣言作为历史划分的标志。牟宗三、张君劢、唐君毅、徐复观联名发表《为中国文化敬告世界人士宣言》，论证中国走向现代化要靠中国之生命道德的发扬光大。以此为标志，现代新儒学运动企图在与现代西方文化对话的基础上，重开中国文化的形而上学体系。新儒家的一系列重要著作，对任何一位企图重新思考中国文化命运的人来讲，都是值得参考的。他们各人观点不一，方向有异，但有一点是相同的：思考着如何使中国文化的德性义理重放光辉，为民族的现代化发展重铸新魂。从这一点上讲，他们所做的工作，类似宋明理学家。这是一个历史定位。对新儒家不予理会、不予重视的倾向，是十分错误的。

思想家的命运大概只是如此。

我们知道中华文化发展到今天处在第二个转型期，因此有那种失重之中的焦虑的寻求。我们知道，一个民族的文化生命，特别是有几千年文化史的民族的文化生命是绝对不会中断的，所以，所谓的全盘西化是彻头彻尾的无稽之谈。今天的我们自觉地要求这个古老的文化传统获得现代形态并能为民族最终走向现代化而成为精神支撑。

我们知道今天的文化转型还处在启动时期，这主要由于：(1)近百年的内忧外患使得人文精神的建树一再中断；(2)对中国文化发展中的一系列问题，如中西之争，什么是传统，什么是现代化等的理解，只有到了 20 世纪下半叶才有了自觉；(3)对内地思想家来讲，只有经过了近 20 年的反复，才深切地认清了这个主题，这是 20 世纪 80 年代后期的事情；(4)对台湾及海外思想界来讲，对内地几代知识分子思想疏远和对内地社会的隔膜，使得他们对文化运动的思考产生某些缺陷。而今天的局面开始改观了——既有的社会文化选择受到了批判性的重新审视，更多的不是政治偏见，而是民族繁荣和发展的主题令一切中华民族子孙有了共同语言。

所以，20世纪90年代是第二次文化转型的第二个台阶，在展望中国文化的现代形态时，笔者以为应对学术史上的一些重大关节重新进行认识，这些关节是：梁漱溟—熊十力的思想史定位；现代新儒家的思想史定位；对中国当代文化发展有重大影响的马克思的思想史定位。

“三定位”需要另外的专门篇幅，简略地讲，梁、熊所选择的中国本位文化的进路，本意好，思想深，但根本缺陷是没有西方现代思潮的有机切入，特别是熊十力，以佛援儒，不足以为楷模。所以从根本上讲，梁、熊仅代表了一种坚守本位文化又企图从传统中突破的现代意向。现代新儒家所做的工作已突破了梁、熊限界，但在我们这些中国大陆学者看来，新儒家对现代西方哲学的感情上拒斥与对传统中国文化的内在逻辑与思维构架的无力再现，使得它在一定层面上与大众所感受的现代生活远远脱节。这是一个非常深刻的内在矛盾，笔者甚至感觉到，只有突破了这个矛盾，中国的现代文化才有可能往前推进。关于这个矛盾，余英时先生表达得清晰、敏锐，他说：对传统文化的“现代诠释则缺乏一个长期的‘格义’阶段。一方面，西方思想家的复杂性已远非佛教所能相提并论；另一方面，西方的概念和分析方法在没有来得及本土化之前已席卷了中国的学术思想界。因此，现代中国学人用西方的概念和分析方法研究自己的思想传统时往往不免流为牵强附会和生搬硬套。其中最重要的一个症结，便在于他们不但在语言和技术层面上接受了西方的概念和分析方式，而且不少人毫不迟疑地视西方的理论和观点为具有普遍性的真理，可以用来直接诠释中国的思想传统。其典型的表现便是把中国传统看作材料而安置在西方的理论模式中”。①

问题提出之尖锐、明确，可以称为中国文化史研究上的哥德巴赫猜想。五四以来，不管政治态度上作何种选择，中国知识分子几乎都

---

① 余英时：《中国传统思想的现代诠释·自序》，4～5页，南京，江苏人民出版社，2006。

是用西学来框架中国文化研究。这确实显示了某种程度上的合理性：没有一种文化可以在单独的不受其他文化传统影响的情况下发展；但这确实显示了这样的问题：中国本位文化传统的思考方式，思维的逻辑结构还具有合理性吗？还能够站立起来与西方潮流对话吗？

如果仍有这种合理性，那么它在哪里？从伦理本位的角度去切入和考察中国文化的传统特征与现代意义，比较好理解，操作上也好做；但是，要将文化传统用系统的现代语言传达出来，则遇到了上述艰巨的困难。在这一点上，新儒学思想家仍在徘徊不前。笔者曾在另一篇论文中表达了这样一个意思，即中国的文化变革需要价值与逻辑系统的双重革命。① 伦理本位的文化传统与我们通常理解的价值重建内涵相关联，既可以理解，也较容易把握；但在思维上、逻辑上、方法上，使中国传统文化中的合理内核再现并注入现代西方的理性精神，则是非常困难的。这犹如宋明理学家引用禅道的某些框架来充实与再造理学体系。要完成那样一个完整的理论形态，已经十分尖锐地摆在每一个中国文化研究者的面前了。②

① 参见许明：《人文视野中的当代中国精神取向》，载《文学评论》，1993(4)。

② 本章部分内容参阅了冯天瑜等：《中华文化史》。

第三章　起源论

第一节　相关理论

对中国史前审美风尚的起源的研究，在国内尚属少数，主要成果大多集中在20世纪80年代后期。笔者所见到的著作大致有《中国前期文化——心理研究》(王钟陵著)、《中国原始艺术精神》(张晓凌著)、《春秋前审美观念的发展》(于民著)、《中国旧石器时代的文化》(张之恒、吴健民著)、《中国新石器时代的文化》(张之恒著)、《华夏文明之源》(李绍连著)、《原始艺术研究》(邓福星著)等十余种，当然，散见在各种报刊的学术论文已是俯拾即是，这些研究成果中不乏真知灼见。

从方法学的角度讲，当前关于中国史前艺术的研究大致有：

第一，从考据式的原始艺术研究方式的扬弃和方法论上的新思考。张晓凌认为，对中国的原始艺术研究来讲，罗列式的材料的堆砌已不能满足日益发展的研究需要了。相反，当务之急是获得研究的方法，从而发现原始人类独特的创造心态、视觉模式、构形规律、造型机制以及与其他精神形式一起构成的文化整体。① 张晓凌提出的原始艺术的研究方法体系是：(1)具有发生学意义；(2)是全部原始精神和主体审美创造意识、生命状态的沉积物；(3)具有强烈的功能性倾向；(4)是高度符码化的象征符号；(5)具有和文明人艺术既相符合又相异

---

① 张晓凌：《中国原始艺术精神》，重庆，重庆出版社，1992。

的审美形态和形式结构。从这些前提出发，张晓凌描述了原始艺术研究的几种具体途径。它们是考古学方法，民族学方法，运用典籍对原始艺术各类造型符号的文化内涵加以印证，人类学方法以及心理学方法。从具体的结构看，张晓凌的著作从彩陶、雕塑、岩画的发生与演化以及由此产生的原始审美意识和风尚的发生发展规律着手，叙述和研究了它的内涵与功能(意义的叠压、意义的蜕变与置换、形式的遮蔽)、创造行为与创造心态等问题。

同样，《中国神话的思维结构》①一书，在思维结构的层次上，对原始思维和审美意识的内在机制进行了研究。作者在综述现有的原始思维材料的基础上，提出了“中国神话与民族思维模式”，由此分析了中国神话的逻辑结构，即“近取诸身，远取诸物”式的想象性类概念，“观象于天，取法于地”式的类的逻辑以及“通神明之德，类万物之情”式的类比推理。作者试图将中国神话联系起来考察，无疑，这种思路为研究中国原始审美风尚的发展提供了有价值的参考。

第二，开拓新视野，将考古、神话、传说、东方、西方熔于一炉，进行主体交叉式的统摄性的研究。这种研究主要见于王钟陵的《中国前期文化——心理研究》②。该书前言在论述它的研究方法时写道：“历史在其宏大的进程中，同时展开着它众多的方面：伴生、共生、并列、交错的多样与辽阔，不仅表现了历史的丰富性，与相承、取代、推进、转变等历史性发展，而且经纬交织了历史之极为广远的时、空幅员。”王钟陵的研究上下左右交叉，纵横驰骋，充分展示了研究主体在审视复杂多变的远古文化领域时的主动性和主体性。关于审美意识的发生，该书着重从人与自然的对立及对立的转化关系着眼，对人在与大自然的实践关系中原始审美意识的发生加以猜想。

第三，将史前文化与考古挖掘和文明起源的宏观研究联系起来，在学科上突破狭义的原始文化研究的局限，把研究的视野扩展到不同

---

① 邓启耀：《中国神话的思维结构》，重庆，重庆出版社，1991。

② 王钟陵：《中国前期文化——心理研究》，重庆，重庆出版社，1991(1)。

文明圈的比较和中华文明起源上来。[1] 特别值得注意的是《华夏文明之源》的作者李绍连，具体运用这种方法，考察了中原文明与长江流域文明、北方地区文明、边缘地区文明的关系，梳理了这几种文明的衍生、平行交叉、相互影响等复杂的内涵。

以上几种近期出现的研究方法，比之平铺直叙式的史料的堆积和罗列，视野要开阔，理论性要强，它显示了 20 世纪 80 年代中下叶人文学界在理论冲击下的思维成果。当然这些研究由于其理论背景的选择的多样性，所以也显示了它的理论视点上的随意性和不确定性。这反过来影响了对丰富的史前材料的解释。

综述一些研究资料，可回答下列两个问题：第一，华夏审美风尚起源的时间及基本范围；第二，华夏审美风尚的基本特征。

第一个问题：目前使用的考古学资料及残存的神话与现代原始艺术的材料都有比较一致的看法。根据考古学界传统的分期法，人类的史前文化可分为石器时代、青铜时代和铁器时代三个时期。1819 年，丹麦皇家博物馆馆长 C. J. 汤姆森根据馆藏史前古物，对此首先做出了划分，并在 1836 年所著的《北欧古物导论》一书中，阐述了他的“三期说”理论。1865 年，英国学者 J. 卢伯克又把石器时代具体划分为旧石器时代和新石器时代。我们所说的华夏审美风尚的起源，大致就界定在石器时代。这个时代是人类历史的开端，整整延续了 300 万年左右，占整个人类历史的 99％以上。其中旧石器时代是人类使用打制石器进行生产劳动的时代，人类的体质具有许多原始特征。先民们以采集和渔猎为生，只利用天然产物作为食物。旧石器时代下限距今 1.2 万年，上限距今 300 万年。

据《中国考古》介绍，中国境内旧石器时代典型文化遗址有北京周口店等上百处，北起黑龙江，南至广东、云南，西至西藏，东至东南沿海，均有分布。其范围之广，文化层面之多，为世界考古界罕见。

新石器时代是中国史前文化最为丰富、分布最为广泛的历史时期，著名的老官台文化、仰韶文化、龙山文化、马家窑文化、河姆渡

---

① 李绍连：《华夏文明之源》，郑州，河南人民出版社，1992。

文化、良渚文化、二里头文化早期，都是这个时代具有代表性的文化遗存。在中国境内，现被命名的新石器时代文化就有三十余个。从范围上看，北起辽东半岛及三江平原，南至华南诸多地区，东西之间集中在黄河长江流域。从时间跨度上看，新石器时代的遗存，其时间跨度为7000年(早期的绝对年代，为11000—7500年；中期距今7500—5000年；晚期距今5000—4000年)。新石器时代诸文化之间存在着明显的差异，给华夏审美风尚起源提供了极为丰富的第一手资料。从现有的研究成果看，中国在20世纪80年代末90年代初出版的著作中涉及的史料，大致也在这个范围之内。如张晓凌著《中国原始艺术精神》，所用的史料涉及的有：仰韶文化、马家窑文化、红山文化、龙山文化及新疆、内蒙古、花山崖壁画等。他觉得，近40年来，中国考古黄金时代的来临以及由它所带来的令人瞩目的成果，使我们在考古领域中得到了较为完整的史前艺术形态。它们大都是旧石器时代晚期以后的遗存。“由于它们的存在，我们可以把旧石器时代末到新石器时代初称为形象的起源期。”①李绍连著《华夏文明之源》，所涉及的史料有大汶口文化、齐家文化、仰韶文化、大地湾文化、二里头文化、良渚文化等数十处新石器时代的文化遗存。朱仁夫在所著《中国古代书法史》中指出：“书法产生于汉字出现的时代，这样，书法史的上限就可上推至新石器时代的原始社会，上推到目前考古新发现的裴李岗文化时代。1987年，河南省舞阳县贾湖村发现了最早的甲骨契刻符号，属裴李岗文化，距今约8000年。其字形有些近似于殷商甲骨文字形，据有关专家认定，这是汉字的起源时期。”②朱仁夫关于汉字起源的时间界定，给我们提供了一种启示：对于先民的审美意识发生发展到一定程度所转化的物化形式，同类题材的研究著作大致上都框架在旧石器时代晚期到新石器时代早期这一特定的历史阶段。这一阶段距今约10万年，也是人类的审美意识开始进入“有意味的形式”时期。界定在这一时期对原始艺术的研究很有趣味的是：新石器时代早

① 张晓凌：《中国原始艺术精神》，7页，重庆，重庆出版社，1992。

② 朱仁夫：《中国古代书法史》，6页，北京，北京大学出版社，1992。

期的民族地域区分是极其微小的，从这一阶段的研究出发，将使我们着手具体研究种族与区域之间的最初审美风格的差异是如何产生的。

第二个问题：华夏史前审美意识的发生有哪些基本的特征呢？现将目前已有的研究成果综述如下：

华夏审美意识起源的理论研究。

从已出版的几部著作看，关于华夏审美意识起源的理论研究主要有以下几种看法：

“同—异”说。

王钟陵在《中国前期文化——心理研究》一书中认为，在跨入文明时代之前，人类作为一个整体则颇具尚未分化的那种混沌的统一性。正是由于这种统一性，人类生长了共同具有的思维的、心理的能力，沉积了一系列具有相同文化机制的观念。“由原始人类对于文化—意义的世界的构建，下延至各种文明的分别论述才具有溯源性、彻底性。”①王钟陵的视野落点在中国前期文化的比较层次上，并假说了在某一时间这一独特的文化之流出现了分流和分化。对于这个问题，作者的提问是十分明确、十分尖锐的：“现在需要进一步提出一个刨根究底的问题，何以中国和希腊神话形成了迥异的特质，拟定了不同的文化基础呢？其原因当然应在国家形态以及和地理环境密不可分的社会生活之种种差异中去找。”“同—异”说的解释显然缺乏确凿的人类学的根据，但提出了一个令人深思的问题：华夏文化（含审美意识）的最初的独立是否有个过程？是否是从大一统的文化原型之中分化出来的？显而易见，这是个关涉到人类文化的生产与分流问题的一个难点。

内化—进化说。

张晓凌于《中国原始艺术精神》一书中指出，审美意识和艺术的心理发生活动来源于两个重要前提：一是实践活动的内化；二是人类大脑机能的进化。随着实践活动的复杂化和大脑机能的逐步成熟，审美意识的心理运演才得以从感觉向知觉引申，从知觉活动再演进到表象

---

① 王钟陵：《中国前期文化——心理研究》，6页，重庆，重庆出版社，1991。

活动，最后在抽象思维和各类概念的活动中形成完整的审美心理符号体系。张晓凌的观点是："考察审美意识和艺术的心理发生，必须从人猿揖别时的脑结构和机能进化以及实践的低级活动结构开始。"①这是从生理—心理学的角度对人类审美活动，特别是华夏审美活动的一个解释。这种生理—心理解释更侧重于人类审美意识起源的生理学基础，所以，从根本上看，这是在同一说的范围内解释根本问题的。

第二节　审美意识的发生

由于人们的研究路向不同，所以，各个研究者在归纳原始审美意识的特征时，往往从不同的视角出发界定。张晓凌认为，由于原始人类的脑皮层结构还处于不成熟的状态以及理性经验的匮乏，原始人认识和判断自身和客体的思维方式往往以情感为主要特征，因而原始人精神生活的一个重要事实是，所有的形式都被情感所渗透和支配着。"情感亦是渗透于原始人情感的审美形式，并在各类造型符号漫长的制作过程中，已逐步成为一种自觉意识。"以情感为中心，以基本特征的原始审美意识的本质界定，在史前艺术的研究中似为一说，但此说的包含性太大，而且没有道出史前审美意识的独特性来，此为这一说的缺陷。另一位史前文化的研究者邓启耀从思维结构的角度阐述了中国原始文化的某些特征。他在《中国神话的思维结构》一书中认为，原始文化中的"前综合思维"的特征非常明显，体现在"以象表意的形象直观思维形式"所涵盖的各种思维内容，如形态类化、对事物的直观摹写等。由此，史前人类的审美意识与原始思维的相互制约的关系可见一斑。于民在《春秋前审美观念的发展》一书中，论述了史前审美意识的有关特点。他强调，史前审美意识是与生产工具的发展变化相关联的。工具的制造反映了人类在数十万年间从亿万次的反复实践中逐渐地感觉到了某些相同的东西，从而使工具制造朝着有目的的方向跨出了决定性的一步。"美和审美意识就是在这种进步中悄悄地滋生起

① 张晓凌：《中国原始艺术精神》，48页，重庆，重庆出版社，1992。

来的。"①从工具制作上可以看出原始人的审美意识形式感，如对称、均衡、整齐以及点、线、圆、角等。当然，华夏史前审美意识的特征并不是几条定律就能归纳好的，古代华夏先民生活的区域非常辽阔，种族与部落之间的区分很大，所以，任何归纳说明都只能是局限性的。上述几种说法虽各有特点，但由于各人思考的角度不同，只能说都只是指向一个相对的描述层面。华夏史前审美意识的本质特征究竟是什么，只有在大量史实研究的基础上，通过与其他文化类型的比较研究才能综合获得。

中国的史前考古目前处在什么水平？特别是从审美意识的发生角度看，这显然是一个新的角度。无疑，已有的部分专著的作者们都重视了史料的收集，但由于近年来考古发现的不断出现，使得不少结论不得不重新加以审视。本书依据的材料主要是20世纪90年代的中国的考古发掘报告，以及对几十处中国考古发掘的综合性研究成果的史料，现摘要分述如下(当然，这只能是一个概述)：

(1)旧石器时代的材料

旧石器时代约从300万年前到1万多年前。在这个漫长而又曲折的历史发展长河中，人类从劳动实践中发明了火，改变了生食习俗。考古学家与历史学家把人类以石器作为生产工具的漫长发展阶段称作石器时代，并将人类使用打制石器进行生产劳动的时代称为旧石器时代。旧石器时代的工具主要是打制石器，在考古中被挖掘出来能留传至今的也只有这样的石制工具。除此之外，在旧石器时代晚期，还有骨制和木制工具及穿孔的骨环、骨管和蚌壳等装饰品。

在周口店猿人洞穴遗址中曾发现了北京猿人使用的生产工具——数以万计的打制石器和石器半成品。石器原料主要是石英石，约占总数的80%以上，其次是绿色砂岩、燧石、水晶等。石器大体用碰砧法、锤击法和砸击法三种方法打制而成。用砸击法打制的石英片，个体小，剥去石片后的石英核多呈棱柱形或枣核形；用锤击法打制的脉石英与燧石片，片角多在95°～100°之间；用碰砧法打制的砂岩石片，

---

① 于民：《春秋前审美观念的发展》，北京，中华书局，1989。

片角常大于120°，显得石片粗厚，台面宽大。(距今70万年至20万年)①

北京山顶洞人的装饰品，有钻孔石坠、穿孔小石珠、兽牙饰、鱼眼上骨及骨管等。有的装饰品还被赤铁矿粉染红。(距今1万年左右)②

呼和浩特大窑石器制造场，石器以小型石片为主，打击点集中，制作技术熟练。石器种类有半圆形石锤和各种形式的刮削器、砍砸器、尖状器、石球等，其中龟背状刮削器具有地方特征。(旧石器时代晚期)③

下川旧石器时期晚期以下川富益河圪梁的灰色亚黏土层为代表。出土的打制石器中，除有与下层同类型的石器外，并有锛状形、扁平形、磨盘形石器和细小石器。细小石器的品种有刮削器、尖状器、雕刻器、啄背小刀等，加工精细，尖刀锋利，打制规整。(距今2.9万年至1.6万年)④

水洞沟季节性居住营地址，在宁夏黄河东岸，称河套文化。有磨制的骨锥和用鸵鸟蛋壳磨制的穿孔装饰品。⑤

四川铜梁旧石器地点，石器种类以刮削器为主，并有砍砸器与尖状器。有些石器加工细致，形制比较规整，如"锛形砍砸器"和"有肩尖状器"⑥。

山西朔县峙峪遗址，其特征是细小石器和小石片占主要成分，明确地发现了石箭头、钺形小石刀之类复合工具。其中一燧石箭头，用很薄的长石片制成，说明了弓箭的最初的使用。(距今3万年左右)⑦

---

① 《周口店新发现的北京猿人化石及文化遗物》，载《古脊椎动物与古人类》，1973年11卷(2)。

② 同上书，1973年13卷(2)。

③ 《文物》，1977年15卷(4)。

④ 《考古学报》，1978(3)。

⑤ 同上书，1978(4)。

⑥ 《古脊椎动物与古人类》，1981年19卷(4)。

⑦ 《新中国的考古发现和研究》，24页，北京，文物出版社，1984。

河南原阳县虎头梁遗址，发现了穿孔贝壳饰物和用于染色的赤铁矿块。石器加工已比较细致，以尖状器为例，其底端有圆片、齐平、凹入或尖形等形式，有可能直接握持使用。特别是三件凹底尖状器上有一面很粗糙且有深浅不一、纵横磨过的条痕，这种初次出现的带有简单磨痕的石器工具，是原始审美文化的一个很重要的发生信号。在虎头梁还发现 13 件装饰品，包括穿孔贝壳、钻孔石珠、鸵鸟蛋皮和鸟骨制成的扁珠等。在这些饰物上，使用了磨孔、两面对钻圆孔和磨光表面等进步工艺技术，有的内孔和外缘相当光滑，是长期佩戴的结果。①

旧石器时代，是原始人类迈向文明的第一阶段。从已有的考古学成就来说，《新中国的考古发现和研究》(1984 年)共使用了 123 篇从 1949 年至 1982 年的考古挖掘报告，而且它广泛地吸收了新中国成立前的考古成果；1991 年出版的《中国旧石器时代文化》一书，使用了 196 篇考古挖掘报告和其他参考书。应当说，这些考古资料几乎囊括了迄今为止的旧石器时代考古挖掘的基本材料，它至少可以为审美风尚的研究提供以下几个思路：

第一，旧石器时代的审美风尚的产生主要体现在石器工具的制作过程中，从实用到美的过渡，经过了上百万年时间。工具加工的细致化过程乃是美感培养和形成的过程。

第二，到了旧石器时代的晚期，距今 2 万至 1 万年，才集中出现了穿孔饰物。最初的被证实的美感活动出现了。

(2)新石器时代的材料

新石器时代距今 1.1 万年左右，结束距今四五千年。新石器时代是母系氏族公社繁荣时期，是农业和家畜饲养业产生和发展的时代。中国的农业文化和审美风格从这个时期开始形成自己的个性特征。新石器时代在中国考古史上可以分为早、中、晚三个时期。与此同时，它又可分为前陶新石器时代和有陶新石器时代两个阶段。

河北磁山文化(1976—1977 年挖掘)，首次在黄河流域发现早于仰

① 《新中国的考古发现和研究》，24 页，北京，文物出版社，1984。

韶文化的手制陶器。三分之一带纹饰，有浅细绳纹、划纹、剔刺纹。更引人注意的是一种排列为连续折弧形或平行的小窝蓖纹，还有一种呈波折状的细泥附加堆纹，有些器腹附有类似乳钉的对称泥突，还发现了简单的彩陶。典型器物有椭圆陶盂、靴形支架、敞口深腹罐、小口双耳壶、圈足或假圈足的碗、敞口深腹底钵、锥足钵形鼎，此外还有长浅盘、四足鼎以及制作粗劣的各种小陶杯。磁山文化年代为公元前6000年至公元前5600年之间。①

关中及周围地区出土的新石器时代早期陶器，显示了早于仰韶文化类型，并在一定程度上揭示了与仰韶文化的渊源关系。其中以宝鸡北首岭下层文化层最为典型。北首岭陶器均为手制，器壁较薄，以砂质的红、褐陶和泥质的红陶为主，陶色不纯。器物群中以遍饰细绳纹的各种形式的砂质三足器最富特征：蛋形深腹矮三足大罐，敞口圆腹三锥足小罐，还有饰剔刺纹的带把三足罐及绳纹平底小罐，② 年代为公元前5800年至公元前5000年之间。这是分布在关中地区早于仰韶文化的一种原始文化，是已知的这一地区中最早的新石器时代的文化。

仰韶文化遗址目前已报道近千处，主要在黄河流域，重点地区是半坡和庙底沟。仰韶文化始自公元前5000年左右，至公元前3000多年过渡为另外一种文化。仰韶文化的审美活动主要体现在制陶业上。以半坡为典型代表，有人形容它为“有形式变化序列完整的葫芦口尖底瓶和鱼纹彩陶盆”③。仰韶文化的另一个典型遗址是庙底沟。它的典型器物有敛口曲腹钵卷沿曲腹盆，口尖底平，敛口鼓腹罐，镂孔器座。彩陶以黑彩为主，少数兼用红彩，还出现了带白的彩陶。彩陶纹样与半坡彩陶风格迥异，主要是由条纹、涡纹、三涡纹、圆点纹和方格纹组成的条纹带，多绘于盆、钵的外壁上部。在几件残陶器上发现

---

① 《古人类学报》，1977(6)。

② 同上书，1977(2)。

③ 《新中国的考古发现和研究》，43页。

鸟头和蜥蜴的塑饰。①

四川大溪文化的陶器以红陶为主，一般略带橙红色，然后是灰陶、黑陶，还有少量的白陶和薄胎橙黄陶。陶器表面磨光，主要纹饰有戳印纹、弦纹、刻画纹、堆纹、镂孔和绘彩，个别器物上拍印浅蓝纹。戳印纹是大溪文化最具特征的纹饰，系用圆形、半圆形、新月形、三角形、长方形、方形、工字形等各种样式的小戳子，在器表深深戳印成。彩陶的构图有菱形格纹、短条变形绞丝纹、变体回纹、变体旋纹、谷穗纹等，它们的基本构图与其他已知新石器文化中的彩陶判然有别。②

湖北屈家岭文化，新出现了彩陶纺轮，多施橙黄色陶衣，单面和周边绘红褐色彩纹。图案样式主要有：三至五组等分圆面的平等分短直线纹或平行弧线纹、卵点纹、同心圆纹、连续螺旋纹以及由平行长弧线构成的旋涡纹等。以圆孔为中心，布局匀称。屈家岭文化的陶器制作，表现了制陶规范化的趋向。③

郧县龙泉三期文化在屈家岭文化的基础上发展起来。在属青龙泉文化的石家河的邓家湾，集中发现了成批的红陶捏塑小动物，数量丰富，品种多样，可分为人、禽、兽三类。有些陶人、鸟、猪、羊、象、龟等，形象真切。这种原始造型艺术，在屈家岭文化原有传统基础上取得了突出的成就。这个地区的文化发展成为新石器时代晚期文化的典型特征。④

河姆渡文化。河姆渡出土石、骨、木、陶质的各种生产工具有几千件，以骨器为主。许多骨、木器工具样式新颖，加工精巧，这些工具连同大量的动植物标本，全面地反映了当时的经济形态和生产水平。河姆渡出土的陶器除磨平素面外，早期盛行刻花纹，晚期出现镂孔和施红陶衣，绳纹则始终是主要纹饰之一。河姆渡文化的原始艺术

---

① 《庙底沟与三里桥》，北京，科学出版社，1959。

② 《文物》，1961(11)。

③ 参见《新中国的考古发现和研究》，132 页图表。

④ 同上书，137 页。

丰富多彩，当时使用雕刻、捏塑等方法，制作了许多陶、骨、木、象牙原始艺术珍品，特别是有些象牙雕刻，十分精致。发现的双鸟朝阳象牙雕刻、鸟形象牙圆雕、木雕鱼形器柄、圆雕木鱼、双头连体鸟纹骨、编织纹骨、陶雕鱼等，同时还有璜、珠一类传统性的饰物，加工精细，体现了原始公社晚期的审美水平。

具有审美发生研究价值的新石器时代的典型考古发掘还有良渚文化(丝织品和大量玉器)、广东石峡文化(发现方格纹、曲线纹、旋涡纹等几何印纹陶)等，其总体特点是工具加工的精细化，陶器制作的进步及原始审美意识的逐步成熟。①

新石器时代的审美意识与旧石器时代相比，无疑具有飞跃式的进步和成熟。迄今为止，全国发现的新石器时代遗址共有 7000 多处，已经发掘的有 400 多处。这 400 多处遗址所提供的大量的制作石器、陶器和其他手工艺品，均说明了原始公社晚期的新石器时代的人们开始具有自觉的审美意识。

石器时代与初期青铜器时代有交融之处。初期青铜器时代是指夏和早商时期。这段历史时期对于原始审美意识的发生研究特别重要。这是因为该时期正处于承上启下的过渡阶段，人类正从野蛮逐步地走向文明。从现有的考古材料看，夏和早商时期的审美实践极具规模并具有独特的民族特色，这是值得我们重视的。比如，有独特特征的二里头文化，在一组区别于其他文化的陶器组合中，有四个不同的文化层，陶器风格呈现出明显的变化。到四期文化层，其形制已跟商代二里岗期同类器的形制更加接近了。二里头早商遗址出土的早期的青铜器有锛、凿、刀、锥、鱼钩、戈、戚、爵、铃等，铜爵的器壁比较薄，表面粗糙，无铭文，无花纹，表现了早期青铜器的特点。在这一时期的陶器上，还发现了很多刻画的记号，共 20 多种。安阳殷墟除了有早期特征的青铜器具外，还有白陶卣和石磬等。其中置于椁顶偏

---

① 参见《关于良渚文化若干问题的认识》(《中国考古学会第一次年会论文集》)，《石峡文化初论》(《文物》1978(7))。

西部的虎纹石磬，制作精细，音色优美，是一件难得的精品。①

对于夏与先商、早商的文化考古，比较集中地围绕着二里头及洛阳东干沟、巩县稍柴、陕县七里铺、渑池鹿寺、郑州洛达庙以及山西夏县东下冯等地的地下挖掘展开。据目前的资料，可以证明河南偃师二里头文化就是夏文化，它已出土的丰富的早期艺术装饰品及遗留的建筑残迹、青铜器皿，均为我们研究史前审美文化提供了丰富的资料。

史前考古的丰富材料指示了我们一条研究华夏审美风尚起源的可靠途径。这种研究的内涵极为丰富，又是单纯的——它需要我们从实证的考古材料出发去获得漫长的数千年岁月中史前人类审美意识的微妙变化——一个构图，一个刻画，一个造型的细微演变，并从这种演变中凸显出华夏审美文化的史前演化的轨迹来。当然，我们还要从迄今能看到的原始文化的痕迹来猜测这种研究的可能性。

除了旧石器时代、新石器时代与早期青铜器时代的材料外，研究和考察华夏审美风尚的起源，还可以从当代原始部落或少数民族文化的原始遗址中去发现其踪迹。同时，也可以从史载以来的神话传说的材料中去寻找和发现其萌生及演化的轨迹。总之，这是一种立体式的研究视界和多层次的考察方法。从目前的研究现状来看，华夏审美风尚起源的研究要把握几个难点：

第一，从旧石器时代及新石器时代的考古发现中复现出原始审美风尚的可能形态。目前，在中国大陆范围内，旧石器时代和新石器时代的考古挖掘已具相当规模并且有了可观的研究成果。但是，由于埋藏在地下很久的器物，大都只是不易腐烂的物品（主要是石器），所以，要从中猜度出史前人类的审美意识的可能样式，目前还没有成功的可靠先例。这里明显缺乏一种新的人类学的方法，使得在将史前人类的全景生活样式复现之前，复现出单独的审美风尚系列，这是要解决的难题之一。

第二，对于早期先民的总体意识发生和关于人类生活的种种文化

① 参见《新中国的考古发现和研究》，211、219、227页。

样式的表达，仍然只是在猜测之中。比如，早期青铜器就有了相当可观的饰纹，这种饰纹的可靠传播途径是什么？怎么来的？这也是一种可靠的路向。但目前从审美发生的角度看，几乎是一片空白。

第三，从可以掌握的材料总结分析出华夏审美风尚的可靠样式，固然是一个途径，但更重要的是总结出华夏审美风尚所孕育的思维心理结构，这是我们遇到的最为棘手的问题。我们可以明确地判断，一个民族(或一个文化圈)所形成的独特的审美意识样态，是有其相对稳定的结构状态的。这个结构状态如何被描述？现今人们所做的一些尝试，都缺乏相当翔实的华夏史前材料的印证，同时，思想框架上外来的色彩甚浓，这是我们在研究中必须要注意克服的。

总之，石器时代是“人之初”的时代，是华夏先民审美意识孕育和开始形成的时代，这个时代跨度达300万年，留下的遗迹却只有几百处，这无疑给我们的课题提出了挑战。多角度的、综合的、多方位的材料分析和推理类比甚至猜测，都可能给课题的解决提供有益的启示。由于大量的地下挖掘和二里头文化、河姆渡文化、良渚文化、庙底沟文化、仰韶文化等丰富的研究成果，我们认为，描绘中华先民审美意识起源的时机已经成熟了。

数万年前，或几十万年前，地球上的人类处在旧石器时代早期时，由于生产力水平处在最初级的状况，其审美活动的文化特征是不明显的。考古学表明旧石器时代早期的石制工具在地球上所有人类活动的地方几乎是相同的。从磨制的石刀、石斧、石打击器的形制上，我们并不能区分出人类最初的审美风格的不同。法国著名的艺术史家热尔曼·巴赞这样写道：“漫长的史前时代——在这个时代中，人类留下极少或简直没有留下自身的记录——持续了数十万年，或许是五十万年左右。在旧石器时代——人类史前时代中的最大部分，人类以渔猎为生，用碎石(特别是燧石)制作大多数工具。他们生活在各个孤立的部落中，终日与动物保持密切的联系。在旧石器时代后期(Upper Palaeolithic)，人们搭建夏季的屋舍，在没有岩洞的地区，冬季的屋舍半埋筑于地下。在中石器时代(Mesolithic Middle Stone Age)，人类的基本生活条件并无显著的变化。在新石器时代(New Stone Age)，石器得以最大改善的时代，人类的发展有了迅速的变化。”①

K. P. 奥克莱在《石器时代的文化》一书中提到，大约至1690年一个名叫康尤斯(Conyers)的伦敦药剂师在葛莱民·因·莱恩(Crays Lnn Lane)附近的砾石屋中发掘出一只象的一些骨头，在近旁还找到了一块尖头的火石片。据说在17世纪时，法国学者文萨克·绕·拉·佩勒尔曾对他从法国乡下搜集来的一大堆奇形怪状的石头进行研究，后来他竟然有勇气出版了一本书，说那些石片是生活在亚当时代以前的原始人制造出来的。

而相似的情形是，分布在我国华北及华东地区的旧时器时代的早期发现，在距今50万年至40万年的遗层中，发现了人骨化石、动物化石、打制石器和用火灰烬。这些石器大体以碰砧法、锤击法、砸击法打制而成，呈棱柱形、枣核形、尖状形、圆头尖状形等多种式样。一直到旧石器时代晚期，打制石器的出现源源不断。

石器时代出现的洞穴绘画已经反映出狩猎时代人们的最高审美观的类似。西班牙阿尔塔米拉洞窟壁画的写实风格与我国广西、内蒙古发现的岩画的狩猎场面就十分相似。维也纳艺术史博物馆只有一个以维伦多夫维纳斯命名的石雕女像，以其凸显的双乳、宽大的臀部和丰满的腹部生动地显现了石器时代人类的审美模仿能力，而我国新石器时代的中期出现的红山文化玉雕和石雕，类似的性别特征非常明显。我国仰韶文化时期的陶盆上用硝红色彩绘画的“舞人”，就与旧石器时代晚期、新石器时代早期的罗得西西若画的人物相像。原因很简单，这是对原始生活的人的活动简单的模仿。

当然，我们可以举很多例子来说明：不同文化区域的最初的审美活动，其实是没有什么本质上的区别的。当人类还只能依靠打制的石块维持自己生存的时候，当人类的审美活动从最初的实践活动中分化出来的时候，人的审美能力只能，而且仅仅只能停留在感知阶段，这种未经分化的原初状态不仅与人的实践的原初性相匹配，而且与人的

---

① 热尔曼·巴赞：《艺术史·史前至现代》，12～13页，上海，上海人民美术出版社，1989。

主体无知能力的成熟度相关。

从生理与心理发展的层面看，现代心理学的成果都告诉我们，人类的心理发展随着生理发展而发展，它有一个漫长的生长期和成熟期。现代心理学揭示的诸多心理能力表明，现代人与史前人类是不同的。现代人类的心理构成有数百个项数。如知觉、意识、学习、推理、假设、语言、阅读……而且，迄今为止，也不能说人类的心理和大脑的加工能力已经充分完善，没有再发展的可能了；也不能说人类对自身心理能力的认识已经尽善尽美了。既然人类的生理、心理成熟有个历史过程，那么，作为主体性活动的审美活动的历史，也毫无疑问有个发展和成熟的生成过程。从这个道理上讲，审美活动的最大原始的状态，应当是与人类的生存的原始性相一致的，也与人类在与环境发生交互影响的时期相一致。

第四章　发展论

第一节　演进与发展脉络

华夏文明八千余年，从凿石为斧的初级加工工具阶段，到精镂细刻的宫廷艺术，审美风尚不仅绵延有序地发展，而且其发展呈现出某种自在的规律性。

从旧石器时代到夏商之际是华夏审美风尚的一个发轫阶段。在这个阶段，中华各民族的审美意识开始形成。距今约一万八千多年前，山顶洞人就打造出了造型均匀规整、磨制光滑的石制工具。已有了被考古学家称为“装饰品”的小砾石、石珠、贝壳等。它们之中有的被赤铁矿粉染红，呈现红色。最初的美感已在原始人类的生活实践中出现了。文化人类学的研究报告表明：在世界各地的史前文化中，都有形式和功能相同的原始舞蹈和原始绘画。① 而分布更广的史前岩画，从广西左江和云南苍源到新疆、内蒙古的北方山区都有生动而丰富的展示。

在中国的审美风尚演化过程中，这种史前文化的审美特征是很难用一句话来概括的。北方草原文化与西南少数民族的审美风尚就有地域造成的差别。我们只能用主体文化所内含的主要特征来概括其性质，并寻找其千年延续发展的脉络。在本书中，我们用“腾龙起凤”来概括华夏审美风尚的原始特征，这是有人类学的根据的。

---

① 参见普列汉诺夫：《论艺术》，97～98页，北京，生活·读书·新知三联书店，1964。

1987年，河南濮阳西水坡发掘了一座仰韶文化墓葬。壮年墓主两侧，有用白色蚌壳精心摆塑而成的两个动物图形——龙与虎的图形。西水坡蚌塑开风气之先，众多具有特定内涵的意象符号及其艺术表现形式在广袤的华夏大地不断涌现，在部落兼并、文化融合的历史过程中逐渐相互涵化、定型、沉积和简约化，终于凝结为具有震慑力的主流意识形态——各种龙纹的变形图纹，如良渚文化玉器的“饕餮纹”，红山文化的“玉龙形器”。

龙的腾飞对华夏审美风尚的影响主要表现在，它为古代中国人感受、体验、想象自然和人生，提供了一个基本的价值框架，并成为殷商之际审美风尚的主流标识。从先民活泼而愉快的陶器纹饰到神秘沉重的青铜器，体现出华夏审美文化中神权意志的威严和力量。而从良渚文化的“神人兽面纹”等纹饰可以看出：龙的腾飞使华夏审美意识有了一个真幻互融神人相依的神话—审美心理模型，激发了华夏民族的审美想象。

经历了最初的自由活泼的艺术想象阶段，经过夏商之际的过渡，终于以先秦的人文伦理价值为核心的华夏审美精神，形成了自己的框架。以德为本，美善一体，周初的“天命观”给秦汉审美风尚开辟了历史路程，奠定了发展的基础。《尚书·诏告》中说：“自成汤至于帝乙，因不明德恤祀，亦惟天丕建，保乂有殷。殷王亦罔敢失帝，罔不配天其泽。皇天无亲，惟德是辅。”①在周初的文诰里，一个反复吟诵的主题就是敬德。从敬王而敬德，自周开始，华夏文化的审美眼光已转向“人事”而非鬼神。而从这一标准出发，衡量人格美的标准，也相应地发生了变化。由人格而至教化，由教化而至礼乐有序终于形成一种以血缘伦理为核心，以“敬德”为内容的伦理审美精神，并成为稳定的“尊卑、男女、老幼”这一“亘古不变的观念”为基础的社会机制。

华夏审美风尚从美善不分到获得美的自觉，魏晋是一个特殊的转换阶段。鲁迅曾以“文学的自觉”来概括汉末魏初的文化气质，因为这个时代提出了“为艺术而艺术”即“诗赋不必寓教训”的主张，使审美精

---

① 《尚书今古文注疏》，下册，400页，北京，中华书局，1986。

神从道德和政治的羁绊中解脱出来，魏晋的美学风格，成为“几百年间精神上大解放，人格思想上大自由的时期”①。

从审美精神的发展看，魏晋时期是华夏审美文化真正的成熟期——它使美与道德从属的关系疏远并形成了自己的属性和品格。在社会动荡不安、统一政权不复存在的魏晋时期，文化艺术和学术学业在某种意义上恢复了自身的尊严和个性，在这种环境里文士学者可以直抒胸臆而不必小心翼翼地揣摩“上意”，将自己的真情实感隐藏起来，这就是鲁迅先生十分赞赏的“尚通脱”，即可以写出想说什么便说什么的文章。②

这种个性化的精神自由，经过郭象“物各自造而无所待”的阐释，成为“独化于玄冥之境”③的独立自足的审美框架，所谓“《六经》礼乐本求致用，《庄》《老》清谈则务于自娱”④，标志着审美价值取向由尊奉礼法传统的“致用”型向超越现实名教的士族“自娱”型的转化，这是把握魏晋时期审美风尚的基本立足点。

自隋唐至两宋，是中国历史上另一个大一统的文化发展阶段，也即中国文化史上第一次文化转型之后的“文明成熟期”。在这一阶段，文化理念基本成熟，审美风尚与高度发达的封建社会经济发展交相辉映，终于走向它的顶峰期。

灿烂和绚丽始于精神的解放和文化的开放，大唐便是这样一个文化开明、个性发展鲜明的时代。唐太宗奉行开明政策，形成道、佛、儒三教并行的壮观景象，人们不以一教为尊，不以一说为准，可以自由讨论，自由发表意见。所以，有唐一代的艺术，个性鲜明，审美风格千姿百态，自由奔放，形成极为壮观的气象。试看苏味道的《正月十五夜》诗：“火树银花台，星桥铁锁开。晴尘随马去，明月逐人来。游妓皆秾李，行歌尽《落梅》。金吾不禁夜，玉漏莫相催。”

---

① 宗白华：《美学散步》，178页，上海，上海人民出版社，1981。

② 鲁迅：《魏晋风度及文章与药及酒之关系》。

③ 参见郭象：《〈庄子〉序》和《齐物论注》。

④ 钱穆：《国史大纲》，上册，300页，北京，商务印书馆，1996。

诗人笔下的上元节之夜，何等热闹，何等辉煌，满街灯火和天上星月相辉映，游人如织，连森严的宫禁，也显得那么有人情味。唐长安城的人们在正月十五的灯节竞相奔走，观赏争奇斗艳的各式花灯。正所谓“月色灯光满帝都，香车玉辇溢满衢”。这是世俗社会的审美风景，也是我国历史上诗的鼎盛时期的一个写照。诗人们用绮丽而富于色彩的诗句描绘出了这个诗情勃发的时代风貌。

犹如一曲交响乐热烈而又奔放的主题曲，唐代的审美风尚是高潮迭起的主旋律，而作为一个稳定而漫长的封建时代的审美理念的成熟与沉淀，两宋则是一个重要的阶段。在高潮的热烈之后，它是沉静的、反思的、安静的，甚至是忧郁的。综观两宋时代的诗、词、文、工艺、建筑、绘画，无一不是精细而又巧妙的。不说宋代的细致入微的工笔画，单说陶瓷史上的“汝、官、柴、定、钧”五大名窑烧出的青瓷、白瓷，以其盖世无双的绮丽，成为中国工艺史上的奇葩和绝唱。

元、明、清三代是传统社会走向衰退最后由现代社会及其文化取而代之的时期。与热烈的盛唐文化和精细的两宋文化相比，元、明、清三代的文化—审美风尚具有鲜明的转折特征。用“新旧嬗递”来概括这个转折也许有点“太现代”，但自元、明以降，中国社会发生了不同于以往的变化：少数民族在中国历史上第一次掌握全国政权百余年之久。由于整整80年科举停废，摧毁了传统文化与国家体制之间的整合关系，知识分子群体性地成为社会上最为人所不齿的阶层之一。这些被阻隔在统治体制之外、社会地位一落千丈的知识分子，既无力也无心于“诗客曲子词”中遣兴自娱，用字雅正、音律协调的宋词所赖以存在的社会条件不复存在。元代知识分子生活在社会的底层，浸润于民间文化资源之中，开启了精致文化向市井乡俗文化转移的过程。而元之后，明代以降出现的工商市俗社会的兴起，又使这一过程成为一种历史化的趋势，使中国历史上最为成熟的封建社会中的审美—艺术创造，总体上成为“残阳如血”的咏叹。它既缺少了先秦文化的原创性的狰狞之美，又缺少大汉雄浑、大唐绚彩的洒脱大气之势，也缺少作为精致至极的两宋文化的雅秀之美。但它却是从古代向近代的真正的过渡，是高雅向市俗文化的实质性的演化。随着明初永、宣两朝对艺术创造精致化要求的短暂的高潮，很快在明中叶正德、嘉靖以后，社会风气在商品经济和市民文化进一步发展的情况下“靡然向奢，以俭为鄙”①，审美风尚开始追求感官刺激，奢靡成风，违禁逾制，求新求变。明中叶以后出现的“话本”“小说”，以及在器物制造上，如瓷器制造风格上的洒脱随意，千姿百态，也充分体现了这种时代风貌的变化。

有清一代在满族入主以后，有满汉文化交融的一个过程，但市民文化的发展却再也无法中断，即使是康、雍、乾王朝的鼎盛时期，以民间文化发展为特征的地方戏大量形成，在全部317种剧种中，有200种形成于清朝前期。戏楼、茶园遍布各地，徽商、晋商四处活动，传奇作者有姓名可考的有数百人，作品近千部。灯彩、狮舞、杂剧繁荣昌盛，形成了兴旺发达的民间审美文化，华夏审美风尚显露了它的不可逆转的近代化进程。清末民初，这一过程已经进入传统向现代社会转型的历史过程之中，社会生活的结构性变化已经使华夏审美风尚的古老图景焕然一新，20世纪的华夏审美风尚，已进入一个实现“现代性中国”的历史进程之中。

第二节　相关因素

什么时候出现审美活动的地域或文化地域特征，什么时候出现有独特内涵的审美活动或艺术创作从而构成一种有着自身规定性的风尚，这当然要做具体的研究才能确定，但有一点是肯定的：这个分野是存在的，并且像个不平行的放射角那样，出现越来越大的分野，直至形成完全不同的审美风尚。是什么原因使原先基本相似的审美活动出现了不同形式和风格的分野呢？作为文化学中的历史地理学派的代表，美国学者弗朗兹·博厄斯(Franz Boas，1858—1942年)及其学生本尼迪克(Ruth Benedict，1887—1948年)就认为，各民族并非遵循同一路线进化，处于不同地理环境的各个文化都有独特的历史过程。

---

① 顾炎武：《肇域志》。

认为一个群体的文化是社会遗产的组合与总体，由于群体的历史与种族的气质而获得特别的意义。文化，“受到历史—地理因素的塑造”①。文化研究中的传播学派、进化论学派，符号—文化学派的观点，虽然从各个不同的侧面论及与分析了文化形成与传播的机理，但他们都无法不承认历史—地理学派所提出的基本假设：处于不同地理环境的各个文化都有独特的历史过程。这是因为：文化是一个在特定的空间发展起来的历史范畴，世界上不存在超越时空的文化生成。不同的民族在不同的生活环境中逐渐形成各具风格的生产方式与生活方式，培育了各种文化类型。同一民族又因生活环境的变迁形成自身的变化规律，在不同历史阶段形成不同的文化，前者是文化的民族性，后者是文化的时代性。所以，文化研究所包含的审美风尚的研究，就必须从孕育、滋养文化与某种风尚的自然—社会条件入手，了解并分析形成某种审美风尚的自然前提与产生这种文化—审美风尚的物质基础。

我们对中国文化进行史前文化的考察时，不能不考察到一个文化生成的自然物质前提。第一块打制石器是全世界相同的，然而，在什么条件下出现了不同的原始陶器呢？为什么是这样而不是那样的？古希腊名医希波克拉底(公元前460—公元前377年)所著《论气、水和环境的影响》一书，认为人的身体和性格大部分随着自然环境的不同而有所不同。文艺复兴晚期学者、法国人让·博丹(1530—1596年)认为，某个民族的心理特点决定于这个民族赖以发展的自然条件的总和。② 18世纪的法国著名思想家孟德斯鸠(1689—1755年)则认为，国家制度和文化类型取决于地理环境，尤其是气候，他认为，异常炎热的气候有损人的力量和勇气，居住在炎热天气下的民族秉性怯懦，必定引导他们落到奴隶的地位。而寒冷的气候则赋予人们的精神和肉体以力量，这种力量和勇气使他们能够从事持续的、艰难的、伟大的

---

① 参见冯天瑜等：《中国文化史》，17页，上海，上海人民出版社，1990。

② 让·博丹：《论国家》，第5册。

和勇敢的行动，使他们保持住自由状态。①

当然，我这里引用的论点，并不是全然地肯定地理环境决定论的观点。对人类文化的发展进行综合研究才能科学地揭示出它的内在规律，但当主体的生成还处在十分初始阶段的时候，我们不能不认同环境的决定性影响。传播学派、进化论学派等都不能解释文化发展的起源和分化，原因在于：他们把主体的生理、心理素质看成是一个先天的存在，这显然是与历史发展的事实相违背的。

因此，我们不得不转向重视"主体—环境"相互关系的"文化生态论"的观点上去。美国文化人类学家斯图尔德1955年出版的《文化变迁理论》一书中阐述了文化生态学的基本概念。该书指出："生态学主要的意义是对环境之适应，对大多数动物而言，适应是以它们的身体特征来达成，而人类的适应主要是靠文化的方式来达成。""人类进到生态的场景中……不仅只是以他的身体特征来与其他有机体发生关系的另一个有机体而已。他引入了文化的超机体因素。"②

文化生态的观点引导我们从文化生成与发展的现实场景中去理解文化发展的根本原因。人类文化发展的生态环境，是自然环境、生产活动和社会组织三个层次的组合。这三个层次的组合，决定了中华民族社会心理诸特征。根据这三个特征，我国有的学者将中华文化生态与西欧文化生态作了对比。而其中最原初的差异是：中华文化生态由半封闭的大河大陆型萌生；而西欧文化生态由开放的海洋型萌生。

半封闭的大河大陆型生存环境，大致上决定了中华文化生态圈的发展方向。在审美风尚的发展变化上，通过生产方式、社会制度以及随之形成的文化形态，形成了其不同但内涵相关的样式。

从大文化史的角度看，文化史发展的逻辑特色是文化的自我保存和生命代谢。从史前文化始历经5000年的发展，中华文化与中华审美风尚形成今天这个样子，"发展和进步"概念是它的逻辑特征的概括。一些文化史、美学史著作，停留在以归纳的结论描绘历史面貌本

---

① 孟德斯鸠：《论法的精神》，北京，商务印书馆，2009。

② 参见《人与文化的理论》，114页，北京，教育出版社，1989。

身上，而缺少历史哲学和历史逻辑学的思考。当我们询问发展的原因时，这是一些历史著作所能做到的；但当我们试图回答为什么是这样的发展，而不是那样的发展时，不少的历史著作则往往逃避了这个问题。我们研究华夏审美风尚史，显而易见，审美风尚的史前、先秦、两汉、魏晋、唐、宋、元、明、清直至近代经历了一个变化和丰富的历史过程，它的发展特性是无可逃避的，从这个意义上讲，大而广之是历史的发展问题，小而言之是风尚史的发展问题，不能不是我们这部著作所要回答的。①

总而言之，我们不仅要描绘华夏审美风尚的面貌，而且要研究和说明审美风尚为什么这样发展而不是那样发展？它们之间的过渡是什么？从汉到唐，审美风尚都发生了变化，而其中的逻辑特性究竟是怎样的？是什么因素促成了这种过渡或那种过渡？笔者以为，这都是应该在本书解决的问题。

当代历史寻求风尚变更的逻辑特征的时候，我们首先要问的是：一个社会风尚的确立和变化究竟由什么因素来决定？而其中起决定作用的主要因素又是什么？什么因素的变化，才决定了一个社会整体风尚的变化？

我们上文说明，首先是地理环境决定一种文化发展的基本趋向。因为自然环境首先决定了人这种生物形成的基本素质。北方民族与南方民族在人种上的区别是个最显著的例子。而“地理环境的特性决定着生产力的发展，而生产力的发展又决定着经济关系以及随在经济关系后面的所有其他社会关系的发展”②。“地理环境的差异性、自然产品的多样性，是人类社会分工的自然基础，它造成各地域、各民族物

---

① 冯天瑜等人著《中华文化史》这样展现中华文化历程：中华文化的多元发生；殷商西周：从神本走向人本；春秋战国：“轴心时代”；秦汉：一统的帝国与统一的文化；魏晋南北朝：乱世中的文化多元走向；隋唐：隆盛时代；两宋：内存、精致趋向与市井文化的勃兴；辽夏金元：游牧文化与农耕文化的冲突与融会；明：沉着与开放；清：烂熟与式微；近代：蜕变与新生。

② 《列宁全集》，第 38 卷，459 页，北京，人民出版社，1988。

质生产方式和不同类型社会的主要特征是在地理环境的影响下形成的。”①温带农业文明的稳定持重，与江河灌溉造成居民农耕生活的稳定性有关；草原—游牧文明的粗犷剽悍，与“射生铁血”的游牧生活有关；海洋—商业文明的外向开拓精神，则与大海为海洋民族的流动生活提供纵横驰骋、扬帆异域的条件相关。

但地理环境并不是唯一的绝对的决定性因素，我们可以从原始文化的起源上看出地理环境的决定性影响，也可以从地理环境的特征中看出高原民族与低地民族、北方民族与南方民族风尚习俗相区分的大致方向。但是，地理环境不能说明文化发展过程中的问题。从先秦到元、明、清，中国的地理环境没有多大变化，但文化发展却发生了极大的变化。也就是说，在制约和影响文化发展的各因素中，地理以外的因素，起着内在的，甚至是决定性的作用。

描绘从一个时代到另一个时代的风尚转换，是件颇有意思的且能引人入胜的事，但是，理解和分析风尚从一种样式转为另外一种样式，却是件颇为繁难的事。

让我们看看部门艺术史与文化史著作如何来说明这种转变。

《中华文化史》这样来描绘历史上文化发展的转折：从以神为本转向以人为本是殷商、西周文化的内在特征。世界上任何民族的文化，都经历了一个以神为本向以人为本发展的过程。早期人类面对自然界的淫威，深感无能为力，不得不把自身的幸福寄托于那无所在又无所不在的种种神灵的庇护和保佑。而随着生产发展，人的能力、体力水平的不断增进，人们对自然力量的畏惧便渐次淡薄，渐向以人为本的文化过渡。从西周开始，社会文化的浓郁的宗教迷信氛围渐次被注重世事的精神所冲击。“殷人尊神，率民以事神……周人尊礼尚施，事鬼敬神而远之。”②远神鬼而重人本，于是文化发展也出现了变化。殷商、西周时期的巫史勃兴，就颇有分量地说明了这一转折的特征。巫

① 《普列汉诺夫哲学著作选集》，第2卷，179页，北京，生活·读书·新知三联书店，1984。

② 《礼记·表记》。

史在那个时代不仅是社会的精神食粮，而且也是政治经济统治军团之中的一员。“王前巫而后史，卜筮瞽侑，皆在左右。王中心无为也，以守至正。”①巫史掌握卜筮、祭祀、书史、星历、教育、医药学职责，其决定或影响一个时代之文化风尚的作用，可想而知。

西周末年，主要用于祭祖敬祖的青铜器皿，日益失其神圣光彩和威吓力量。“前期盛极一时之雷纹，几至绝迹。”②到了战国时代，青铜器的风格已由厚重转向轻灵，造型由严整转向奇巧，镂刻由深沉转向浮浅，纹饰由定式转向多变——这一切，标志着一个时代审美风尚的转变。而究其原因，则是由于社会生活(首先是物质生产力)发生了变化而造成了人的思维观念(天命观、自然观、人生观等)的变化。由事神而转变为事人，由敬天而转变为敬人。“殷鉴不远，在夏后之世”③说的是殷王朝统治者开始还能畏天明命，兢兢业业，成就了赫赫功业。而其不肖子孙自恃天神先考的荫庇，胡作非为。“昊天不降丧于殷”，令其“侯于周服”④。周人通过当时殷统治者“荒湎于酒”的谴责，可以看出他们对宗教活动的怀疑态度和对极端迷信思想的批判，周人的“疑天、敬德、保民”思想，无疑是一场新的宗教——政治革新先声，毫无疑问，给一个时代带来了风气转换。⑤ 以上青铜器纹饰的实用化、人文化倾向的发生，就是这种精神转换的美学体现。

我们知道，宋明理学起于北宋政治与社会状况的变化。以中、晚唐日益壮大的儒学文化复兴为前导，以韩愈等人开启的由外向内转化，由斥佛、排佛到援佛为契机，北宋诸子经过多方面努力，终于创建了中国后期封建社会最为精致、最为完备的理论体系——理学。理学以儒家礼法、伦理思想为核心，以融合佛道为己任，以伦理系统为根本，不仅提供了封建社会中后期的强大的精神活动的支柱，而且深远地影响了一个时代的审美风气。北宋时期的书画风恰和理学的感想

---

① 《礼记·礼运》。
② 郭沫若：《彝器形象学试探》。
③ 《诗经·长发》。
④ 《诗经·大雅·文王》。
⑤ 哲学观的转变对艺术趣味带来的深刻影响可见一斑。

相适应，呈现出一种精致化、程式化、生活化、道德化的倾向，宋代的其他工艺品也是这样。例如，宋代玉器、瓷器，就以精致见长，而且伴随着市井经济的高度发展，这些工艺品呈现出强烈的世俗化倾向和浓郁的生活气息。二百多年的统治，是我国在古代社会经济极度兴盛的时期，尤以城市工商业发展最为迅猛，城市的繁荣，市镇的兴起，商业的发达，造成一个新兴的消费集团——市民阶层的扩大，造成了工艺品生产的势不可当的要求。而市民经济的进一步繁荣发展，工艺品生产的精美度达到了空前的程度。“明清玉器吸收了前代玉雕的优秀传统，同时借鉴了同时代的绘画、雕塑、金银钿工的表现手法，将阴、阳线刻、浮雕、镂空等工艺融会贯通，达到炉火纯青、出神入化的艺术境界。其量之多、品种之繁、玉质之佳、雕琢之精、纹饰之美、用途之广，空前绝后，令人叹为观止。”①

以上引述表明：一个时代审美风尚的变化与以下几个因素有关：第一，与整个社会制度变革的状况密切相关。汉王朝建立之后，统治者着重吸取了秦王朝覆灭的教训，转而采取新的方针。汉初统治者根据秦始皇父子“务胜不休”，盲目蛮干，终于导致无所不为而无所为的悲剧性后果，提出了“无所为而无所不为”的反命题(陆贾)，为汉代的政治、文化发展定下了基调。上述方针的推行使汉初的生产得到大规模的、多方面的发展。社会生产的发展、政治上结束秦代统治者那种蔑视历史文化的禁锢方针，使得文化的发展产生了将深沉的理性精神和大胆浪漫的理想结合在一起的生机勃勃、恢宏伟美的文化景观。审美风尚也为之一变，变得绚丽、多姿、精巧和博大。第二，我们看到，一个时代的审美风尚的变化，还与一个时代的主流思想观念有关。马克思说过，一个时代的思想是统治阶级的思想。反映在审美风尚的构成上，也可以看出这种规律性的存在。中国历史上有几位皇帝是艺术爱好者。宋徽宗本人是个书画家，他的爱好直接影响了北宋画风的形成。而大明永、宣两朝皇帝对艺术鉴赏极为在行。明朝的瓷器，在宫廷的制造下，精美绝伦，成为中国陶瓷史上不可逾越的高

---

① 赵业荅：《中国古代玉器》，248 页，西安，西北大学出版社，1992。

峰。清雍正帝本人的清玩雅好，使本朝工艺品呈现出淡雅清秀之状；而乾隆的丰功伟业所形成的好大喜功之心态，也可以在乾隆朝的瓷器工艺品的生产上看出：繁缛、铺陈、夸张。第三，一个时代的大文化氛围也影响了审美风尚的特征。大唐立国，融胡汉文化为一体，以开阔的胸襟吸纳百家，形成金光熠熠、充溢着欢欣、散发出创造光芒的文化精魂。唐太宗奉行的三教并行政策，使得“道家风行、佛教兴旺、儒学昌明”，有力地促成了一种文化开放的心态。正是在这种文化氛围中，唐代的艺术创造和审美风尚，形成了一种吸纳百家、壮阔绚丽的风格。唐代的歌舞艺术，唐三彩的出现，均是这一文化现象的有力说明。

以上说明，审美风尚的形成有其自身特点，与一个时代的政治格局、意识形态特征和统治者的趣味倾向有关。它被这些因素决定是显而易见的。所以，我们理解审美风尚的变化，不仅仅看它们的外在的样式风格的变化，而且要理解这些变化背后的诸多因素的作用。

第三节　变化的中介

几乎每个时代都有自己的审美风格，但我们又不能武断地说，审美风尚与时代变迁是一定相匹配的。改朝换代能对审美风尚产生影响，但这种影响并不是直接的，而是通过了中介。我们在上面已分析了政治、社会等外在的因素对审美风尚的影响，但实际上，我们不能忽视，任何制度层面的因素，都是通过“人”的中介来实现的，而“人”又是通过自己的“活动”来创造美的作品。因此，研究和分析“人”，特别是“人的审美心理”，是我们了解一个时代审美风尚变化的关键之处。

我们知道，一种社会性的审美风格的形成是由具有一定的审美倾向的人来完成的，而“一定的审美倾向”是“一个人在自己心里重新唤起他在周围现实的影响下所体验过的感情和思想，并且给予它们以一定的形象的表现"①。

在普列汉诺夫的美学思想中，认为艺术、审美与经济基础之间的"中间环节"有"五个因素"。其中人的心理和反映这种心理的各种思想体系，是诸多因素中最重要的因素。"社会心理"作为中介，成为普列汉诺夫对20世纪美学理论的一大贡献，也为我们提供了了解审美风尚变化的一把钥匙。

恩格斯在《路德维希·费尔巴哈和德国古典哲学的终结》一书中指出："更高的即更远离物质经济基础的意识形态，采取了哲学和宗教的形式。在这里，观念同自己的物质存在条件的联系，越来越混乱，越来越被一些中间环节弄模糊了。"②普列汉诺夫显然对恩格斯的论点进行了发挥，并加以系统化。他把人们的各种风尚、习惯、感觉、观点、情感、趣味、意图、理想、信念等的总和，都看成了人的艺术活动不能不涉及的"中介"。他极有见地地指出："要了解某一国家的科学思想或艺术史，只知道它的经济是不够的，必须知道如何从经济进而研究社会心理；对于社会心理若没有精细的研究与了解，思想体系的历史的唯物主义解释根本就不可能……因此社会心理学异常重要。"③

"社会心理"作为中介，是我们理解时代审美风尚演变发展的深层原因。上节分析的社会政治制度、主流思想、大文化背景对审美风尚的影响是外在的，而所有这些影响都要通过社会人的心理影响发生作用，这个现象在审美风尚的演化史中屡屡可见。

我们知道，审美风尚发展呈现着鲜明的时代风格和历史特征。而渗透在这历史演化之中的审美趣味的变化，受着社会人的心理层面的影响，这是不言而喻的。

社会心理是一个复杂的系统。有因统治者的个人爱好而引起的一

---

① 《普列汉诺夫美学论文集》(1)，308页，北京，人民出版社，1983。

② 《马克思恩格斯选集》，249页，北京，人民出版社，1972。

③ 《普列汉诺夫哲学著作选集》，第2卷，272～273页，北京，生活·读书·新知三联书店，1984。

个时代工艺制作的风格变化，也有因一种集体性的文化习俗引发审美风尚的变异。现试举两例说明这个现象。

在中国的审美风尚史上，由帝王的嗜好而形成某种时风的例子举不胜举，而在中国艺术史上留下鲜明的痕迹的是宋徽宗赵佶、明宣德帝、清雍正帝。这三位精于艺术的帝王，不仅自己擅长书法、绘画，而且艺术趣味极为精到。北宋审美艺术的雅致之风，不能不说与赵佶的个人书画风格有关。在中国陶瓷史上，明永、宣两朝是陶瓷制作发展中的巅峰时期。特别是“大明宣德年制”的瓷器，不仅在当时，而且在现在也因其精良的制作，优美雅致的画风享誉于世。在清朝康、雍、乾三朝盛世间，雍正皇帝素有“秉性不喜华靡”之美誉，虽然如此，却也雅趣良多。举例来说，他非常喜爱饱含中华传统文化、历史悠久的漆器工艺，并由此促进了御制漆器的制作和发展。又由于雍正帝任用了办事尽心尽力、具有较高的艺术修养的怡亲王允祥统管造办处，使得这一时期的御制漆器的制作，在康熙朝的基础上，呈现出新的面貌。据清“造办处档案”记载，雍正十三年间单是漆器的品种就有几十种之多，有描金漆、描彩漆、描油、一色漆、填漆、波罗漆、螺钿漆等，胎质有铝、铜、皮、竹、瓷、卷胎及大量的木胎。造型多样，俊秀雅致，装饰图案大多立意清新，疏朗典雅，图案描绘精细准确，一丝不苟，形成了独特的典雅俊美的雍正朝的审美风格。而雍正朝的瓷器，工艺水平极高，为历代之首。①

中国人爱玉、赏玉、玩玉、佩玉。玉文化成为中华文化的一个重要组成部分。文化与社会心理对审美风尚形成和变化的影响，在中国玉文化的变化中表现最为显著。经过文人的诠释美化，玉成为一种具有超自然力的物品，无所不能，无所不用玉，玉成了人们不可缺少的精神寄托。在中国古代艺术宝库中，自新石器时代绵延数千年经久不衰者，是玉器；与人的生活关系最为密切者，也是玉器。玉已深深地融合在中国传统文化与礼俗之中。

玉器制作的美学含义，固然被社会、生活等多方面的因素决定，

---

① 张浦生：《青花瓷器鉴定》，103页，北京，书目文献出版社，1995。

但是，一个时代的崇玉、尚玉的社会心理则是最直接、最具决定意义的因素。明清时期是中国玉器的鼎盛时期，其玉质之美，琢工之精，器形之丰，作品之多，使用之广，都是前所未有的。明清皇帝都爱玉成风，乾隆皇帝更是不遗余力地加以提倡。定陵出土的明代玉杯，清代的菊瓣形玉盘、桐荫仕女图玉雕，都是皇帝用玉。其时民间玉肆十分兴隆，苏州专诸巷是明代的琢玉中心，“良玉虽集京师，工巧则推苏群”。文人在书斋作画、书写，往往也用玉做笔洗、笔筒、墨床、镇纸、臂搁等文具，或以玉做陈设装饰。君子爱玉，已成为明清两朝的社会风气。玉之洁白、温润，琢玉之工艺精巧，都成为一个时代审美风尚的鲜明特征。

“中介”问题的提出，在研究审美风尚史的发展中有举足轻重的意义。它直接提出了揭示审美风尚发展的关键之处。然而，我们知道，无论是帝王个人的嗜好还是一种社会性的群体的心理认同（君子爱玉），都还不能直接变成艺术生产和时代风尚，因为这些嗜好本身，同时又是被另外一些因素决定的。所以，“中介”是双向的、互馈的。在诸多决定社会心理的因素之中，社会群体中掌握“精神生产”的群体，在决定一个时代的时风之中有着更为直接的作用。说到底，一个时代的审美风尚往往被“知识者”所引发和决定。

我们知道，“祭祀”是原始社会最重要的宗教—文化—审美仪式。在祭祀活动中，原始舞蹈又是作为极重要的内容诞生和发展出来的。《吕氏春秋·古乐》记载：“昔葛天氏之乐，三人操牛尾，投足以歌八阕：一曰载民，二曰玄鸟，三曰遂草木，四曰奋五谷，五曰敬天常，六曰建帝功，七曰依地德，八曰总禽兽之极。”在这种舞蹈性的祭祀活动中，“巫”是主要的发动者和承担者。在萨满教的原始活动中，“巫”即是具有超自然的沟通人神能力的善舞者。“巫”总结和规范舞蹈，并示范舞蹈，某种“程式”和“趣味”，就在“巫”的代代相传和教习发明之中沿袭下来，并成为风尚。顾炎武说：“三代之上，人人皆知天文。‘七月流火’，农夫之辞也。‘三星在天’，妇人之语也。‘月离于毕’，戍卒之作也。‘龙尾伏晨’，儿童之谣也。后世文人学士有问之而茫然不知者矣。”[1]顾炎武显然是一种猜测，但也说明了一个道理：天文地理之理，原始人类中已有了关于这种经验的总结，而总结者不是别人，正是早期的这种“知识者”。人们在生活实践中所逐步形成的习俗和礼仪，被固定下来，并被作为社会传承性符号融合在历史之中。

帝王不仅自己有独到的审美眼光，而且还亲自实践艺术，既是“王”，又是“知识分子”，两者合为一身，成为一个社会风尚的倡导者。汉高祖刘邦喜好民间音乐和歌舞，采集民歌以娱乐之，遂成汉王的喜好。史载“高祖乐楚声”。“高祖还归，过沛，留。置酒沛宫，悉召故人父老子弟纵酒，发沛中儿得百二十人，教之歌。酒酣，高祖击筑，自为歌诗曰：‘大风起兮云飞扬，威加海内兮归故乡，安得猛士兮守四方！’令儿皆和习之。高祖乃起舞，慷慨伤怀，泣数行下。”[2]在汉高祖的带动下，武帝遂设专职采风歌舞的机构——“乐府”，搜集民歌，编排歌舞，都设专职去做，这就有了分工明确的职业艺术管理者，即今天的“文艺干部”，也即文艺知识分子。有了他们的存在和活动，一个时代才会有那么丰富多彩、复杂有序的艺术实践活动。

由上引申：王朝更迭往往不会根本影响一个时代的审美风尚，一个时代“士”“巫”的命运，反而会敏感地反映一个时代的审美风尚的变化。

第四节　变动性和稳定性

从整个中国审美风尚发展和演变的历史看，发展和变动几乎是绝对的、不容置疑的特征。从夏代的二里头文化的简陋的陶器，到明清之际精致的官窑精品，历史在这漫长而又短暂的岁月中显露着它变化多端的风貌，数千年的风尚史，变化和发展是常态，这是历史发展已形成的事实。不仅代与代之间有变化，而且一个时代的不同区域之间也有变化，所以，这种多变性形成了华夏审美风尚的特点。读者从本

---

① 顾炎武：《日知录》卷三〇。

② 《史记·高祖本纪》。

书后十卷的叙述中也可以看到这变化多端的华夏审美风尚的概貌。

与中国文化史、思想史的发展脉络相比，华夏审美风尚史的发展变化显现了既匹配又不相匹配的面貌。中国文化思想史的发展，大致出现“三动三静”的规律性过程。动，指变动、纷争；静，指相对稳定。春秋战国“百家争鸣”，是纷争和动荡的时代，秦汉一统天下，文化思想也以儒家文化为核心建立起来，这是第一次动和静。魏晋时期，战乱频仍，一个大的民族国家的统一被击碎，于是，文化发展成为区域性的竞相发展局面。唐宋元明，是中国封建社会历史上最为稳定的一个历史发展的时期，这是经过魏晋、五代十国之乱之后的又一次平静，文化思想发展又在这时形成了一个大的高潮。宋明理学形成之后，虽然没有长时期的大的社会动乱，但由于义理之学没有发展，也只能算做中国文化发展的一个类似于动乱时期的低潮阶段。而第三阶段的“静”才刚刚出现。20 世纪的中国战乱频仍，内斗不止，这无疑影响了中国思想文化的正常发展，创造性的成果尚未真正出现。

华夏审美风尚也有大致的历史脉络，从先秦、两汉、魏晋、唐、宋、元、明、清各代，特色鲜明，风格各异，与时代变化息息相关。但是，我们分明看到，审美风尚史与严格的时代特点并不十分匹配。春秋战国战乱纷纷，社会分化动荡不止，而艺术创造却格外奇艳瑰丽。青铜祭器的狰狞粗犷，玉器的精美绝伦，织物和金银器的华丽复杂，都令人惊叹不已。魏晋南北朝是中国历史上的大动荡时期，但却出现了北魏、北齐的巧夺天工的石刻佛像，并使百世无法与之媲美，这绝不是仅仅用“时代特征”可以解释的。这使我们想起了马克思的一句名言：“困难不在于理解希腊艺术和史诗同一定社会发展形式结合在一起。困难的是，它们何以仍然能够给我们以艺术享受，而且就某方面说，还是一种规范和高不可及的范本。”

“一个成人不能再变成儿童，否则就变得稚气了。但是，儿童的天真不使他感到愉快吗？他自己不该努力在一个更高的阶梯上把自己的真实再现出来吗？在每一个时代，它的固有的性格不是在儿童的天性中纯真地复活着吗？为什么历史上的人类童年时代，在它发展得最完美的地方，不该作为永不复返的阶段而显示出永久的魅力呢？有粗野的儿童，有早熟的儿童。古代民族中有许多是属于这一类的。希腊人是正常的儿童。他们的艺术对我们所产生的魅力，同它在其中生长的那个不发达的社会阶段并不矛盾。它倒是这个社会阶段的结果，并且是同它在其中产生而且只能在其中产生的那些未成熟的社会条件永远不能复返这一点分不开的。”①

社会文化—思想发展的高潮、低潮特征，并没有妨碍和影响审美风尚依着自己的规则展开。这其实就是马克思讲的艺术生产与物质生产之间的不平衡关系。审美风尚(含艺术生产)有着自己独特的发展规则，它的高峰可以在人类神话时期到来(良渚文化玉琮、红山文化玉龙)，也可以在人类历史的早期出现(北魏石刻)。综观整个审美文化史，我们看到了这样的特征：远古和早期社会孕育出来的艺术，更具有审美性、自然、生动无比的魅力。(我们只要看看唐代的大气象，宋代的精致，明代早期和最后的辉煌就可以知道了)中国玉器史、中国陶瓷史、中国诗歌史、中国绘画史都表明：明末以后的艺术风格和艺术生产，均已走向衰弱。那种质朴的美被雕琢所替代，自然的闪光被人工的装饰所遮蔽。(乾隆朝的瓷器生产已达到了装饰的顶峰)社会发展的天真可爱逐步消逝，审美风尚的艺术性高潮一去不复返了。

由此可见，华夏审美风尚的稳定性特征(以及它走向艺术高峰的历史趋势)是另有规则可循的。它并不一定与社会的政治、经济、思想构成一一对应的关系(有重要的，甚至是决定性的影响)，它的艺术性被更深层的东西所决定。否则我们无法解释，即使是4000年前的良渚文化玉琮，今天的我们在某种意义上也是无法企及的。

在论及这个历史现象的时候，目前最有效的解释仍是马克思提供的。

马克思把艺术(审美性的文化)看作是与人相关，与人的感性解放和心灵自由相关的实践活动。在马克思看来，尽管在古代，尽管处在那样狭隘的民族、宗教、政治境界里，毕竟还是把人当作生产的目的。而现代世界总是把生产当成人的目的，又把财富当成生产的目

① 《马克思恩格斯选集》，第2卷，114页，北京，人民出版社，1972。

的。马克思提出了“生产完整的人”“那幼稚的古代世界看起来便像一种格外崇高的世界”“古代世界也确是人们寻求一切完善形象、形态和圆满境界的所在。那是在狭隘观点内的一种满足。”①

马克思的论述关涉到这些概念：单个人的完美、社会关系未与人对立、原始的圆满、社会成员的闲暇、享受乐趣，等等。综合起来我们可以认为，艺术与审美活动的充分发展恰恰不是在现代社会，而是在古代社会更具备了充分满足人的艺术感觉发展的条件。

华夏审美风尚史的发展充分证明了这一事实。据考证，古人琢玉所花费的时间，往往是数月累年完成一件饰品。一件红山文化玉猪龙琢磨的时间，不会少于数月。像战国时期的白玉龙璜，有的是花费几年才能完成。而宋、明时的官窑瓷器，往往是从烧成的数百件中挑中一件，其余均砸碎掩埋。试问这种艺术生产方式，在追求生产利润的社会中能存在吗？只有在农耕社会的悠闲中，人们才有更多的时间，为单纯的目的，更为从容地制作，去完成一种对美的单纯的追求。所以，我们常常感叹：古代有的美是不可企及的，如青铜器、“老三代”玉器(商、周、汉)、唐代金银器、宋代五大名窑青花瓷器、永乐宣德朝的青花瓷器、康雍乾朝的彩釉官窑瓷器，等等。不是今天的人们比古人笨，相反，今天人们的聪明也没有办法复制出古人生存的“时间环境”，以及人们在那种环境中形成的优雅和从容。

第五节　历史特征

我们习以为常地感受着华夏审美风尚的存在、流动和变化，但我们都很少概括出华夏审美风尚的总体特征究竟是什么，特别是它区别于西方文化(主要是西方审美风尚)的特征究竟是什么。

我们知道，在关于中西文化讨论的热潮中，关于中国文化与西方文化的差异，学术界已作了十分充分的讨论。

---

① 马克思：《政治经济学批判大纲》(草稿)，第3分册，104～105页，北京，人民出版社，1963。

关于中国哲学和中国人世界观的特征，1959年新儒家牟宗三等四位学者发表宣言称，在本体论、认识论、宇宙观、自然观、人生论等诸多方面，中国哲学都有其自成一套的体系，足以与存在主义等西方现代哲学构成对立而又相通的两翼。这种可被描述的哲学景观，清晰而又简率地勾勒了不同于西方文化的一种新的文化状况。

中国文学的描述当然也可以被清楚地表达。唐诗宋词的表达方式和传达的意境，与欧洲中世纪的十四行诗迥然有别。“郁孤台下清江水，中间多少行人泪。”(宋·辛弃疾《书江西造口壁》)这种经典的中国式的表达，就是中国式的审美风格和意境。描写战争，西方的诗显得直露和外显，而中国的诗词却含蓄而又隐晦：“狭巷短兵相接处，杀人如草不闻声。”(明·沈明臣《凯歌》)“十年天地干戈老，四海苍生痛哭深。”(明·顾炎武《海上》)表达爱情，中国风格则是“中国式的含蓄”：“盈盈一水间，脉脉不得语。”(汉《古诗十九首·迢迢牵牛星》)“在天愿作比翼鸟，在地愿为连理枝。”(唐·白居易《长恨歌》)

中西绘画的差别也是众所周知的。西方的写实主义风格和中国式的“意境”表达，不仅仅由于工具不同(油画、水墨画之工具差别)，而且更在于文化观念、审美意象、观察世界、表达世界的方式不同，形成了自成一统的独立的艺术世界。

总之，中国人体会到、观察到的中国之艺术，是不同于西方的艺术与审美实践。对这一艺术—审美实践的总结，诚如徐复观所言：“中国文化中的艺术精神，穷究到底，只有由孔子和庄子所显出的两个典型。由孔子所显出的仁与音乐合一的典型，这是道德与艺术在穷极之地的统一，可以作万古的标程……而在文学方面，则常是儒道两家，尔后又加入了佛教，三者相融相即的共同活动立场。……由庄子所显出的典型，彻底是纯艺术精神的性格，而主要又是结实在绘画上面。此一精神，自然也会伸入到其他艺术部门。”①

徐复观这样的总结，自有他的道理，也可谓抓住了问题的实质。从孔、庄两家出发去理解中国艺术—审美精神，总而言之，是以“入

---

① 徐复观：《中国艺术精神》，5页，沈阳，春风文艺出版社，1987。

世与出世”的交替矛盾，去理解中国艺术—审美精神的发展规律。当然，这指的是一种义理层面上的内涵。而另外的层面是，我们似乎没有办法做出一种从内涵到形式的全面的概括，用以勾勒中国审美风尚的面貌。在本书的各卷中，每卷的书名都是一个时代风貌的简要的概括，从各卷的书名可以看出这个时代特有的风貌。但各卷之总和的概括却成了问题——在写作上有不可言传之难。我们用什么形容词来框架这一切呢？“阔大”和“娇小”同样可以用在俄罗斯文学和北欧文学上，“郁沉”和“热烈”同样也可以是对现代主义绘画的形容。当然我们在这里所讲的“华夏审美风尚”，甚至只是指以“汉文化为核心”的审美风尚的总结，而还没有包括这么多的少数民族文化在内——这倒不是由于轻视非主流文化，而是在于概括和研究一个高潮文化—审美精神的历史面貌和发展规律。

概括的困难程度令我们屡屡止笔不前。我们甚至这样想：是否可以不予以概括呢？是否只有通过细致描写形成的某些意象群，才会形成对华夏审美风尚的一种宏观上的看法和界定呢？当然，答案是否定的。只有将零碎的、个别的意象综合起来，才能令我们达到某种综合。回到这个论题上的时候，我们先要设定概括的方法，从哪个角度、哪步路径进行概括。

本书第四章的描述已基本确定了这个寻求的框架，即确定“核心特征”的框架，这个核心特征是与中国古人的天地观、时空观密切相关的，它是华夏审美风尚形成的精神基础，是贯穿在各个不同时代之中的共同的属性。寻求最基本的“价值共同”，这是我们探寻华夏审美风尚的中国特色的基本出发点。

恩格斯曾在《自然辩证法·导言》中将“一般生产”视为人脱离动物界的最根本的标志。人类一般生产活动从来就不是一种纯粹的物质性、功利性活动。一个民族的生活方式及其文化性格一经先天禀赋的地理环境和资源条件决定之后，滋生于这些先天条件之上的精神文化条件就会把一般生产活动整合为在特定的文化框架中进行操作的价值性创造活动，从而为物质资源的获取提供源源不断、具有民族和时代特征的精神动力。这一被整合的价值创造活动，既要满足最基本的生存需求，同时又具有丰富和美化生活、追求某种与现实相辅相成的理想性精神价值的倾向。这种倾向是如此重要，以至于它的形成和演变甚至可以反过来制约一个民族在配置劳动资源、获取生活资料、组织社会生活、思考人生价值时的途径和方式，规定这个民族理想的类型和实现自身价值的范围。尤其是在文化的转型期，这些已经沉淀在民族文化心理中的精神条件作为一种稳定的因素，还在某种程度上涵盖、预示、操纵着该民族的发展方向和可能进化的程度。

这样一来，一个民族在"一般生产"意义上的思维方式、情感意志特征，包括一个民族的审美风尚，就绝不是无足轻重的。在中国文化的视野内，天与人，自然与社会，人的行为与自然现象之间，都是相互影响、有机联系的。所谓民族文化的特征，就是建立在这种有机联系基础上的美学精神和审美风尚——重视精神功利意义上的人生幸福和以人为本的整体胸襟，它体现在这个民族的仪式化行为层面和定势化心理层面上，由此塑造出该民族传统文化的精神内核和个性特征。考察这一内核的形成和演变，梳理出其中具有民族特征的审美风尚要素，无疑对理解作为本民族文化传统源头的精神文化条件，建立了一个新的视角，对于一个文化传统的命脉已经八千年而不断延续的民族来说，其积极意义更是毋庸置疑的。

审美是人类体认存在价值和感悟生命意义的一条途径。一个民族的审美风尚，则表现为该民族在价值体认和生命感悟中所显露出来，且与其他民族相区别的心理特征和精神气质。各民族的文化之间有其通约性，因而不同文化所表现的审美风尚也有趋于相似的一面。譬如各民族文化的初期都有生殖崇拜现象出现，表现出对生命来源和繁衍的好奇和追寻；世界各地的先民们都遵循卡西尔所谓的"生命一体化"原则，否定现代人所谓的"死亡"，而对死后世界和生命轮回的方式怀有虔诚和敬畏；都以一种"自我中心"式的眼光认为"万物有灵"，而显露出维柯所谓的"诗性智慧"的特征，并通过诸如在岩壁上作画等符号—艺术手法表现动荡不安的原始心灵的追求和向往等，反映出各民族的先民们在生理和心理素质、一般生存需要和精神追求方面的跨文化的人类性特征。

各民族文化之间又有异质性。受其影响，不同文化所表现的审美风尚更有相互区别的一面。如果说探究审美风尚中跨文化的相似的一面，可以见出它与其他文化之间的异中之同的话，那么探究审美风尚中与其他民族相互区别的一面，则可以进一步发现它的特异性本质，从而发掘出“华夏审美风尚的核心特征”①。在描述华夏民族审美风尚演变历程时，同样值得关注的问题是，既要看到它同其他文化的同中之异，更要找出它区别于其他文化的“圆心”或“第一关注点”，以便发现它的“核心特征”。什么是在考察我们民族的审美风尚演变时所据以出发的“圆心”或“第一关注点”呢？这就是华夏民族在价值体认和生命感悟时因习焉不察而认为具有先天合理性的价值框架，或者说就是那个“不必论证和思索的终极依据”②，正是这个价值框架或终极依据，决定了华夏民族在其审美中体认了什么，感悟了什么，以及如何体认、如何感悟。葛兆光先生在论述传统思想的“终极依据”时指出：“很可能古代中国思想世界的很多很多知识与思想的支配性观念，都是在天圆地方、阴阳变化、中心四方这些本来来自天文地理的经验中产生并且奠基的。古代中国的知识与文化最早是掌握在巫觋手中的，巫觋的职业与天象与地形有关，天象与地形在人们心目中形成了时间与空间的框架，宇宙的一切都在这种框架中各就各位，古代中国关于天圆地方、天道左旋、中央四方、阴阳变化、四季流转的意象，通过象征的暗示和仪式的神化，在人们由此及彼的类推中渐渐作为天经地义的起点，在人们心中成就了越来越多的知识和思想。”③

这种来自天象地形的时空框架，作为不言自明的合理性依据，为传统文化提供着秩序和原理，从天文历法的制定到等级制度的确立，从皇宫民宅的样式格局到美的体验与感悟，举凡传统社会生活及其文化里的方方面面，都由于从这一套价值框架中获得了一种韦伯所谓的

---

① 许明：《审美风尚史：一种新的历史观照》《华夏民族审美精神鸟瞰》，3页，郑州，河南人民出版社，1995。

② 葛兆光：《七世纪前中国的知识、思想和信仰世界》，40页，上海，复旦大学出版社，1998。

③ 同上书，46页。

具有无条件排他性的“价值合理性”，因而变得先验地合情合理且严肃高尚。正是这一套价值框架，决定了华夏民族审美风尚的体认和感悟的内涵与方式。

于是民族审美风尚的滥觞同源于天象地形的时空框架的起源之间，就存在着一种并生互补的关系。中国历史上最早具有一定“价值理性”意味的观念，出现于原始社会末期的“绝地天通”的巫术改革时期。在此以前，华夏审美风尚尽管初露端倪，也具有一定的“特征”，但主要还是停留在异中之同层次上，如原始艺术里的“美用并生”特点，彩陶艺术中基于“生命一体化”原则而形成的“活泼之美”等，类似的现象也存在于其他民族文化的早期阶段，这同当时人们的所感所悟局限在解决当下生存困境的原始“工具理性”层面相关。而“绝地天通”作为上古文化史上的一件大事变，将氏族宗教里的至上神——天及其崇拜仪式和相关观念加以确立并逐渐规范起来，这就使得华夏民族对生命意义及其存在价值的所感所悟，具有比较明晰的内涵和方式，并且由于主要关注和服务于祭祀神权的垄断，就在某种程度上摆脱了对自身生存困境的局限，进行着具有某种程度的超越性价值的追问，使其感悟层面也上升到一种原始的“价值理性”高度，结果导致了一种在良渚文化玉琮上已经形成，在九鼎传说和商代青铜器上占据主导地位的“狞厉之美”的诞生，而华夏民族审美风尚区别于其他民族的“核心特征”也由此而确立。从“活泼之美”到“狞厉之美”，就是这一“核心特征”从滥觞到确立，民族审美风尚逐渐确立的演化阶段。

“绝地天通”作为一种价值取向，对华夏民族上古时期的审美趣味的形成奠定了基础，并支配了华夏审美风尚的历史发展，形成了中华民族伦理范型的审美文化的格局。在这种审美文化格局中，道德论与本体论、认识论、知识论互摄互涵，畛域不清。在宗法血缘纽带解体较早的希腊、罗马，社会秩序更多地仰仗契约、法律维系，人们关注的重心不再是人际的伦常关系，主体与客体两分，转而以更大的兴趣去探索大自然和人类思维的奥秘，心灵与物质对立的观念应运而生，宇宙理论、形而上学得以发展。西方的审美文化在希腊精神形成的文化基调上发展，主客两分的艺术创作潮流明确。绘画、雕塑、诗歌、建筑……指向了描摹和模仿，至少这种与自然亲和的写实主义传统成为西方审美风尚的主流。而华夏文明由于伦理本位的价值取向，与西方情形相反，人伦效法自然，“人法地，地法天，天法道，道法自然”，自然又被人伦化，天人之间也攀上血亲关系，君王即为“天子”，从而形成天人合一、主客混融的局面。中国的诗画传统，自先秦以来，均没有逃脱人与自然的关系“我中有你”“你中有我”的境界，从而别具一格地成为华夏审美风尚的历史性特征。

下篇

第五章　龙的腾飞

物质生产和精神生产、物质文明和精神文明是人类历史发展的两个相辅相成的基本层面。在人类社会的早期，这两个层面难分轩轾地交融在一起。本章所描述的蕴含在原始舞蹈、绘画和彩陶艺术中的“美用并生”、“活泼之美”等审美要素，既是当时人类生产活动的有机成分，又是人类艺术生产和审美特征的萌芽；另外，在祝祷、讽颂等原始歌谣的表述中，以强调“类型”即个体与群体间相互联系的“意象思维”模式也开始逐渐萌芽发展，成为中国艺术审美文化心理的基本民族特征；到了距今约四千年前以龙山文化为代表的新石器时代晚期，即所谓的“绝地天通”的五帝时代，中国文化拉开了由“巫觋文化”向“祭祀文化”过渡的序幕，以人附天、以天证人的天人合一文化思维模式已经初露端倪，社会的生产关系和资源配置方式，集中体现在“宗教—艺术—政治”三位一体的中国式的“巫教文明”形态中，早期的“天命”观就是这种文化模式或文明形态的产物。华夏审美风尚的民族个性，由此而奠定。①

第一节　美用并生

人类一般生产活动起始于工具的制造。相对于审美风尚的发生，工具制造具有双重意义：实用价值与审美价值同时被人类创造出来。工具不仅仅具有物质生产意义上的实用性，而且蕴含着人类基于长期的一般生产经验的积累而形成的对材料、目的和造型的有目的的选择性，培养了人类善于创造的心理机制和感受方式，强化了心理意识中的工艺加工模式和形式法则。因此，制造工具的一般意义在于，它一方面促使了工具形式和功能的多样化，因而改善了人类的生存条件；另一方面也使创造性心理要素和对美的感受能力逐渐脱离实用价值而具有相对独立的意义。距今约 18000 年的“山顶洞人”，生活在旧石器时代晚期，其制造物中不仅有造型均匀规整、用于狩猎和采集的石器，磨制光滑、上有钻孔和刻纹、用于缝制兽皮的骨器，还有被考古学家贾兰坡称为“装饰品”的物品，其中有钻孔的小砾石、石珠、兽齿、贝壳等，它们的穿孔部位都呈红色，好像刻意被赤铁矿粉染过，表明“山顶洞人”不仅对形状和色彩把握具有最初的形式美感，更为重要的是，这种形式美感中“已经积淀了社会内容”，人们对它的感受中

---

① 苏秉琦提出“古国、方国、帝国”为中国国家形态形成和发展的“三部曲”，而距今约四五千年前的良渚文化，尤其是“绝地天通”的颛顼时代，是“方国”形态的典型实例，“良渚文化发现的带有墓葬的祭坛和以琮为中心的玉礼器系统，应是宗教已步入一个新阶段的标志”，“玉琮是专用的祭天礼器，设计的样子是天人交流，随着从早到晚的演变，琮的制作越来越规范化，加层加高加大，反映对琮的使用趋向垄断，对天说话、与天交流已成最高礼仪，只有一人，天字第一号人物才能有此权力，这就如同明朝在北京天坛举行祭天仪式时是皇帝一人的事一样。这与传说中的颛顼的‘绝地天通’是一致的。这种权力集中到一人为标志的政权转折，是中国五千年文明史上的一个转折点，也是方国的一个主要标志”（苏秉琦：《中国文明起源新探》，生活·读书·新知三联书店 1999 年版，8、145、148 页），这就从考古学层面更为清晰地表述了华夏审美文化发生和发展的线索。

“已经积淀了观念性想象、理解”①，基于一般生产的社会生活，已经注入了理想性的精神内涵，使人们求生的生产活动，具有某种精神价值的诉求和指归。原始的舞蹈和绘画等群体性活动，就是这种诉求和指归的产物。

1. 原始舞蹈。舞蹈是生命的律动，原始舞蹈不仅“以实用性的意义强调生命”，而且还“以社会性的功能保障生命”②，是原始人抒发生命感受、认识和理解社会生活的重要渠道。它以其韵律和节奏，为原始人类诠释生命与环境的统一性，以其内含的意义，使他们在生命律动中体验到一种普遍性的秩序，在恶劣的生存条件中感受到生命的价值和精神的寄托。据《吕氏春秋·古乐》记载：“昔葛天氏之乐，三人操牛尾，投足以歌八阕：一曰载民，二曰玄鸟，三曰遂草木，四曰奋五谷，五曰敬天常，六曰建帝功，七曰依地德，八曰总禽兽之极。”说明作为早期群体性活动，原始舞蹈具有明显的二重性：它既是劳动过程的一部分，又是原始部落的巫术祭祀活动。

舞蹈作为劳动过程，属于史前“准宗教现象”的模仿性“法术”，是人类早期自我中心思维特质指向现实的意愿投射，其目的是“幻想以特定动作来影响或控制客观对象。这类动作最初多为模仿。如于狩猎前举行模拟所欲猎取之鸟兽的动作而跳舞，佩戴猛兽牙骨或雄牛利角而奔突……尚无依靠神力行事的观念……（认为）可凭特定动作本身，以奏所欲达到之效果”③。普列汉诺夫描述印第安人“跳自己的‘野牛舞’，正是在好久捉不到野牛而他们有饿死的危险的时候。舞蹈一直要持续到野牛的出现，而印第安人认为野牛的出现是和舞蹈有因果关系的”④。其间求生存的功利目的十分明显。在人类学材料中，这一类舞蹈有“熊舞”“雨舞”“青蛙舞”“野犬舞”“袋鼠舞”“鸵鸟舞”等，不一

① 李泽厚：《美的历程》，5页，北京，中国社会科学出版社，1984。

② 闻一多：《说舞》，载《闻一多全集》，第2卷，209页，武汉，湖北人民出版社，1993。

③ 任继愈：《宗教词典》，725页，上海，上海辞书出版社，1981。

④ 普列汉诺夫：《论艺术》，99页，北京，生活·读书·新知三联书店，1964。

而足。同样的模仿性质和功利目的在“操牛尾”而起舞“葛天氏之乐”中也不难发现，《尚书·益稷》中“击石拊石，百兽率舞”“鸟兽跄跄”“凤凰来仪”的相关记载，也可以捕捉到此类意味。

舞蹈作为巫术祭祀活动，是后于法术发生的史前准宗教现象，这种巫术性舞蹈“幻想依靠‘超自然力’对客体强加影响或控制。与法术之不同在于已具有模糊的‘超自然力’观念；行巫者被认为具有此能力。……在原始社会，巫术是自发形成的”①。“巫”即萨满巫师，是具有超自然的沟通人神能力的善舞者。具有法术意味的劳动舞蹈本身与原始社会生活密切相关，其多样化形态在模仿性狩猎舞蹈基础上覆盖早期社会生活的各个方面，如食物舞(bread dance)、性征舞(phallic dance)、战争舞(war dance)、丧舞(death dance)等，与此同时，人们开始信奉各种超自然力量——鬼魂、魔力等，把精神追求和人生信念寄托在以娱神为手段，以娱人(从精神慰藉到各种功利目的)为指归的巫术性祭祀舞蹈上。

王逸《楚辞章句》中说：“昔楚国南郢之邑，沅湘之间，其俗信鬼而好祠。其祠必作歌乐鼓舞，以乐诸神。”反映出形成于远古、至战国时期仍流行于沅湘间的巫术歌舞，就具有这类娱神的精神内涵。弗雷泽在《金枝》中曾指出有这样的民俗，“秘鲁有一个村庄，那里的印第安人将年仅十四岁左右的漂亮姑娘嫁给他们奉之为神(华卡)的略似人形的石头，全村居民都参加那历时三天十分隆重的婚礼。此后，那个女孩便一辈子不能嫁人，她为全村百姓做了偶像的妻子，牺牲了自己。村里的人对她极其尊敬，奉若神明”，并认为“神和真人结婚，这一风俗在古代许多民族中都是很盛行的”②。在沅湘祭祀歌舞中，人们以人心度神心，自我中心地把女神或男神想象成贪恋美色之人，既然女神慕男子，男神爱美女，那么女巫男觋们理应充当引诱男神女神、满足其情欲的中介。朱熹在《楚辞集注》中已经注意到这种现象：

---

① 任继愈：《宗教词典》，486页，上海，上海辞书出版社，1981。

② 詹·乔·弗雷泽：《金枝》，上册，218、219页，北京，中国民间文艺出版社，1987。

“或以阴巫下阳神，或以阳主接阴鬼。”异性相吸成为人与神、鬼之间交往的主渠道。《九歌·少司命》：“满堂兮美人，忽独与余兮目成。悲莫悲兮生别离，乐莫乐兮心相知。”《湘夫人》：“沅有芷兮澧有兰，思公子兮未敢言。”《山鬼》：“风飒飒兮木萧萧，思公子兮徒离忧。”一片缠绵悱恻的人间性爱之情，以情人关系解读神人关系。这种“士女杂坐，乱而不分”的巫傩民风，恰与“男女授受不亲”的中原礼教形成鲜明对比。

2. 原始绘画。中国境内早期出现的绘画是旧石器时代晚期以来的岩画。岩画分布于东起黑龙江、江苏，西至云南、贵州、四川和西藏，南到福建、香港、澳门，北至新疆、内蒙古的广袤地区的岩壁上。其绘制有彩绘和刻画两类。彩绘用手指或竹、草、羽毛等器具，蘸红色、土黄色等颜料在山崖岩面上作画，广西左江和云南苍源的岩画是其代表。刻画分磨刻和凿刻两类。磨刻是用石器或铁器的锐角，在岩面上磨制而成；凿刻是以石器或铁器凿击事先在岩石上绘制好的图形所致。刻画岩画主要分布在内蒙古、宁夏和东北等北方地区。岩画中反映的文化内涵主要有三类：狩猎法术、生殖巫术和祭祀巫术。旧石器时代晚期，人类尚处于渔猎经济阶段，狩猎是这些岩画绘制者所在史前人群的主要生存方式，故作为狩猎对象的动物形象占全部岩画图像的90%以上。据专家辨认，其中能确认的有狐、狼、虎、豹、鹿、野牛、野猪等32种。内蒙古阴山旧石器时代岩画中更有鸵鸟、单峰骆驼形象出现，其文化意义由考古、美术史而涉及古生物学。

阴山岩画位于巴盟境内阴山之中，有1400多幅内容各异的古代岩画。阴山岩画分布300多千米，以巴盟乌拉特后旗炭窑口附近最为集中(本组就是在乌拉特后旗炭窑口拍到的)，分布在东西长约1千米，南北宽半千米的红砂岩石壁上。阴山岩画内容丰富。表现游牧、狩猎生活是岩画的主题。表现宗教、舞蹈的岩画形式多样。阴山岩画作为北方草原古代文化的遗存，显示了北方游牧人无穷的智慧和非凡的创造力。

岩画中所表现的动物，大多与史前人群的日常狩猎生活息息相关，故描绘得栩栩如生，但这些描绘狩猎动物和狩猎场面的岩画的目的却并非为了审美。在这些旧石器时代晚期的猎人眼里，一切事物之间都可以有某种神秘的联系，他们试图以法术强迫动物就范，相信只需画出希冀猎取的动物形象和围猎的场景，就可以事先“法术”地规定狩猎的效果，故而狩猎前的作画具有巨大的现实生存性功能。在内蒙古噔口县阿贵沟出土有一组猎羊图，一个猎人的箭镞已经触到了羚羊的臀部；在内蒙古乌拉特中旗几公海勒斯太沟出土有一幅猎鹿图，图中一前一后两个猎人正在射猎一只巨大的公鹿。鹿身已中九箭，身上箭梃依稀可见，伤鹿左边的猎人骑马追赶，右边的猎人还在张弓搭箭。刻意画出野兽受伤的场景，是因为原始人坚信如此作画与狩猎效果之间的因果联系。

生殖崇拜是人神化自身生育能力，将其赋予超自然魔力的巫术表达，反映了原始人类企盼人口繁衍的意愿，因而成为岩画中的重要题材。各地岩画中都有不少关于男女交媾、男女生殖器、人兽交媾、生殖符号的画面，这些生殖类型的岩画向我们展示了早期人类对自身性行为和性器官的超自然理解方式。20 世纪 80 年代于新疆呼图壁县天山深处发现距今 3000 年左右的大型刻画生殖岩画，在约 120 平方米的画面上布满数百名作舞蹈状的男女形象，描绘了处于父系氏族阶段生殖崇拜仪式的情状。其中有些男性，除了正常部位的生殖器外，在手臂、臀部等部位有额外的生殖器，表现出原始的男性中心社会对生育过程的独特视角。另一画面中在两对交媾男女的下方，有两只雄性器官勃起的老虎，其中较大一只的上、下与后方，都有弓箭状的图形，令人想起所谓的“丰产巫术”，即将人的性行为同食物的丰产联系在一起的巫术仪式。画面联想独特，想象丰富，情感炽热，表现直率质朴。通过这类仪式，原始人类获得的是整体的生命延续意识和群体的生存意义，在他们眼里，这是十分庄重的场合。

第二节　活泼之美

陶器最初是适应新石器时代的原始农业和定居生活的日用必需品，因用途的不同而有不同的式样和造型，如装盛食物的碗和钵，烹煮食物的釜和鼎，储存水的壶和罐，洗涤物品的盆和盂等，都体现出相应的美观适用的“形式美”要素。其造型式样不仅因用途而多样，而且因地区又有地域风格之别。随着时间的推移，早期陶器单纯的实用意义开始逐渐分化，体现在功能上，就是由日用器皿向祭祀“礼器”的转化；表现在外观上，就是造型和色彩的非实用化。现已发现的大批彩陶的制作年限，上起约6000年前的仰韶文化，下至约3000年前的大汶口文化，分布区域为中原(黄河中游、渭河流域及汾河流域)、西北(黄河上游、洮河流域及湟河流域)、东南沿海(黄河下游、汉水流域、山东半岛、长江中下游、杭嘉湖区域)等地区。彩陶图案系用各种颜色在陶坯上绘制后，再入窑烧制而成，其纹饰的色彩浓郁、内容丰富、风格独特、技巧熟练，可大致区分为人物、动物、植物、几何等几大类型。西安半坡仰韶文化陶器属于约6000年前母系氏族公社繁荣阶段的产品，其中用于日常生活里汲水、炊煮、饮食、储物等需要的，多为粗砂烧制，且素面无纹，而那些有鱼纹的彩陶则均为细陶烧制，工艺讲究，色彩醒目。其代表形式有两种：一是翻唇浅腹盆，人面鱼纹多绘于其内壁；一是卷唇折腹圜底盆，各类鱼纹多绘于其肩部。

饮食在中国的祭祀礼仪中占有重要地位。《礼记·礼运》：“夫礼之初，始诸饮食，其燔黍捭豚，汙尊而抔饮，蒉桴而土鼓，犹若可以致其敬于鬼神。”《说文解字》释“禮”：“履也。所以事神致福也。从示从豊。”王国维认为“豊”指“行礼之器”，加上“示”旁之后，遂衍化为一切“奉神人之事通谓之礼”①。由“豊”而“礼”的字义衍化，既反映了陶器由日用器皿到礼器的发展过程，更重要的是反映了这样一种文化信息：原初的动物式的进食方式被一种“文化”方式所取代：“前陶器时代的原始烧食方式和饮酒方式，只要是从动物性的自然饮食方式摆脱出来，而开始以工具利用自然力，它所利用的方式和结果就是文化，

---

① 王国维：《观堂集林·释礼》，载《王国维遗书》，第1卷，304、305页，上海，上海书店，1983。

也就是‘礼’的起源。”①文化功能的滋生引起陶器外形的“象形化”，如山东宁阳县大汶口和胶县出土的猪形鬶、狗形鬲，陕西华县出土的鹰形杯和武功出土的鸟形壶等，都是鸟兽形象同祭祀功能的完美结合，适应了作为当时人们日常生活中祭祀礼仪的需要，在一定程度上代表了陶器的生活实用性功能向其祭祀的文化性功能的转化。

顾炎武说：“三代以上，人人皆知天文。‘七月流火’，农夫之辞也。‘三星在天’，妇人之语也。‘月离于毕’，戍卒之作也。‘龙尾伏晨’，儿童之谣也。后世文人学士，有问之而茫然不知者矣。”②在这里，顾炎武捕捉到了早期人类生命感悟的基本方式——将自身与环境融为一体，在他们眼里，生命与物候现象是合二而一的。新石器时代的人们都遵循着卡西尔所谓的“生命一体化”原则来看待自身与环境之间的关系，在这一原则中，人们对自然没有逻辑分类的理智兴趣，而依赖于一种“情感的统一性”，把自然看成是一个巨大的“生命的社会”，人与动物、植物全部处在同一层次上而没有突出的地位，“在不同的生命领域之间绝没有特别的差异”，事物之间通过“变形法则”“一切事物都可以转化为一切事物”③。生活于巫术信仰和前“价值理性”时代的人们，不可能以某种既成的价值规范或逻辑理性来整理现实，而是以全身心的感受来体验、想象大千世界，赋予大自然一种不受约束的心灵气息。外物与情感、心灵与物候、天文与想象融为一体，试图表现异己环境中的不确定性和无常性，使心灵在一片混沌之中得到慰藉，心灵的律动把万物都涵化、整合成与心理同构的形式意象，表现于陶器纹饰之中的动物纹、植物纹和几何纹。如半坡遗址中的“人面鱼纹”，鱼鸟复合纹，人、鱼和鱼鸟之间的界限已在图形的互渗中不复存在，反映出半坡人对生命存在方式的独特体验；再如马家窑彩陶中最有特点的蛙纹，“可以分成下列 8 个演变阶段：①始成形的蝌

① 陈来：《古代宗教与伦理》，243 页，北京，生活·读书·新知三联书店，1996。

② 顾炎武：《日知录》卷三〇。

③ 卡西尔：《人论》，104、105 页，上海，上海译文出版社，1985。

蚪的点；②脱尾生脚的幼虫；③幼虫在划水中成长；④已经变成完整的蛙形；⑤青蛙的写实图像；⑥强调了蛙‘眼睛’特征的图像；⑦便化了的蛙形图案；⑧恢复到水浪与蝌蚪”。这样的表现角度，使得蛙纹只是马家窑人描绘其心目中生生不已、轮回往复的生命模式，“它使点和圈这样单纯的几何图形，都赋予生命和律动”①。作为一种表象和形式，彩陶纹饰图案中透露的是真幻结合、心物交融的感触，是史前人类独特的心灵自由的流动空间。

但是这种史前的心灵自由仍局限在现实的求生存层次，“生命一体化”的变形仍有极强的现实功利性。赵国华先生据《山海经·东山经》中“衈用鱼”的记载，认为中国上古母系氏族时代曾有过以崇拜鱼的强大生殖力为手段，达到人口繁衍目的的“鱼蛙祭”，半坡彩陶上的各种鱼纹、蛙纹均与此种祭祀活动有关。譬如临潼姜寨出土的鱼蛙纹彩陶盆，其中的双鱼纹是女阴的象征，蛙纹则是子宫的象征，“这类祭祀礼仪大体上可以分为两个步骤：首先是仪式的举行，如陈列祭品、祭器，以舞蹈模拟鱼的繁殖”；其次就是实践性活动——吃鱼，“半坡先民尚不知道性结合与生殖的关系，以为是女性自己生人，所以，女性们举行仪式后的实践活动，不是与男子性结合，而是吃鱼。她们以为，吃鱼下肚，便可以获得鱼一样旺盛的繁衍能力……半坡彩陶上人面鱼纹口边衔鱼，便是半坡先民鱼祭时要吃鱼的一个写照”②。沃林格认为，擅长对世界进行“深刻直觉”的原始“东方文明民族”，面对变幻不定的外在世界，萌发了巨大心理安定需要，于是“将外在世界的单个事物从其变化无常的虚假的偶然性中抽取出来，并用近乎抽象的形式使之永恒，通过这种方式，他们便在现象的流逝中寻到了安息之所”，这就是与西方艺术的“移情冲动”相对应的东方艺术的“抽象冲动”，原始东方民族的抽象冲动使其获得一种非理性的活泼的“抽象之美”，它从纷乱狞厉的自然环境里梳理出生活的意义，在严峻的生

① 郑为：《中国彩陶艺术》，27页，上海，上海人民出版社，1985。

② 赵国华：《生殖崇拜文化论》，107、170页，北京，中国社会科学出版社，1990。

存斗争中开凿出精神的支点，“他们就感受到了那种幸福和有机形式的美而得到满足”①。

彩陶上具有生命变形意味的画面就是一种在生存困境的焦虑中，试图摆脱现实困扰，感受生命自由的不屈不挠的尝试，是一种具有原初抽象性质的“活泼之美”，是华夏民族审美风尚最初的“个性化”色彩。

第三节 风的吟唱

20 世纪 80 年代中期在河南舞阳县贾湖出土的用猛禽腿骨制作的 16 支骨笛，属于新石器时代裴李岗文化。用碳-14 法测定这些骨笛已有 8000 年的历史，一下子就把我国音乐的起源推至距今约 8000 年前。专家认为，这些钻有七八个圆孔的骨笛，已经具备了某种音阶结构，可以吹奏出“至少是六声音阶，也可能是七声齐备的、古老的下徵音阶”②，其音色凄楚哀婉，反映出 8000 年前我们的祖先就具有一定的乐理知识和演奏水平。据考古发现和古籍记载，远古时代我国境内的乐器主要有鼓、磬、钟、铃、竹、龠、埙等，不难想象丰富多彩的音乐在先民生活中所占的重要位置。

王国维在《宋元戏曲考》中说：“歌舞之兴，其始于古之巫乎……巫之事神，必用歌舞。”原始音乐与祭祀乐舞密切相关，而后者则贯穿于氏族部落生活的各个方面，举凡战争、狩猎、农耕、婚姻、崇拜活动、祭祀典礼等，都是这类原始乐舞的表现内容。这是由原始乐舞所代表的先民们的生命感悟方式所决定的。钱锺书说：“先民草昧，词章未有专门。于是声歌雅颂，施之于祭祀、军旅、婚媾、宴会，以收兴观群怨之效。”③原始乐舞表达了先民们对生活的体认、理想的追求

① W. 沃林格：《抽象与移情》，王才勇译，17、18 页，沈阳，辽宁人民出版社，1987。

② 黄翔鹏：《舞阳贾湖骨笛的测音研究》，载《文物》，1989(1)。

③ 钱锺书：《谈艺录》，38 页，北京，中华书局，1984。

以及对生活经验的记忆理解，其整体的生态学意义上的意蕴首先凝聚在近似感叹虚字的乐音内。闻一多先生指出：

想象原始人最初因情感的激荡而发出有如“啊”“哦”“唉”或“呜呼”“噫嘻”一类的声音，那便是音乐的萌芽，也是孕而未化的语言。声音可以拉得很长，在声调上也有相当的变化，所以是音乐的萌芽。那不是一个词句，甚至不是一个字，然而代表一种颇复杂的含义，所以是孕而未化的语言。这样界乎音乐与语言之间的一声“啊～～～～～～～～”便是歌的起源。①

《吕氏春秋·音初》：“禹行功，见涂山氏之女。禹未之遇而巡省南土。涂山氏之女乃令其妾候禹于涂山之阳。女乃作歌，歌曰‘候人兮猗’，实始作为南音。”传说中的涂山氏之女因思念大禹而作的“南音”，虽只有一句“候人兮猗”，但是蕴含有深切的哀怨思念之情。随着文化的进步，原始音乐中所蕴含的各种意绪也开始朝两方面分化，一是侧重于解释认知和意愿抒发的现实性表述功能；一是企图沟通神人的超越性巫术功能。相传黄帝时所作的《弹歌》唱道：“断竹，续竹，飞土逐宍”②，是原始的狩猎生活的写照；上古伊耆氏在举行“腊祭”时演唱的《腊词》则希望“土反其宅，水归其壑，昆虫毋作，草木归其泽”③，反映了原始农耕社会中的人们对生产条件的企望和认识。孔子认为诗歌具有“多识于草木鸟兽之名”的认识功能，盖源于此。钱锺书先生看到“风”字的古义有正反两种不同的价值：

《韩诗外传》之“风”，即“怨谤之气”，言“疾病”。《外传》之“歌吟诽谤”，即“发于歌谣”之“四始六义”，言“救药”。“风”字可双关风谣

---

① 闻一多：《歌与诗》，载《闻一多全集》，第10卷，5页，武汉，湖北人民出版社，1993。

② 参见《吴越春秋》。

③ 参见《礼记·郊特牲》。

与风教两义……是故言其作用(purpose and function)，“风”者，讽谏也、风教也。言其本源(origin and provenance)，“风”者，土风也、风谣也(《汉书·五行志》下之上：“夫天子省风作乐”，应劭注：“‘风’，土地风俗也”)，今语所谓四方民歌也。言其体制(mode of existence and medium of expression)，“风”者，风咏也、风诵也，系乎喉舌唇吻(《论衡·明雩篇》：“‘风乎舞雩’；‘风’，歌也”；仲长统《乐志论》：“讽于舞雩之下”)，今语所谓口头歌唱文学也。①

认为“风”字所含之“疾病”与“救药”两种不同意义，分别来源于原始民风民谣(“风谣”)和根据民风民谣而作的应答性吟唱(“风教”)，前者是原始音乐的缘起，后者是原始音乐的制作。先民特有的“生命一体化”感悟方式，将“风谣”和“风教”加以神秘的联系，认为吟唱某些咒语(“怨谤之气”)可以致使人生病，而针对这类诅咒进行的巫术性治疗(“歌吟诽谤”)则又可以消除疾病。这倒颇似弗雷泽所谓的基于“相似律”的“交感巫术”，中国传统文化所特有的“省风作乐”就是这种“巫术思维”的产物。

所谓“省风作乐”，是上古音乐中固有的巫术思维形式在进入文明理性时期的一种音乐—政治性表现。据春秋时代的伶州鸠解释系“天子之职”，其要领在于音乐须“和于物”，因为音乐、物候和政务之间有一种相互贯通的因果联系，所以音调高低和音量大小一定要适当，才能“物和则嘉成”(《左传·昭公二十一年》)，是为统治的要务。伶州鸠进一步强调：“夫政象乐，乐从和，和从平，声以和乐，律以平声，金石以动之，丝竹以行之，诗以道之，歌以咏之，匏以宣之，瓦以赞之，革木以节之，物得其常曰乐极，极之所集曰声，声应相保曰和，细大不逾曰平……如是而铸之金，磨之石，系之丝竹，越之匏竹，节之鼓而行之，以遂八风。于是乎气无滞阴，亦无散阳，阴阳序次，风雨时至，嘉生繁祉，人民和利，物备而乐成，上下不罢，故曰乐正。”(《国语·周语下》)通过远古巫术思维方式，音乐具有“意识形态”的社

① 钱锺书：《管锥篇》，第1册，58、59页，北京，中华书局，1986。

会学含义，“乐正”就成了一个艺术—政治意义上的价值判断概念。这种建立在远古“巫术思维”基础上的实用性和意识形态性价值取向，凸显出一种以人之“用”、心之“平”、政之“和”为目的本身的人本主义伦理文化精神，这是凝聚在中国传统音乐里固有的美学价值和审美风尚。

第四节　诗可以兴

闻一多在《歌与诗》里强调原始歌舞中抒发情感的“感叹虚字”是本源性的“核心与原动力”，是原始先民表述其在生活中累积的复杂意绪的“孕而未化”的语言，其“本质是抒情性”的“情绪发泄”，而歌词中“实字”的逐渐增加，则是出于歌者对自己所歌之情绪有了进一步“形容，分析与解释”的需要，是文化进步的表现。感叹词是“冲动”性的，实字则是“理智”性的。实字逐渐增多以至反客为主地取感叹词而代之，尽管损失了原始歌舞的“意味儿”，却又大大增加了它的传达功能，“人究竟是社会动物，发泄情绪的目的，至少一半是要给人知道，以图兑换一点同情”。而实字的增加，却无意之中又使得另一种功能在原始歌舞中突出出来，这就是原始歌舞的记事功能。当这一新的功能强化到一定程度，以“记事”为本质的诗就从以“抒情”为本质的原始歌舞中分化出来。闻一多从大量的先秦典籍中搜寻论据，有力地论证了汉人所谓“诗言志”之“志”，即“记忆”“记载”之义：“一切记载既皆谓之志，而韵文产生又必早于散文，那么最初的志(记载)就没有不是诗(韵语)的了。”①早期诗歌即记事的韵语，是闻一多的传统文化研究的重要发现，其关键之处在于从诗歌角度揭示了华夏审美精神及其风尚由原始的情绪形态向理智的艺术形态的过渡和发展。这一过程对华夏民族社会生活的各个层面、不同领域都产生了深远的影响，下面就其荦荦大端简述之。

---

① 闻一多：《歌与诗》，载《闻一多全集》，第10卷，10页，武汉，湖北人民出版社，1993。

1. 祝咒演化。前引钱锺书对“风”字古义的条分缕析，可以认为早期的记事韵语——诗——的功能集中于“巫祝之言”，是较为合理的判断。中国上古时代巫风炽盛，仅《山海经》一书里就记载了巫咸、巫即、巫肦、巫彭、巫姑、巫真、巫礼、巫抵、巫谢、巫罗、巫阳、巫履、巫凡、巫相等一大串巫师的名字。这种习俗及其思维方式孑遗在《诗经》里，首先表现为集中于《雅》《颂》中的大量祈求“福禄寿”的祝祷动词和句式的频频出现，如“以介眉寿”“绥我眉寿”“万寿无疆”“受福无疆”“降福无疆”“报以介福”“福禄如茨”“福禄绥之”“福禄攸降”“福禄来成”等，这里的“福禄寿”是祈神专用的宗教语汇，与后世的祝福语式有“神圣”与“世俗”之别。徐中舒先生在《金文嘏词释例》中考察金文里的祝祷词模式时发现，福与寿(禄后起，义与福同)这两种人生目标是祈神者最喜欢要求的，在祈祷者眼里，“天与祖先，皆具有意志，能赏罚人，言祈匄者，即制器者对于天或其祖先有所祈匄之辞，其辞即对自身及其子孙有所福也。福为一切幸福之总名……《洪范》分一切幸福为五类，曰富、寿、康宁、攸好德、考终命，而总名之曰福”。杨树达先生在《释祷》一文里解释人类何以要祷神而求寿时说：“人类年寿之修短，本为神秘不可知之事，意若别有真宰主持于其间，可以自为予夺，古人之信念，以此证之而有余，宜其有祷神求寿之事矣。”祈求福禄寿于神祇，是远古巫术思维的重要内容。值得注意的是，《诗经》中的这种祈神方式，上承远古巫术思维模式并加以定型化，并“成为后世民间所向往的‘福禄寿’三位一体的人生理想之原型”①，表现出传统文化对人生幸福和生命价值的入世性的独特理解，及其从功利性—精神角度加以追求的审美眼界，彰显出与西方强调人神二分、重视精神超越的宗教幸福观之间的界分。

《诗经》里有不少“怨刺诗”。孔安国注《论语·阳货》诗可以“兴观群怨”之“怨”为“怨刺上政”，即以诗歌表达对于不良政治的讽刺和批评。据《毛诗序》，有82篇《风》诗和49篇《雅》诗够得上“刺”的标准，几乎占了“三百篇”的一半。对于《诗经》里的“怨刺诗”不能仅仅从《诗

---

① 叶舒宪：《诗经的文化阐释》，第2章，武汉，湖北人民出版社，1994。

大序》的“下以风刺上”的政治批评的角度加以理解，不仅因为其中的“怨刺”涉及诗人生活的方方面面(譬如《魏风·葛屦》的“是以为刺”，就是一位“掺掺女手，可以缝裳”的缝衣女工对主人虐待的控诉)，而且“怨刺”的方式并非是理性的论说，多为直截了当的詈骂，或者说是呼天抢地地“骂娘”，如《小雅》中《巧言》《何人斯》《巷伯》这三首诗中就有“昊天泰怃”“巧言如簧，颜之厚矣”“取彼谮人，投畀豺虎；豺虎不食，投畀有北；有北不受，投畀有昊”“出此三物，以诅而斯”等詈骂的语句。前两段是骂人骂天，后两段则是诅咒，尤其是最后一段是说：“拿出猪、犬、鸡作为三牲，祈求神来诅咒你这个该死的!”这就与“美刺”没有什么联系了。《小雅·四月》中更有“先祖匪人，胡宁忍予”的“骂法”，竟然骂祖宗“不是人”!《郑笺》：“我先祖匪人乎？人则当知患难，何为当使我当此乱世乎?”《正义》：“人困则反本，穷则告亲，故言‘我先祖匪人’，出悖慢之言，明怨恨之甚。”钱锺书先生说“《四月》之自斥乃祖为‘匪人’，其忧生愤世而尤不能忍俊者尔”，他引曾异《纺授堂集》所言，《诗经》中有“骂人”“骂夫”“骂国”“骂皇后”“骂天”“朋友相骂”“兄弟九族相骂”①等不同对象之骂，不一而足。

为什么要“骂”？叶舒宪先生认为这反映了史前人类法术思维的祝咒向文明时代的宗教性祈祷的转化，是一种由自我中心的“强迫”向祈求超自然神灵显灵的“祈祷”的演变，它与《雅》《颂》中大量祈寿求福于神明的诗句一起，形成了中国文化史上一个承先启后的环节：原始咒诗里的巫咒分化为祈福赞美性的祝祷诗和诅咒攻击性的骂人诗，前者主要表现为描绘祭祀礼仪的“宴饮诗”②。《礼记·礼运》曰“夫礼之初，始诸饮食”，原始先民在祭祀神祇和祖先亡灵时，必陈饮食供神灵享用，所谓“礼”，就是在这种场合中逐渐固定下来且必须遵循的程式和规则。先民以己心度神心，认为神同人一样喜爱美味佳肴，为了娱神灵，供奉的饮食也愈来愈丰盛，于是“礼”与“宴饮”就结下了不解之缘。《大雅》中的《既醉》《凫鹥》两首诗歌，前者刻意渲染了宾主“既醉

---

① 钱锺书：《管锥篇》，第1册，147、148页，北京，中华书局，1986。

② 叶舒宪：《诗经的文化阐释》，108页，武汉，湖北人民出版社，1994。

以酒，既饱以德”之后，大家虔诚地行礼，“朋友攸摄，摄以威仪”，祈求代死者受祭或象征神灵的“公尸”祝祷神祇，“公尸嘉告”“永赐祚胤”的场景；后者刻意描绘了在丰盛的筵席上“公尸来燕来宁”，尽情享用，“旨酒欣欣”，于是为其祈祷富禄，“无有后艰”的行礼过程。时至今日，这些记载于《诗经》里的祭祀、宴饮和祈福场面，仍存在于或有原始信仰色彩或有纪念祖先意义的各种民间的祭祀礼俗活动中，“公尸”演变为这类活动中的神主牌位或者画像，其中也有繁琐的礼仪。“神主牌位的‘题主’‘点主’‘请主’常常伴随有三拜九叩等大礼，在岁时节令、生辰忌日、婚丧嫁娶等时常有各种供奉祭祀仪式。祭祀用的香炉、烛台、杯盏、桌围等物无论是家祭还是庙祭也都是必不可少的用具，而且在供奉时都有一定的陈设规范”①，并且也常伴有丰盛的“宴饮”。

滥觞于《毛诗序》的“美刺”诗论，是将《诗经》里部分诗歌中所具有的这两种功能(祝祷与诅咒)加以绝对化和扩大化，再将其用做衡量《诗经》的基本尺度，再借助国家政权的力量，遂成为传统诗学理论的主流。如郑玄注《周礼・春官・大师》“教‘六诗’：曰‘风’，曰‘赋’，曰‘比’，曰‘兴’，曰‘雅’，曰‘颂’”时，就将“六诗”中的“比”“兴”“雅”“颂”依“美刺”分为“铺陈今之政教善恶”的两类：“‘比’，见今之失，不敢斥言，取比类以言之。‘兴’，见今之美，嫌于媚谀，取善事以喻劝之。‘雅’，正也，言今之正者，以为后世法。‘颂’之言诵也，容也，诵今之德，广以美之。”②同《诗经》里“祝祷诗”和“诅咒诗”相比，“美刺”说不过是一个小插曲。进入20世纪后，中国仍保持有许多忌讳，譬如一种制度，一个政党等，都是不能“骂”的，其中原因虽多，但传统“诅咒”心理不能不说是一个原因；再联想改革开放以来民间逐渐复苏且方兴未艾的祭神鬼、敬祖先的祭祀活动，可以断言，传统的“祝祷”心理及其仪式程序，可以因政治环境等诸种外在原因而萎

① 潘鲁生：《民艺学论纲》，160页，北京，北京工艺美术出版社，1998。

② 孙诒让：《周礼正义》，王文锦、陈玉霞点校，第7册，1842、1843页，北京，中华书局，1987。

缩一时，但是作为华夏民族审美风尚里固有的“形式美感”及其心理定式，具有涵化、承载、表述文化变迁和社会发展的现实价值，其整合、抚慰、舒展、凝聚、滋润中国人心灵世界的精神内蕴及其审美功能，一定会持续下去。

2. 意象思维。章学诚曾在《文史通义》里将“象”作为贯穿先秦文化典籍的一个基本特征：

> 象之所包广矣，非徒《易》而已，六艺莫不兼之，盖道体之将形而未显著者也。雎鸠之于好逑，樛木之于贞淑，甚而熊蛇之于男女，象之通于《诗》也。五行之徵五事，箕毕之验风雨，甚而傅岩之入梦赉，象之通于《书》也。古官之纪云鸟，《周官》之法天地四时，以至龙翟章衣，熊虎志射，象之通于《礼》也。歌协阴阳，舞分文武，以至磬念封疆，鼓思将帅，象之通于《乐》也。笔削不废灾异，左氏遂广妖祥，象之通于《春秋》也。①

这里的“象”是一种承载了丰厚文化内涵和情感意蕴的广义的“意象”，“六艺”均广泛地运用了“意象”，意象式思维贯通于作为儒家经典的“六艺”之中，是其记叙、表情、立论、说理的基本手段。《易传·系辞》有“书不尽言，言不尽意……圣人立象以尽意”之说，表明中国文化很早就认为，较之感性形象不明显而抽象意味较重的概念性语言文字，具有感性外观和文化内涵、直接诉诸人的情感和想象的文化性“意象”，是传达意绪情怀、沟通心理感悟的更为理想的方式。表现在《诗经》内的意象思维，在历史上以“兴”加以表述。《论语》中孔子有两次论诗用到了“兴”：“子曰：‘小子何莫学夫诗？诗，可以兴，可以观，可以群，可以怨。’”(《阳货》)“兴于诗，立于礼，成于乐。”(《泰伯》)这里的“兴”有兴起、兴盛之义，都是从人的素质修养立论，强调《诗》对于人格发育具有不可替代的奠基性作用。稍后，《周礼》将“兴”列为“六诗”之一，成为官方教育的重要内容。在汉代的《诗大序》中，

---

① 章学诚：《文史通义校注》，18页，北京，中华书局，1985。

"兴"被狭隘地理解为"六艺"之一，随后一直被看作一种重要的艺术手法，其中具有代表性的观点有唐代的孔颖达和宋代的朱熹。孔颖达《毛诗正义》曰："兴者，起也，取譬引类，起发己心。诗文诸举草木鸟兽以见意者，皆兴辞也。"朱熹在《诗集传》和《楚辞集注》里以"先引他物以引起所咏之词"和"托物兴辞"来定义"兴"，二者均将形象类比——"取譬引类""托物兴辞"——作为"兴"的本质特征。我们这里所关心的，则是潜伏在这种形象类比的修辞手法背后的文化背景及其相关影响，或者借用周英雄的看法，"兴"涉及"诗人处理物我的基本人生观"①的问题，实际上是在现代文化语境条件下，重新思考《诗经》与传统文化人格构建的问题。

闻一多认为"兴"是"隐语"，即"有语不能说的隐"，譬如"鱼"就是"匹偶"或"情侣"的隐语，二者就像谜面("他物")与谜底("所咏之词")的关系一样。譬如《齐风·敝笱》是讽刺齐国的文姜同她的哥哥齐襄公之间的乱伦关系的，诗云：

敝笱在梁，其鱼鲂鳏，齐子归止，其从如云。

敝笱在梁，其鱼鲂鱮，齐子归止，其从如云。

敝笱在梁，其鱼鲂鲤，齐子归止，其从如云。

闻一多解释："旧说以为笱是收鱼的器具，笱坏了，鱼留不住，便摇摇摆摆自由出进，毫无阻碍，好比失去夫权的鲁桓公(文姜之夫——引者注)管不住文姜，听凭她和齐襄公鬼混一样。""另一说：敝笱象征没有节操的女性，唯唯然自由出进的各色鱼类，象征她所接触的众男子。这一说似乎更好……并且我们也不要忘记，云和水也都是性的象征。无论如何，鱼是隐语，是不成问题的。"②这样，"敝笱""鱼""水"和"云"，这些意象与"所咏之词"——文姜与其兄之间的混乱的性关

① 周英雄：《赋比兴的语言结构》，转引自叶舒宪：《诗经的文化阐释》，382页，武汉，湖北人民出版社，1994。

② 《闻一多全集》，第3卷，233、234页，武汉，湖北人民出版社，1993。

系，就被活脱脱地表现出来。这里的问题在于，何以特定的意象会承载特定的文化内涵，从而形成与其特定的“所咏之词”之间的“隐语”关系？

赵沛霖认为“这种情况直接渊源于图腾崇拜的原始宗教生活”。譬如“鱼”之所以成为爱情和婚媾的“隐语”，是由于原始人类的生殖崇拜信仰：“鱼被原始人神化和崇拜，其最终原因在于它的强大的生殖能力。”而树木成为宗族乡里和福禄国祚的意象，则与原始的土地崇拜观念相联系；“鸟”的“所咏之词”为怀念祖先父母，渊源于氏族社会的图腾崇拜。因此，“兴”是在漫长的社会生活过程中形成的“习惯性联想”，是“扬弃了原有的宗教观念内容的习惯性联想的规范化的外在表现标记”①。从而跳出了在修辞手法层面理解“兴”的传统窠臼，而在先民思维方式及其文化背景角度阐释“兴”的缘起。美籍华裔学者周策纵在《古巫医与六诗考》一书中将“兴”同原始祭祀礼仪活动联系起来，认为这种诗乐舞合一的祭仪，都有陈器物而歌舞的特征，《颂》诗的《酌》《般》《赉》《桓》四篇所描述的祭仪，表演时都持勺、盘、贝、方板而舞，《武》应指持干戈而舞，《雝》和《潜》则分别以肥羊和鱼来“荐”“享”先祖，也就是说，这七篇以一字为题的祭祀诗所反映的均为陈器物而歌舞的祭仪，其颂赞祝祷之词当然也要“即物起兴”。从这些实物说起，长此以往就逐渐形成了汉代注家所谓“兴事托于物”的起兴之法，说明陈物而赞祷的祭仪是“兴”的源头，② 或者说，“兴”从起源角度看，都是巫术礼仪中的祝咒之语，巫术思维是它的源头。由祝咒之语到“兴”，是华夏审美风尚里“诗性智慧”(维柯语)的形成过程。原始先民于直接性的手舞足蹈所发泄的生命情绪，逐渐化作一种物我交融的生命感悟，浸入特定的意象之中。《易经》中的“卦象”可以视为“兴”的渊源。据《汉书·艺文志》：

---

① 赵沛霖：《诗经研究反思》，312、323 页，天津，天津教育出版社，1989。

② 参见叶舒宪：《诗经的文化阐释》，403 页，武汉，湖北人民出版社，1994。

《易》曰："宓牺氏仰观象于天，俯观法于地，观鸟兽之文与地之宜，近取诸身，远取诸物，于是始作八卦，以通神明之德，以类万物之情。"至于殷周之际，纣在上位，逆天暴物，文王以诸侯顺命而行道，天人之与，可得而效。于是重易六卦，作上下篇。孔子为之作彖、象、系辞、文言、说卦、序卦、杂卦之属十篇。故曰易道深矣，人更三世，世历三古。

这是一个从"祝咒思维"向"意象思维"展开的历史过程。赵国华认为八卦符号可以上溯到半坡彩陶上的鱼纹和蛙纹，前者是后者逐渐抽象化的产物，其中神秘的卦象、卦数、方位等，代表了半坡先民对生殖和生命现象的神秘理解和感悟，① 可见以形象性符号为工具的意象思维起源很早。作为意象思维雏形的巫咒思维，对"万物之情"的把握是原始先民自我中心式的由"身"而"物"的类似性("类")投射，它的"世历三古"的嬗变，尽管越来越倾向于抽象化和理性化，但浸透其中的表象互渗、相互贯通的整体性生命意识，却一直延续保留下来。《尚书·洪范》以卜筮的各种征兆指称各种物候现象，并按人的感受将各种自然现象分为"休""咎"两大类，认为人的行为同年景好坏之间有内在联系。《易传》的作者认为，八卦可以表象宇宙间一切事物，且与人的吉凶祸福有关。如《坤卦》，其卦象表象"地"，地势厚实平顺，大地繁衍万物，引申为"君子以厚德载物"，地色黄，《象传》"黄裳元吉"；《履卦》，其卦象为"履虎尾"而虎未伤人，故"亨"，引申为"素履往，无咎"，高亨解释为："素，白色为无文彩。履，鞋也。'素履往'比喻人以朴素坦白之态度行事，此自无咎。"② 自然事物、生活事件、色彩、意象符号及其所表象、引申的意义之间，在现代人眼里，只有一种"互渗"性质的类似，理性逻辑在这里无能为力，而徜徉于其中的自我中心和生命感悟，则是推动这种互渗的内在动力；在传统"五行说"

① 参见赵国华：《生殖崇拜文化论》，40～90页，北京，中国社会科学出版社，1990。

② 高亨：《周易大传今注》，142页，济南，齐鲁书社，1979。

中，这种互渗式的生命感悟更凝成一个完整的宇宙图式。李约瑟认为“五行理论乃是对具体事物的基本性质做出初步分类的一种努力”①，其中浓郁的意象类比的意味可从“五行五色图”中读出：

五行	五色	五时	五位	五气	五志	五声	五性
水	黑	冬	北	寒	恐	呻	智
火	赤	夏	南	热	喜	笑	礼
木	青	春	东	风	怒	呼	仁
金	白	秋	西	燥	忧	哭	义
土	黄	长夏	中	湿	思	歌	信

这几乎是一幅全息式的“天—人”“物—心”“境—身”互渗图，举凡古代社会生活的方方面面，都可以在这幅宇宙图式中找到其相应的位置。

孔子的“诗可以兴”就是指保留在《诗经》中的这种表象互渗的“习惯性联想”。它扬弃了其中“怪力乱神”的原始内涵，继承了其中“取譬引类”“托物兴辞”的意象思维风范。孔子向往一种“暮春时，春服既成，冠者五六人，童子六七人，浴乎沂，风乎舞雩，咏而归”（《论语·先进》）的生命境界，说明原始的生命互渗已经升华为一种道德—美学层次上的自由感受，于“游于艺”中成就人格中的道德仁义，② 这种生命感受可以涵盖、浸润、律动于各种社会、自然表象之间，使得孔子常常将两事物之间的意象性的“类似”视为二者之间必然联系的充分条件，并强调发现、领会这种“类似”的能力的重要性。譬如子夏问“巧笑倩兮，美目盼兮，素以为绚兮”（头二句出自《王风·硕人》，后一句未收入《诗经》）是什么意思，孔子以“绘事后素”作答，子夏立即领会到“礼后”是其“所咏之词”（《论语·八佾》）；《卫风·淇奥》以“如切如磋，如琢如磨”比喻“君子”在道德修养上所下的苦功，子贡则以

① 《中国科学技术史》，第2卷，《科学思想史》，266、277页，北京，科学出版社；上海，上海古籍出版社，1990。

② “志于道，据于德，依于人，游于艺。”（《论语·述而》）。

这两句诗象征孔子“贫而乐，富而好礼”(《论语·学而》)的处世态度。美女的“巧笑”“美目”和白纸上画的花，同“礼必以忠信为质，犹绘事必以粉素为先”(朱熹：《论语集释》)之间，以及雕刻玉石象牙的“切磋琢磨”同安贫乐道的人生态度之间，只有十分牵强的“类化”联系，但孔子却因其间流动的道德—美学的自由感觉而大加赞赏，认为只有具备了这种能够举一反三、“举往知来”的悟性，才算具备了“兴于诗”的人格修养基础，才“可与言诗”。这反映出这种道德—美学意义上的意象感悟能力和“以人为本”的价值指向。

这些在“类比型”的传统意象思维氛围中接受“六诗”教育，“兴于诗，立于礼，成于乐”的贵族君子们，在“断章取义”(《左传·襄公二十八年》)的赋诗交往中揖让进退，在彬彬有礼的外交场合俯仰周旋、歌咏讽诵，于举手投足、应答交流间展示自己的人格风范和文化修养，为民族文化注入了一种侧重于人格道德、美善统一、分类比附的审美特征。如孔子以“尽善尽美”、“尽美未尽善”和“淫”来分别指称《韶乐》《武乐》和《郑声》，季札以“周德之衰”指称《小雅》、以“文王之德”指称《大雅》、以“至德”指称《韶箾》，孟子以“善”“信”“美”“大”“圣”“神”将人格分成几个类型阶梯等，其美学意义在于，都是先将审美对象首先归入道德意义上的某一类型，然后再对其进行审美，即整体定位在先，然后在定位基础上进一步感悟出具体意义的审美特征，这样一种分类比附的体悟过程，它对于民族审美风尚的形成和发展产生了深远的影响。

徐城北先生认为，京剧塑造人物的办法是“两步到位”——先达到人物的类型化，然后再进一步实现个性化，强调这是京剧自身的一个重要的美学特征。譬如“净”行中的脸谱，就有“变形”“传神”和“寓意”三种道德—美学类型定位功能，演员画好脸谱“一出台，观众一看见这张脸谱，根据以往对于脸谱的常识，便知道它大体上属于哪一类，于是马上就对人物的气质、性格实行了第一次‘圈定’，马上把它‘框’进一个大致准确的范围中。然后，伴随戏剧冲突的发展，人物的感情会透过狭义脸谱(脸谱图案所显示的类型——引者注)显现出来，人物的动作更透过广义脸谱(由表演诠释而达到的个性化——引者注)凸显出来，于是观众又根据‘这一个’的全方位脸谱，对比以往的‘这一类’人物的全方位，去实现第二次的‘圈定’——至此，人物的个性也就得到了观众的认可与欣赏。中国古典艺术经常采取这种‘两步到位’的办法，而不像西方话剧那样，讲究‘一步到位’”。先类型、后个性的“两步到位”的表演—欣赏法则，是华夏审美风尚史上的一个十分重要的审美特征，这种源于远古巫祝思维、关注并恪守类似形象之间的联系的审美心理定式，是特定的社会文化和历史环境的产物。徐城北说："遥想京剧萌生时节，这种‘两步到位’或许更符合当时的认识论。因为在当时的外部世界，阶级和阶层阵线分明，人在哪个层次中，就得遵守该层次的规范。外界观察某人，第一步先探寻他的阶级和阶层，在阶级和阶层上将其‘就位’之后，才谈得到对其个性做进一步的探查。”①这里涉及了中国文化中的整体—群体—个体之间的互动关系。

“类型”正好界乎于整体与个体之间。与强调个体性的西方文化传统相反，中国文化传统向来以群体性为体认物—我关系的基本立足点，作为类型，群体性的把握可以立即在宇宙整体中得到定位，而其个体特征也只有在宇宙框架内群体—整体的定位中才能得到表现和理解。这种立足于群体性之上，并在上(整体)下(个体)坐标之间来回扫描、搜寻生命意义的审美风尚，在民间艺术中得以充分表现。民艺中常见的动植物题材往往具有其特定功利—美学的象征意味，如石榴不仅可以食用，其形体的饱满多子也可以表象生命力和生殖繁衍，故民艺常用“榴开百子”，或与佛手(“福”)、桃(“寿”)并称的“华封之祝”为题材，以表象一种生活理想。即使民艺中常见的抽象图案也曲折地反映了人类与自然社会的关系而赋予象征寓意，譬如万字、方胜、太极都有不同的象征意义。老百姓常说的讨个“口彩”，取个“眉眼”，如连(莲)年有余(鱼)、吉(鸡)庆(磬)有余(鱼)、三阳(羊)开泰、平(瓶)升(笙)三级(戟)、喜(喜鹊)上眉(梅花)梢等，则以谐音体现视觉符号的寓意。② 这些都是具有强烈传承性和特定寓意的类型化表象。千百年

① 徐城北：《京剧与中国文化》，3、4、567页，北京，人民出版社，1999。

② 潘鲁生：《民艺学论纲》，291页，北京，北京工艺美术出版社，1998。

来，华夏民族就是在由这些“先验的”类型化表象所铸造的宇宙框架中梳理人生感受、搜寻生活价值、寄托审美理想的。其间透露出强烈的生命认同感和文化向心力，使脱胎于巫术思维的意象思维及其整体—群体—个体的道德—美学图式，具有一种恒定而开放的人本气韵，其追求万物和谐共生的功利性美学理想，是传统文化中特有的“诗性智慧”悠长而鲜活不竭的生命源泉及其魅力所在。

第五节　龙的嬗变

葛兆光先生在评论中国思想史自身特点时强调：“对于生命来源的好奇，对于死后世界的敬畏，美感的追求和符号的思维，并不是中国思想的特色而是世界普遍思想的共性，在描述世界范围的知识、思想与信仰的起源的著作中，人们都可以看到类似的内容，因此，它并不能构成中国知识与思想的独特理路的起点或基础。”①以上描述的“美用并生”“诗性智慧”和“活泼之美”等，尽管已经在某种程度上具备了一定的审美风尚“特征”，但仔细探究下去，却并不能将自身与其他文化传统中的审美特征从根本上区别开来——这些“特征”在其他文化传统中或者多多少少具有，或者也曾经存在过。它们所涉及的都是一般性的文化特征，与早期人类一般性生理、心理素质禀赋，面临的一般性生存困境直接相关，所涉及的主要为异中之同，且“同”多于“异”，跨文化的普遍性价值大于民族文化的独特性价值。

张光直认为文明的产生需要两个必要条件——财富的绝对程度上的累积和相对意义上的集中。中国上古文明是一种以青铜器、玉器和其他美术品为特征的“巫教”文明，在这种文明中，资源的分配和财富的集中不是借助技术改进和商业程序，而是借助政治的程序——宗族分支、聚落等级体系以及巫师阶层和巫教的法器独占来实现的。垄断与天神交通的法器，是垄断政治权力的一个前提。神属于天，民属于

① 葛兆光：《七世纪前中国的知识、思想与信仰世界》，85页，上海，复旦大学出版社，1998。

地，二者之间的交通，要靠巫觋主持的祭祀，这些艺术品上的动物纹样，是巫觋——萨满教巫师——施行通天法术时使用工具的重要组成部分，它在政治权力之获得与巩固上所起的作用，可以与战车、戈戟、刑法等统治工具相比。古代关于“九鼎”的传说就是“巫教”文明这一特征的重要体现：各地的人民将各地特殊的“物”画成图像，然后铸在鼎上，正是说各地特殊的通天动物，都在上古帝王的掌握之中，九鼎是上古时代权力垄断的象征，对九鼎的独占，也就是对上古财富的集中和分配权力的独占。而这，“来自对中国古代艺术的独占”①。华夏民族审美风尚就孕育于这种政权、巫教和艺术三位一体的文明类型之中，“龙的腾飞”就是这种文明发展的逻辑结果。

谢维杨先生认为这类文明的运行是有别于西方“氏族模式”的“酋邦模式”，其特点为中央集权的权力特征在进入国家社会前就已经在一定程度出现，掌握共同体最高权力的个人控制着社会剩余产品与人力资源，可以分配土地和征兵，“在有些个案中，甚至对人民有生杀予夺之权。更重要的是，酋邦首领的权力不受部落成员的制约，人们相信他的统治权力是‘神灵赐给’的”②。对共同体最高权力的争夺，表现为与神灵交通权力及其法器的垄断。

传说中的“五帝”时代即以龙山文化为代表的新石器时代晚期，崇拜神灵的巫教已经从原始巫术中分化出来，作为“次生形态”，巫教的出现标志着“原生形态”的巫术由盛而衰地走向民间，成为华夏文化中“小传统”的滥觞，而崇拜神灵的巫教则意味着超越于氏族共同体之上的神权意志的出现，华夏文化拉开了由“巫觋文化”向“祭祀文化”过渡的序幕。③ 神权意志争夺、独占交通神灵权力的过程贯穿于上古传说之中。龚自珍说：“人之初，天下通，人上通，旦上天，夕上天。天

① 张光直：《中国古代艺术与政治》，载《中国青铜时代》，445～468页，北京，生活·读书·新知三联书店，1999。

② 谢维杨：《中国早期国家》，258页，杭州，浙江人民出版社，1995。

③ 陈来：《古代宗教与伦理》，55、95页，北京，生活·读书·新知三联书店，1996。

与人，旦有语，夕有语。”①天与人、人与神之间的交往在“人之初”没有特定的限制，是为巫教出现之前“民神杂糅”“家为巫史”(《国语·楚语下》)的巫觋文化的原生状况，《山海经》中对这种情景也有所反映，如《大荒西经》：“有灵山，巫咸、巫即、巫朌、巫彭、巫姑、巫真、巫礼、巫抵、巫谢、巫罗十巫，从此升降，百药爰在。”《海外西经》：“在登葆山，群巫所从上下也。”《海内经》：“有山名曰肇山。有人名柏子高。柏子高上下于此，至于天。”这几则神话反映了当时众巫觋通过法术和原始医药为人驱疠治病，爬山登天采药的情形，其间没有垄断和独占现象。

但是自传说中的颛顼时代，情况发生了变化，《山海经·大荒西经》说：“颛顼生老童，老童生重及黎，帝令重献上天，令黎卬下地，下地是生噎，处于西极，以行日月星辰之行次。”颛顼是黄帝族后裔，为传说中的“五帝”之一，“绝地天通”是其主要业绩。袁珂先生是这样译的：“颛顼生了老童，老童生了重和黎，颛顼为了要断绝天和地的通路，便命令重两手托着天，把天尽力往上举，又命令黎两手撑着地，把地竭力朝下按，这样天和地就分得远远的了。黎随着下降的大地来到地上，生了一个儿子，名叫噎，噎就位居在大地的西极，安排太阳、月亮和星辰运行的次序。”②这则神话反映了华夏部族同南方苗蛮部族争夺巫教酋邦统治，独占与天神交通权力——将天地远远分开——的情景，巫觋文化时代平等的通神权力在“酋邦模式”中不复存在，代之以安排“日月星辰之行次”的神权垄断。

由于天地的距离加大，日后的大巫师登天不再借助于山或树，③而是“龙”。《山海经·大荒西经》说：“西南海之外，赤水之南，流沙之西，有人珥两青蛇，乘两龙，名曰夏后开。开上三嫔于天，得《九辩》与《九歌》以下。此天穆之野，高二千仞，开焉始得歌《九招》。”夏

---

① 龚自珍：《壬癸之际胎观第一》，载《龚定盦全集类编》，108页，北京，中国书店，1991。

② 袁珂：《山海经校译》，280页，上海，上海古籍出版社，1985。

③ “山”即“天梯”，“树”即“建木”。《淮南子·地形篇》：“建木在都广，众帝所自上下。”

后开即夏王启。他耳朵上挂两条青蛇，乘两条龙，俨然一个大法师，三次上天做客(一说给天帝献上三位女巫)，方取得主持祭祀的权力。“珥青蛇”“乘龙”已非常人可为，这则神话虽系后人的追忆或附会，但它强调上古帝王对祭天乐舞的垄断，则标志着祭祀—政权—艺术三位一体的神权政治格局正式形成。

在《国语·楚语》里，周人观射父以颛顼“命南正重司天以属神，命火正黎司地以属民”来追溯这场“绝地天通”的华夏酋邦神权的争夺。杨向奎先生认为争夺结束后“人向天有什么请求向黎说去，黎再通过重向天请求，这样是巫的职责专业化，此后平民再不能和上帝交通，王也不兼神的职务了，重和黎实巫之始”①。这里的“巫”系具有登天资格向大神领受旨意并加以传达实行的酋邦大巫师。此外，徐旭生先生认为还有通过法术命令小神、小鬼，负责给常人治病祈福的巫觋，后者作为“会咒术的‘技术人才’是越多越好，多了，他们随时可以供应我们的需要。而传达或翻译大神意思的人却是越少越好。社会共同遵守的信条不能随便改易，人数一多，就有人杂言庞，使社会无所适从的危险”②。陈来先生强调这一多一少的垄断性分化，就形成了以治病祈福的社会功能为特征的小传统、俗民文化，和祭祀大神灵和先祖的政治功能为特征的大传统、祭祀文化，这样一种华夏文化的二元分野，开启日后礼乐文化自后者流出，进一步形成以“宗教—伦理体系为主要形态的精神文化大传统”的传统文化格局，“大小传统的分离，可以说正是从绝地天通所开始的”，这是一个理性化的“脱巫”过程。③ 在近年来几项重大的考古发现——濮阳蚌塑龙虎、良渚玉琮和凌家滩玉龟、玉版——中，似乎透露出一些与“绝地天通”的神权垄断相关联的信息，折射出上古文化史上这一影响深远的“时代精神”。

1987 年河南濮阳西水坡发掘了一座仰韶文化墓葬，其中葬有 4

---

① 杨向奎：《中国古代社会与古代思想研究》，163 页，上海，上海人民出版社，1962。

② 徐旭生：《中国古史的传说时代》，79 页，北京，文物出版社，1985。

③ 陈来：《古代宗教与伦理》，151、55、11 页，北京，生活·读书·新知三联书店，1996。

人，位于墓室中间为一“壮年男子”，仰身直卧，头南脚北，另于墓室东、西、北三角，各有一个人殉，其中一个是16岁左右的男性，另一个为12岁左右的女性，女孩头部有刀砍痕迹，人殉均直卧，双臂压在盆骨下呈捆绑状。壮年墓主两侧，有用白色蚌壳精心摆塑而成的两个动物图形，东侧为龙形，西侧为虎形，均头朝北，足向外。在墓主脚下即北面，还有一用蚌壳摆塑成的三角形，三角形旁边有两根横放的人胫骨。在此墓之北20米处，还有两组时代相同，处于同一平面的蚌塑，其中一组为龙虎合体形，背上还有一鹿，另一组为一龙一虎形，龙背上骑有一人。从这种分布和结构看，将蚌塑兽形理解为上古巫师的通天工具——“蹻”，似为较为合理的推论。这座距今已有六千年左右的大型墓葬，反映了原始社会末期父系氏族阶级分化了的时代特征：厚葬程度反映财富已被特权分子集中并占有，人殉和少女陪葬反映出墓主对氏族成员可以生杀予夺和任意支配，而蚌塑图形及其摆设方式，则反映出当时社会垄断祭祀权力及其相关的观念性特征。

李学勤先生在《西水坡“龙虎墓”与四象的起源》一文里提出了两个十分有意义的论点，一是将墓中的龙虎塑形同后世的“青龙”“白虎”的四象说联系起来；二是将龙虎塑形同后世的死后“升天”观念联系起来，从而为理解龙虎蚌塑与中国早期时空观念和宗教思想的起源整理出了头绪。他征引先秦典籍中相关的天文学材料指出：“龙形在东，虎形在西，便和青龙、白虎的方位完全吻合。至于墓主足下的三角形，方向是正北，我们不妨猜想是代表帝星。这种图形的构成，不会是偶然的……反映出古人一定的思想观念。”①冯时先生也认为蚌塑代表东宫苍龙和西宫白虎，而墓主脚下的三角形蚌塑和两根人胫骨则组成了北斗图形，“胫骨为斗杓，指向东方，会于龙首”，于是东西方的龙虎图形与北斗组成一个与真实星图一致的图形，因而这幅苍龙白虎北斗星图，“正是古人为确定时间和生产季节的真实反映”②。

《尚书·尧典》中已有以鸟星—南方—春分、火星—东方—夏至、

① 李学勤：《走出疑古时代》，144页，沈阳，辽宁大学出版社，1997。

② 冯时：《河南濮阳西水坡45号墓的天文学研究》，载《文物》，1990(3)。

虚星—北方—秋分、昴星—西方—冬至来“历象日月星辰，敬受民时”的记载，形成了一个整齐的四象—四方—四时概念体系，以天道(绕北斗)左旋，星辰定位，年分四季，季配四方，周而复始的时空顺序来组织生产，安排生活，同卜辞、《山海经》中的四方风、四方神时空观念同构。如果说这种对于自身居住时空环境的理性化解释体系，其形成年代的“上下限当在距今3600年到4100年之间”①，那么它的起源则应更早。那位静卧在濮阳墓穴中的男子，以自身为中心，头指南方，脚抵北斗，东龙西虎，不正暗合了日后的中央—四方和一年四季、周而复始的时空观念？人骑龙背的蚌塑说明当时人们认为死者已乘龙登天，而墓主身居天宫的中心位置又与殷周人心目中由死后先祖升天伴随在“帝”左右而组成的“天廷”相似。吕大吉先生根据商周时代的天帝崇拜，推断整理原始多神崇拜、赋予原本杂乱无章的神灵世界以等级秩序和根本法则的“至上神观念”，在传说中的五帝时代就已经形成，② 那么这一墓葬中所反映的，则可以认为是至上神观念的萌芽形态，其中“龙”的形象值得注意。

在龙的起源上，有一些学者主张鳄鱼是龙的原型。刘志雄、杨静荣认为西水坡蚌龙只是一种“原龙纹”，它是现实中的鳄的写实之作：“墓主人西侧的虎形蚌塑几乎是完全写实的。它虽然经过艺术处理，但没有局部上的增加和大的变形。这说明蚌塑的作者在进行艺术创作时，所持的基本是忠实于原型的现实主义态度。如此早的年代，一边是完全写实的虎，另一边是完全虚构的龙，这是不合乎逻辑的。根据对称原理，我们有理由认为西水坡蚌塑‘龙’的形象也是写实的，即表现的是现实中存在的动物现象……西水坡‘龙’属于一种四足的爬行动物。一些古脊椎动物学家认为，已知动物中(包括早已灭绝的恐龙类)与西水坡‘龙’相近的只有鳄。”③

---

① 赵庄愚：《从星位岁差论证几部古典著作的星象年代及成书年代》，载《科技史文集》(10)。

② 吕大吉：《宗教学通论》，137、140页，北京，中国社会科学出版社，1989。

③ 刘志雄、杨静荣：《龙与中国文化》，28页，北京，人民出版社，1992。

仰韶文化时期的艺术已经有较强的表达能力。如半坡彩陶绘画，既能“写实”，又能“写意”，且有明显的抽象化、简便化趋势，“可以看到几何纹形从动物、植物、编织中便化的迹象”，以及由此组成的运动重心、方向各异的空间组合，① 人面、鱼面可以连成一体，单体、多体鱼纹，人形、兽形可以融为一片，其间浸润着一种自然天成不受拘束的“活泼之美”。而西水坡蚌塑却放弃写意追求写实，其间透露出一种现实的焦虑和滞重：在等级分化、财富集中业已开始且对立和抗争日趋激烈的原始社会晚期，为财富、权力的集中等社会不平等现象提供合法性依据的需求已十分急迫，适应着这种需求，原始平等的氏族宗教开始向等级化演变，具有全民性、集团性、规范性和暴力化的人为“巫教”，开始逐渐取代具有个人性、具体实用性和平等化的自发“巫术”。在这一过程启动之际，从自然界中选取令人恐惧的虎和鳄，赋予它们以通天的神力，并让它们在天宫里拱卫左右，将通天大权与天体运行连为一体，并牢牢握在手中，“使自己成为通天神的特权人物”②，就变得可以理解了。

在中国文明史的序幕即将拉开的一瞬间，凝结为西水坡蚌塑中“具象分离”——鳄、虎各具写实的形体且与人(墓主)分开——的“巫蹻关系”，这样一种造型结构，标志着最早的“卡里斯玛”——通天大巫们，仍以其驾轻就熟的巫术，强迫着包括鳄虎鹿“三蹻”在内的各种超自然神灵，行使新的使命和功能，其中的文化含义是十分深远的。韦伯认为人类社会早期尤其当社会危机出现时，往往容易造就“卡里斯玛型统治”——具有超人品格的巫师以其超自然的魅力，提出一套新的权威性的信仰价值系统，以迫使人们对其顶礼膜拜，酋邦神权统治的合法性由此而得以确立；经由“卡里斯玛”提出的新的信仰体系也迫使人们以一种全新的观点去看待各种问题，与传统观念产生了断

---

① 郑为：《中国彩陶艺术》，9页，上海，上海人民出版社，1985。赵国华：《生殖崇拜文化论》，41～47页，北京，中国社会科学出版社，1990。

② 吕大吉：《宗教学通论》，378页，北京，中国社会科学出版社，1989。

裂，因而新的“卡里斯玛统治”也具有“巨大的革命力量”[1]。西水坡蚌塑艺术图形中所表现的，就是将统治权力的垄断纳入当时天文学已经具有的宇宙方位运行模式之中，通过这样一种全新的时空信仰框架，将地上的等级投射到天上，在赋予了现实权力以神权合法性的同时，结束了普遍认为宇宙是由处于同一层次上的人、动物和植物所共同组成的“生命社会”[2]的前蚌塑时代——一种反映财富尚未集中、人群尚未分化的原始质朴世界观的历史阶段，开启了一个认为人间等级与天地方位的等级同构，因而统治权力的合法性来自上天这样的“价值理性”时代。它将生命感悟范围，由周遭的生存环境扩充至天体宇宙，将价值体认内涵，由当下目的性的生存困境焦虑提升至超越于部落群体之上价值权威的关注。曾经孕育了具有人类性的“活泼之美”的那个岁月正在逐渐消逝，一种新的价值体认和生命感悟方式正在悄然形成之中。

西水坡蚌塑开风气之先，众多具有特定内涵的意象符号及其艺术表现形式在广袤的华夏大地不断涌现，在部落兼并、文化融合的血与火的历史过程中逐渐相互涵化、定型、沉积和简约化，积蓄了多元的且深刻的文化意蕴，借助于“巫教酋邦”的力量，终于凝结为具有震慑力的主流意识形象——“神人兽面纹”，并以分裂、简化和变形的多样化图案出现在各式各样的器物上，塑造着华夏人民的审美心理。在这类纹饰中，“具象分离”的松散结构不复存在，而代之以一种趋于要素之间综合互融的“神人兽面纹”，其复杂、完整的纹样见于浙江余杭良渚出土的大型玉琮上：“神人”处在纹饰上方，人面呈上宽下窄的倒梯形，大鼻阔口露方齿，双目逼视前方，头戴大羽冠，双臂平端，手掌直伸，插于怪兽双目两侧；下为“兽面”，二卵形大眼圆睁，眼眶突出，獠牙龇出大口，前爪盘曲于下。整幅纹饰气势逼人，给人以压抑、恐惧之感，同殷周青铜器上的“饕餮纹”类似，李学勤先生据此称其为“良渚玉器饕餮纹”[3]。

---

① 苏国勋：《理性化及其限制》，194、195 页，上海，上海人民出版社，1988。

② 卡西尔：《人论》，106 页，上海，上海译文出版社，1985。

③ 李学勤：《走出疑古时代》，89 页，沈阳，辽宁大学出版社，1997。

“饕餮纹”即为“龙”纹。马承源先生认为这种以龙为题材的商代青铜器上的“兽面纹”和“爬行龙纹”，在龙山文化和良渚文化玉器上，特别是后者的玉琮上“极为流行”，尽管其代表的物像、内在的蕴含已经无法准确推测，但肯定同上古以来文化的融合和延续相关，“它不是崛然而起的，而是吸收远古时代各种新石器文化，经过长期融合、选择而产生的”，因而推断：“至少在公元前二千五百年以前，龙这类神话已经广为流传了。”①玉琮的形状外呈方形，内为空心圆柱，其“天圆地方”的造型，说明“琮是天地贯通的象征，也便是贯通天地的一项手段或法器”②，其功能与西水坡蚌塑一脉相承。“神人兽面纹”所描绘的，是巫师骑在“龙”身上，双手抓住龙首两侧的正面图形，表示巫师乘龙往返于天地之间，而这一古老含义出现在“天圆地方”的玉琮之上，又意味着对通天—祭祀权力的垄断，象征上古巫教酋邦的神权统治已经形成，龙已经升天腾飞了。

龙的腾飞对华夏审美风尚的影响主要表现在，它为古代中国人感受、体验、想象现实和人生，提供了一个基本的价值框架。距今四千五百年左右的凌家滩玉龟和玉版，前者就是占卜和灵龟信仰的标志，后者上面是富于神秘意味的外方内圆的方位图纹，“任何人一看之下，都会联想到八卦。这是因为图纹明显地表现出八方，而自很古的时候以来，八卦被认为同八方有关”。二者出土时都位于墓穴中央，估计原来放置在墓主的胸部，学者们认为这同远古以来的宇宙观念、方位与数理关系的早期形成有密切联系，③ 说明通天—祭祀权力垄断与有关天地宇宙四方八极这一套方位—价值体系之间，一直存在着一种共

---

① 马承源：《中国青铜器》，323、324页，上海，上海古籍出版社，1988。刘志雄、杨静荣主张龙的起源多元论，认为新石器时代的“原龙纹”共有6种，“沟通天地的媒介和传递人神之间信息的使者”，是6种原龙纹共有的“最主要含义”。（刘志雄、杨静荣：《龙与中国文化》，54、55页，北京，人民出版社，1992。）

② 张光直：《中国青铜时代》(2集)，71页，北京，生活·读书·新知三联书店，1990。

③ 李学勤：《走出疑古时代·论含山凌家滩玉龟、玉版》，辽宁大学出版社，1997。

生关系。以中央为核心，众星拱北方，四方环中国的天地“差序格局”，是华夏审美意识乃至中国文化的价值本原。这种至少于良渚文化时代已粗具雏形的宇宙等级模式的不断发展影响，搭起了一座天地、神人之间同构互渗天人感应的“价值合理性”解释框架，在民族心理内生长出这样两个基本的审美价值趋向。

首先，从其为神权垄断服务的依附性格内，滋生出商代祭祀文化中“狞厉之美”的主流美学潮流，体现出这一文化中神权意志的垄断性威严和力量，标志着“陶器纹饰的美学风格由活泼愉快走向神秘沉重”①，由前价值理性阶段的“活泼之美”向文明初期的“狞厉之美”的演变转化，开始显露出审美风尚中的民族特征和思维品格。随着周初以来的古典人文理性精神的觉醒，“狞厉之美”转化为先秦儒家“伦理之美”的美学旨趣。

其次，从西水坡蚌塑中那个乘“龙”而飞的造型开始，到良渚玉琮上的“神人兽面纹”，龙的嬗变和腾飞使得华夏审美意识有了一个真幻互融神人相依、上天入地驰骋往返的神话—审美的心理模型，既规范又激发了华夏民族的审美想象。乘龙翱翔来往于天地之间，就逐渐成为华夏民族抒发自由心灵感受的基本模式。商代青铜器《王孙钟》的“龙”字像巫祝骑龙之形(从郭沫若说)，先秦流传着上古帝王“乘龙”的神话，如《庄子·天运》：“龙合而成体，散而成章，乘云气而养乎阴阳。”《韩非子·十过》：“昔者黄帝合鬼神于泰山之上，驾象车而六蛟龙，毕方并辖，蚩尤居前，风伯进扫，雨师洒道，虎狼在前，鬼神在后，腾蛇伏地，凤凰覆上，大合鬼神，作为《青角》。”在《大戴礼记》中，黄帝、颛顼、帝喾皆乘龙：“黄帝黼黻衣，大带，黻裳，乘龙扆云，以顺天地之纪，幽明之故，生死之说，存亡之难”；颛顼“乘龙而至四海，北至于幽陵，南至于交趾，西济于流沙，东至于蟠木”；帝喾“春夏乘龙，秋冬乘马，黄黼黻衣，执中而获天下”。《括地图》：“禹诛防风氏，夏后德盛，二龙降之，禹使范式御之。以行经南方，防风神见禹，怒射之，有迅雷，二龙升天。”龙成为古代神话传说中不

---

① 李泽厚：《美的历程》，38页，北京，中国社会科学出版社，1984。

可或缺的要素，由于具有通天神兽的原始含义，故龙与帝王的权威身份构成了一种“先验”的联系，成为一种与帝王相关的审美风尚，帝王是人，但系“龙种”，其居住地为“龙廷”，其面容为“龙颜”，古代朝廷成为一个以龙为中心的整体美学构思，其服饰、座椅、廊柱乃至殿前台阶等，无不饰以龙纹，以衬托其“天子”的威严。

自“绝地天通”以来形成的天地分离、天尊地卑的价值框架，在商周人的心目中形成了一个“天神”“地示”“人鬼”的等级信仰层次，以及与此相关的祭祀礼仪，作为当时人们避凶趋吉，躲避灾祸，以增强生活信心，追求生活完美的知识—术数—信仰体系，这种对世界分层等级化的理解，不仅体现在诸如甲骨文、《周礼》等文献典籍内相关祭祀的说明和描述之中，而且也成为像《楚辞·九歌》这样的艺术作品中的神谱层次，人们的艺术想象力由此展开。在楚墓帛画“人物龙凤图”和“人物驭龙图”上，人们希望驭龙驾凤成就死后升天的人生理想。马王堆西汉帛画细致地描绘了天、地、人三界的层次，龙作为贯通三界的通天神兽，在整幅画面上占据显赫的地位，驭龙驾车而行，更成为汉代画像砖上的一个重要的主题……龙的意象已经成为当时人们神话—审美的艺术心理结构里的“发酵剂”，其最为典型的表现，当为《离骚》中的“虬龙”。

在楚墓帛画“人物龙凤图”里，侧身肃立合掌祈祷的女墓主前上方，一条虬龙升腾而起，一只鸾凤展翅翱翔，死者灵魂正由龙凤引导升天，正好同《离骚》中“驷玉虬以乘鷖兮，溘埃风余上征”所描绘的景象相似。屈原在积淀深厚的沅湘巫风歌词中，开拓出丰富的神话意象作为艺术创作资源，赋予它哀怨深沉的文人诗学智慧，动魄惊心的诗人爱国衷肠。而驭龙驾车升天而行这一神话要素，则是诗人的想象力得以型塑并完成叩问上天、追寻美女、请示巫祝、皈依彭咸这个“上下求索”的心路历程的基本知识框架和价值支点。龙的意象在《离骚》中凡 7 见，其中 4 次被诗人分别称为“玉虬”“飞龙”“蛟龙”“八龙”，作为上天的脚力，另外 3 次被诗人亲切地称为“余马”（我的马）或“马”（令人想起《西游记》中能腾云驾雾的“白龙马”）。向帝舜重华慷慨陈词，倾吐心曲之后，诗人乘凤驭龙，向天而去，开始了漫漫长路的精神求索。他驭龙驾车，朝发苍梧之野，夕至昆仑山的县圃，令羲和御车，让望舒开路，以飞廉殿后，饮马咸池，系马阆风，飞龙拉着诗人朝发天津，夕至西极，麾蛟龙以渡流沙之河，驾八龙而奏《九歌》《九韶》，各种上古神话要素——扶桑、若木、宓妃、有娀、有虞之二姚、灵氛、巫咸等——由这条“驭龙之旅”的线索连成一串，成为诗人回溯历史、表达“中情”、感悟人生的文化意象。正因为有了这条线索，灵氛“远逝求美”的忠告，巫咸“上下求同”的吉言，才会由现实价值升华为生命意义的况味，只有在驭龙车“陟升皇之赫戏”的神话光环之中，从“国人莫我知”和“莫足为美政”的人生困境向“从彭咸之所居”的精神皈依，才会变得意象纷呈，费人思索，回味无穷。乘龙腾飞的远古文化意象，通过“极凄凉中偏写得极热闹，极穷愁中偏写得极富丽”①的曲笔隐喻的铺陈，纳入诗人的精神炼狱，各种神话传说资源被重新梳理、涵化、熔铸，“从而升华出一种爱故土、求美政、哀民生、修美德而九死不悔的民族魂”②，成为华夏审美风尚中的精髓；而经过汉代的“宗经辨骚”，《离骚》中的各种神话意象被“伦理归位”“故善鸟香草，以配忠贞。恶禽臭物，以比谗佞。灵修美人，以媲于君。宓妃佚女，以譬贤臣。虬龙鸾凤，以托君子。飘风云霓，以为小人”③的类比性伦理意象，深深地嵌入传统美学意识的母体之中，一个契合君主专制体制中的士大夫沉浮际遇命运的“灵修美人香草”原型意象系统一直在传统精英文化层次里传递，塑造着士子们的美学修养。在《悲回风》里，诗人厌恶权势对人格的异化，希冀“处雌蜺之标颠”，远离是非之争，嘘虹吸露，婵媛吐霜，已有出世隐居之志，标榜一种与天地同构的自然人格，开辟出一种新的人生境界……而所有这些，都与龙的腾飞内在关联。

① 朱冀：《离骚辨》。

② 杨义：《楚辞诗学》，51页，北京，人民出版社，1998。

③ 王逸：《楚辞章句·离骚经序》。

第六章　人文初度

侯外庐先生认为卜辞中的“意识形态”，只有较为原始的时空和数量观念，以及反映切身利害的祸、咎、吉、不吉等宗教意识词汇，而“没有一个关于道德智慧的术语”，殷人信奉的是先祖＝上帝的“宗教一元神”，这种“氏族宗教意识”反映在殷人世系名号里，也找不到道德的含义，却有祖先崇祀的共同特点，“从高祖夒以来之祖、示、王、父、土诸字……皆像雄性生殖器”，是为殷人一元神宗教意识的原型，① 表现在商代青铜器纹饰上，这种为强化神权统治而进行的祖先崇拜，就是给各种动物的纹饰加上角。在殷人的宗教意识里，“祖”“示”等名号或者意象已经升华为一种神异性的神圣物，生殖崇拜的原型意义已然降低，其祖先神崇拜的意义得以强化。在“巫教”王权的“铸鼎像物”活动中，将这种神圣物安放在各地原先已有的动物纹饰上，“使这些原龙纹骤然增添了其原型动物所不可能有的生物特征，从而飞跃为一种世间所没有的神异动物”，再通过“移植”“组合”等手法，为今人所熟悉的龙的形象(包括各种变体)在商代终于形成。②

《诗经·商颂·玄鸟》极言商王朝幅员辽阔：“邦畿千里，维民所止，肇域彼四海。四海来假，来假祁祁，景员维河。”疆域的扩充必然引起文化的融合，马承源先生认为，商代青铜器上大量出现的兽面纹(饕餮纹)和爬行龙纹，是商代以前“许多文化中这一模式的选择、融

---

① 侯外庐、赵纪彬、杜国庠、邱汉生：《中国思想通史》，23、24、63、64页，北京，人民出版社，1957。

② 刘志雄、杨静荣：《龙与中国文化》，60～88页，北京，人民出版社，1992。

合、继承和发展而体现出来的新面貌”①。与《诗经·商颂·殷武》中“自彼氐羌，莫敢不来享，莫敢不来王”的强化神权统治的需要相联系，良渚玉琮“神人兽面纹”中已有的神秘恐吓意味在这一新面目中被有意放大、突出，甚至有饕餮“食人未咽”这样凶残的形象出现。商代的龙纹虽变化多端，但刻意描绘的狰狞恐怖的怪异形态这一时代精神却贯穿其中，表明殷人信仰的祖先＝上帝的至上神基本上仍是游离于人的道德意识之外的异己神灵，“狞厉之美”就是对这种异己化的神灵品格的艺术表象。

卡西尔认为：“一种较成熟的宗教必须完成的最大奇迹之一，就是要从最原始的概念和最粗俗的迷信之粗糙素材中提取它们的新品质，提取出它们对生活的伦理解释和宗教解释。”②在华夏审美意识发展史上，使“狞厉之美”突破自身局限，向具有古典人文精神的“伦理之美”提升的，就是周初的宗教“天命观”。

第一节　美善一体

1. 以德释天。“天命”在殷人那里，是一种只能顺从而无法把握的合法性依据，如《尚书·盘庚》云“先王有服，恪谨天命”“罔知天之断命”“天其永我命于兹新邑”，人的行为必须以冥冥的“天命”为转移，“天命”是一种非理性的绝对意志。而周人却从其中提取出了一种具有伦理—宗教意义的“新品质”，使冥冥“天命”有了可以由理性把握的内涵，这就是“德”，“自成汤至于帝乙，罔不明德恤祀，亦惟天丕建，保乂有殷。殷王亦罔敢失帝，罔不配天其泽”“皇天无亲，惟德是辅”③，“德”成了“天命”与人沟通的契约，所以在周初的文诰里，一个反复吟诵的主题就是“敬德”“天亦哀于四方民，其眷命用懋，王其疾敬德”“肆惟王其疾敬德。王其德之用，祈天永命”“惟不敬厥德，乃

---

① 马承源：《中国青铜器》，324页，上海，上海古籍出版社，1988。

② 卡西尔：《人论》，133页，上海，上海译文出版社，1985。

③ 《尚书·多士》，《左传·僖公五年》引《周书》。

早坠厥命”(《尚书·诏告》)。因此，尽管周族代殷仍须通过陈列殷人战俘、展示获得的殷王之鼎、“告天宗上帝”“格于庙”(《逸周书·世俘》)等自“绝地天通”以来就逐渐确立了权威性的礼仪，以获得宗教神权意义上的合法性，但通过“德”这一伦理—宗教学观念的解释，人的理性尊严终于从氏族宗教的天命观里滋生出来，人的价值不仅在于顺从冥冥的“天命”，更直接取决于人自身的行为里的道德理性：“其惟王位在德元，小民乃惟刑用于天下，越王显。”孙星衍疏：“言王位居天德之首，小民乃法之用于天下，于王光显矣。”①“德元”乃衡量“王位”的价值尺度，统治权的合法性在德不在天，且成为“天下”效法的榜样，这样的“德元”尽管属于个人性的品格，但已具有一种超越天命崇拜的道德观照性质，表明周人的价值目光已经从上天转移到人事，从“天命”转移到道德。②《尚书·尧典》说③：

帝尧曰放勋，钦明文思安安，允恭克让，光被四表，格于上下。克明俊德，以亲九族。九族既睦，平章百姓，百姓昭明，协和万邦，黎民于变时雍。

“俊德”为德才兼备之人(从郑玄注)，“钦明”指恭敬明察，“恭”“让”指谨慎小心，是“俊德”之人的行为特征。《尚书·尧典》用“文思

① 《尚书·诏告》，孙星衍：《尚书今古文注疏》，下册，400页，北京，中华书局，1986。

② 尽管如此，“天命”在周人眼里，仍具有巨大的威力，“与此相对应，西周早期至中期青铜器纹饰中鸟纹大量出现……其目的是宣扬上天赐予的祥瑞征兆，以示自己上承天命取得政权的合法性。周初的龙纹基本上是商代龙纹的延续，但已无刻意的追求与新意，而其含义要点已由通天神兽向祥瑞象征倾斜”。(刘志雄、杨静荣：《龙与中国文化》，138页，北京，人民出版社，1992)。

③ 王世舜先生认为，《尚书·尧典》的写作年代“最早不早于殷末周初，最晚不晚于秦汉。我们可以把这个时期当作《尧典》的流传时期。在流传过程中，由于后人的不断润色或附益，因而也就有了从殷末周初到秦汉这一时期的不同阶段的时代色彩”。(王世舜：《尚书译注》，1页，成都，四川人民出版社，1982)。

安安”“光被四表，格于上下”来描述这种行为特征，并认为社会安定（“百姓昭明，协和万邦”）的原因在于能“明”“俊德”之故，其结果是能够教化百姓，使其和睦相处（“黎民于变时雍”）。这里的“俊德”虽然被限定为政治行为，但是：第一，它已经具有“道德合法性”意义，①“俊德”成为权力的价值尺度；第二，作为一种人格特征，“俊德”的“光耀及四海之外，至于天地。所谓大人与天地合其德，与日月齐其明”（郑玄注），是一种与日月同辉的道德形象；第三，“俊德”具有道德教化、使人心向善的向心力。

2. 人格之美。作为一种光辉形象，“俊德”标志着审美风尚从异己力量崇拜到伦理人格崇尚的转折，它已具备先秦儒家“人格美”的特征。《论语·泰伯》：“巍巍乎，舜禹之有天下也而不与焉！”“大哉尧之为君也！巍巍乎！惟天为大，惟尧则之”“如有周公之才之美，使骄且吝，其余不足观也已”。《孟子·尽心下》：“可欲之谓善，有诸己谓之信，充实之谓美，充实而有光辉谓之大，大而化之谓之圣，圣而不可知之谓之神。”从道德角度理解中国上古历史及其英雄人物，将其作为具有崇高意味的理想性的人格之美，是传统文化及其审美风尚里重要的人文品质。

将“俊德”同社会稳定相联系，表明人格之美与现实的善之间有密切联系，或者说，要从社会政治功利角度来理解人格之美。《国语·楚语上》载伍举论美：“夫美也者，上下、内外、小大、远近皆无害焉，故曰美。”人格之美和政治之善，在中国始终是一个纠缠不清、合二而一的问题，它规定了一种重要的审美价值趋向。《左传·襄公二十九年》记载吴国公子季札在聘问鲁国时“观乐”的情况：听乐工演唱《周南》《召南》之后，说“美极了！周朝的基业于此而奠定了”，认为《卫风》之美在于深刻，《王风》之美在于忧思而不畏惧，反映了周王室东迁之后的情形，而《郑风》则过于表现男女间的琐碎之事，“民弗堪

① 当尧问道“有谁能代替我登天子大位”时，四方诸侯之长回答说“否德忝帝位”。王世舜今译：“我们的德行鄙陋，不配登上天子的大位。”（王世舜：《尚书译注》，11页，成都，四川人民出版社，1982）。

也”，《齐风》表现了姜太公的博大胸襟，《豳风》浩大，与周公东征有关，《秦风》为“夏声”“大之至也”，是周初开国时的音乐，《魏风》粗犷而不失婉转，《唐风》表现了陶唐氏遗民深深的忧虑，《陈风》倾诉了“国无主”，所以国祚将尽；又观《雅》乐，认为《小雅》象征“周德之衰”，《大雅》宽广和乐，“其文王之德乎”；《颂》则是“盛德之所同”；最后又观看舞蹈，认为《象箾》《南籥》有美中不足之处，《大武》之美，在于反映了周代的盛世，《韶濩》则表现了成汤的伟大与“惭德”，《大夏》歌颂了禹的勤劳品德，《韶箾》所代表的虞舜之德，如同天地一样广大无边，因而到此为止，“观止矣”（从杨伯峻先生《〈春秋左传〉注》）。季札的审美情趣，代表了美善一体的传统人文主义的审美视角，是周初“俊德”的道德观照的逻辑结果。

春秋战国时代，随着周王室的式微，诸侯国和卿大夫势力的强大，周王室对文化的垄断局面逐渐由于“士”的崛起而被打破，人文价值由于知识和思想的相对独立而日渐突出，人格美也因为逐渐摆脱了“天命”的束缚而由周初的道德观照趋向于审美化，其价值基础也不再是外在政治性的“俊德”，而是基于血缘亲情的“仁”，所谓“里仁为美”（《论语·里仁》）标志着“仁”这一道德质素成为人格美的内在尺度。价值尺度的内移，促使人们将人格美理解为一个完整自足的道德实体，所谓“志于道，据于德，依于仁，游于艺”（《论语·述而》），就是一种以内心之“仁”为基础，辅之以礼、乐、书、数、射、御“六艺”，进行个体道德自我完善的过程。儒家人格美对后世的影响，主要体现在为生命确立了一种终极价值理性的追求。从自足的道德理性出发，孟子将生命追求区分为“仁义忠信”等价值论意义上的“天爵”和“公卿大夫”等工具论意义上的“人爵”，强调“古之人修其天爵，而人爵从之。今之人修其天爵，以要人爵；既得人爵，而弃其天爵”（《孟子·告子》），为人格美注入了鲜明的超越性格。孔子认为“仁者必有勇”（《论语·宪问》），因而“三军可夺帅也，匹夫不可夺志也”（《论语·子罕》），将人格美提升为一种无上的道德勇气。孟子则强调这种道德勇气来源于道德理性的自我反省：“自反而缩，虽千万人吾往矣”（《孟子·公孙丑上》）——反躬自问，正义确在我，对方纵是千军万马，我也勇往直前

(从杨伯峻先生今译)——赋予人格美一种坚定的理性信念，于是，生命的价值尺度凸显出来——“志士仁人，无求生以害仁，有杀生以成仁”(《论语·卫灵公》)，“生亦我所欲也，义亦我所欲也，二者不可得兼，舍生而取义者也。生亦我所欲，所欲有甚于生者，故不为苟得也；死亦我所恶，所恶有甚于死者，故患有所不辟也”(《孟子·告子上》)。经过先秦儒家人文—道德理性的净化与升华，人格美成为一种与世俗时尚性追求相抗争的绝对价值尺度，“杀身成仁”“舍生取义”一直是华夏民族人格陶冶的理想范型。

3. 教化之美。“俊德”的教化功能是周人扬弃其意识中的神权依附性格，赋予自身行为以人文性特征的突出表现。所谓“扬弃”表现在“保留”与“创新”两个方面，在《尚书·尧典》中，这两个方面均有所反映：

帝曰：“咨！四岳。有能典朕三礼?”佥曰：“伯夷。”帝曰：“俞，咨伯。汝作秩宗。夙夜惟寅，直哉惟清。”

“三礼”即祭祀天神(上帝)、地祇(地神)、人鬼(祖先)的传统礼仪，“秩宗”郑玄注为“主次秩尊卑”之官，即祭祀礼仪的主持官员，相当于殷周王朝里的“祝”“宗”“卜”“史”等神职官员，“夙夜惟寅，直哉惟清”是周人“敬德”精神的反映。自“绝地天通”以来形成的这三大类祭神仪式，一直是垄断通天神权的象征。《山海经·海外西经》：“大乐之野，夏后启于此儛《九代》，乘两龙，云盖三层。左手操翳，右手操环，佩玉璜。”《九代》即“夏龠(乐)《九成》”，启以此祭祀乐舞和礼仪证实夏王朝权力的合法性。周人灭商，在祭祀礼仪方面仍延续旧制，《尚书·洛诰》：“王肇称殷礼，祀于新邑，咸秩无文。”郑玄注：“王者未制礼乐，恒用先王之礼乐。伐纣以来，皆用殷之礼乐，非始成王用之也。”孔子认为，夏商周三代礼乐制度是相“因”而有所“损益”的延续，都是指周人沿袭了传统礼乐中“合法性”功能的一面，是为周人宗教意识里的“保留”。

孔子认为“为政以德”，才能形成一个有如“众星拱北斗”一样的政治格局。在他的心目中，治理国家就是将家族伦理推行于政治之中。《论语·为政》："子曰：'书云：孝乎惟孝，友于兄弟，施于有政。'是亦为政，奚其为为政?"道出了周人"敬德"思想的政治内核。周初迫于局势，不得不推行"封建制"，将血缘氏族里的宗法制度扩大为国家制度，以"辅"卫和"蕃屏"中央政权，是为周人宗教意识里的制度性"创新"。王国维认为，周人以所谓的"立子立嫡之制""庙数之制"和"同姓不婚之制"，确立了宗子与别子、大宗与小宗、君主与臣属之间的上下等级名分，① "绝地天通"以来借神权垄断分配社会财富的酋邦—神权制度模式，转化为以血缘—封建制确立的等级名分为社会财富分配尺度的"道德—封建"制度模式，血缘等级名分及其相关的道德价值观念，就成为这一社会运行模式的精神核心，《礼记·大传》云：

> 立权度量，考文章，改正朔，易服色，殊徽号，异器械，别衣服，此其所得与民变革者也。其不可得变革者则有矣，亲亲也，尊尊也，长长也，男女有别，此其不可得与民变革者也。

随着道德—封建社会运行模式取代酋邦—神权的社会运行模式，体现在礼仪制度层面上的各种规定已不再重要，是可以随时局变迁而随时"损益"的，而协调处于这一模式体系之中的人们上下尊卑等级界限的伦理条目，则变得至关重要，《尚书·尧典》中有舜令契任"司徒""敬敷五教"的说法，"五教"即"父义、母慈、兄友、弟恭、子孝"，是氏族社会中具有原始平等色彩的人伦关系准则，经过周人的"损益"，成为"父子有亲，君臣有义，夫妇有别，长幼有序，朋友有信"②的纲常，演变为一种体现血缘等级名分的"五品之教"(东汉马融语)。

王国维在《殷周制度论》中指出，"周之制度典礼，乃道德之器械，而尊尊、亲亲、贤贤、男女有别四者之结体也。此之谓民彝""其旨则

---

① 王国维：《殷周制度论》。

② 参见《国语·郑语》里韦昭注"商契能合五教"语和王世舜：《尚书译注》21、22 页的注释。

在纳上下于道德，而合天子、诸侯、卿大夫、士、庶民以成一道德之团体”，可谓深契强调血缘等级名分的“道德—封建”社会运行模式的内核。侯外庐先生认为，君统与宗统相合、尊尊与亲亲相合的周代宗法制度，演化出一种氏所以别贵贱、刑不上大夫、礼不下庶人的“周礼精神”①，也是强调“道德—封建”模式里的等级式的道德精神。我们关心的是，周人是如何将这种浸润着古典人文主义的“民彝”或者“周礼精神”贯彻推行下去，使“道德—封建”的社会运行模式得以不停地延续的？在《尚书·君奭》里周公旦对召公奭说：“无能往来，兹迪彝教，文王蔑德降于国人。”“兹”为“劝勉”，“迪”为“开导”，“彝教”为“伦常教化”，这段话大意是说：“如果没有周初的贤臣们奔走效劳，努力地宣扬伦常教化，文王的美德便不能传播给国人了。”（从王世舜今译）“兹迪彝教”——努力地宣扬伦常教化——既是周人再生产其社会模式的重要手段，也是传统审美风尚中“教化之美”的滥觞。

在《尚书·尧典》里，舜命夔任“典乐”：“教胄子，直而温，宽而栗，刚而无虐，简而无敖。诗言志，歌咏言。声依永，律和声。八音克谐，无相夺伦，神人以和。夔曰：於！予击石拊石，百兽率舞。”“击石拊石，百兽率舞”而“神人以和”，当为原始的祭祀乐舞的情形，而“直而温”“宽而栗”“八音克谐，无相夺伦”等，则体现了周人的“彝教”精神。利用传统的祭祀乐舞形式，对周族子弟进行“周礼精神”的伦常教化，是周代政治和艺术的重要组成部分。《汉书·礼乐志》：“国子者，卿大夫之子弟也，皆学歌九德，诵六诗，习六舞，五声、八音之和，故帝舜命夔曰‘女典乐，教胄子’云云。”《周礼·春官·大司乐》中有以“五帝”时的“成均之法”即原始的祭祀礼仪教授贵族子弟的“大司乐”一职，专司：

以乐德教国子，中、和、祇、庸、孝、友。以乐语教国子，兴、道、讽、诵、言、语。以乐舞教国子，舞《云门》《大卷》《大咸》《大磬》

---

① 侯外庐、赵纪彬、杜国庠、邱汉生：《中国思想通史》，78页，北京，人民出版社，1957。

《大夏》《大濩》《大武》。以六律、六同、五声、八音、六舞大合乐，以致鬼神示，以和邦国，以谐万民，以安宾客，以说远人，以作动物。乃分乐而序之，以祭，以享，以祀。乃奏《黄钟》，歌大吕，舞《云门》，以祀天神。乃奏大蔟，歌应钟，舞《咸池》，以祭地示。乃奏姑洗，歌南吕，舞《大磬》，以祀四望。乃奏蕤宾，歌函钟，舞《大夏》，以祭山川。乃奏夷则，歌小吕，舞《大濩》，以享先妣。乃奏无射，歌夹钟，舞《大武》，以享先祖。

清人俞正燮有“通检三代以上书，乐(读作月)之外，无所谓学”的说法。吕思勉先生认为，俞氏发现夏商周三代“以乐为学”的见解“甚创而确”，并强调这种现象与远古祭祀礼仪的关系，而不能从后世“学校”及其祭祀“先圣先师”的角度来理解，① 实际上指出了西周“彝教”在形式上的延续性质。从上述文字中可以看出，周人“彝教”的“课程”，主要为夏商周三代祭祀乐舞。其中以十二律的六律、六同(吕)与六舞相配，分别祭祀天神、地示(山川)、先妣和先祖，尽管有周人理想化的“损益”或增饰成分，但基本上仍沿袭了传统礼乐祭祀天神、地示和人鬼的旧制。而将祭祀乐舞分为“德”“语”“舞”三个层次，在原始宗教礼仪的诗(祭祀咒词)、乐(原始音乐)、舞(原始舞蹈)三位一体的神学结构基础上，突出了人文性的“乐德”和“乐语”，将周人的“敬德”思想及其相关的知识和行为修养纳入传统的礼仪形式，其文化意义是双重的，既使古典人文主义的“周礼精神”有了一种传统合法性的传承方式，又使以娱神为目的的祭祀礼仪，逐渐具有“娱人”的审美价值。前者就是所谓的“礼异乐同”，后者就是所谓的“人的欢娱”。

4. 礼异乐同。周人将传统的祭祀礼仪浸润于“周礼精神”之中，《礼记・乐记》：“乐者，天地之和也；礼者，天地之序也。”“礼之序”与“乐之和”使礼乐具有象征意义，演变成为一种等级宗法制的“尊尊”和血缘氏族制的“亲亲”相互调和的社会学机制。所谓“乐者为同，礼者为异”“乐胜则流，礼胜则离”(《礼记・乐记》)，是指等级秩序之“异”与情感和睦之“同”二者不可分离，“流”指“同”(亲亲)得过多以至

① 《吕思勉读史札记》，452页，上海，上海古籍出版社，1982。

“合行不敬”，“离”谓过于求“异”(尊尊)以至“析居不和”(从郑玄注)，而礼与乐之间的相辅相成，则须通过“乐”来沟通。荀子认为“声乐之入人也深，其化人也速，故先王谨为之文：乐中平则民和而不流，乐肃庄则民齐而不乱”(《荀子·乐论》)，祭祀乐舞直接触动人的情感，象征着“亲亲”之“和”与“尊尊”之“齐”之间恰到好处的融合，因而突破了仪式与音乐、制度与情感、群体与个体、等级与审美之间的界限，使它们成为具有互补性的两极。以血缘亲情为基准的情感联系，是礼乐文化得以运行的重要条件。《荀子·乐论》云：

故乐在宗庙之中，君臣上下同听之，则莫不和敬；闺门之内，父子兄弟同听之，则莫不和亲；乡里族长之中，长少同听之，则莫不和顺。

在祭祀先祖的礼仪和乡饮酒礼等不同场合之中，都体现出作为社会学机制的以情感为纽带的礼乐的互补性质。杨宽先生根据《仪礼·乡饮酒礼》的记载，将其礼节分为六个阶段：(1)谋宾(谋定宾客名次。其中分“宾”“介”[陪客]“众宾”三等，宾、介都只一人，众宾多人)、介宾(由主人亲自告知宾客)、速宾(由主人亲自催邀宾客，宾客都跟着前来)、迎宾(主人与“相”[傧相]在庠门外迎接，经过三揖三让，把宾引入庠中堂上)之礼；(2)献宾(主人与“宾”、主人与“介”、主人与“众宾”之间的应酬礼节)之礼；(3)作乐(有“升歌”“笙奏”“间歌”“合乐”四个顺序，分别演奏《小雅》和《周南》里的不同篇章)之礼；(4)旅酬(由“尊”者酬于“卑”者，即由“宾”酬主人，主人酬“介”，介酬“众宾”，再由众宾按长幼以次相酬)之礼；(5)无算爵、无算乐(尽兴地饮酒——无算爵，尽情地赏乐——无算乐)；(6)送宾及其他(宾出时，奏《陔夏》，主人送于门外。明日，宾有前来拜谢之礼)礼节。① 荀子认为“速宾”“迎宾”之礼体现了尊卑、长幼的等级，“贵贱之义别矣”，通过严格按照年齿等级进行的“献宾之礼”，而“隆杀之义辨矣”；通过“作乐”之礼，则能使上下长幼之间“和乐而不流”；“旅酬”之礼能“弟长而无遗”；“送宾”之礼能“安燕而不乱”。整个“乡饮酒礼”的过程，体现

① 杨宽：《古史新探》，281、282页，北京，中华书局，1965。

出一种“贵贱明，隆杀辨，和乐而不流，弟长而无遗，安燕而不乱”(《荀子·乐论》)的礼乐文化精神。

这样一种“尊尊”与“亲亲”相互调和的互补性社会学机制，在长期的社会演变过程中，形成了以“尊卑男女老幼”这一“亘古不变的观念”来替代法律，① 从而同西方法治型社会相区别的道德型社会。费孝通先生认为，乡土中国的权力结构为“教化权力”和“同意权力”(通过文化的传承和传统的限制以及经由默认、契约、退让而形成的社会运行模式)，它与“横暴权力”(利用暴力进行威吓性统治)形成鲜明对比。中国传统的农业经济，提供不出横暴型政治所需要的大量资源，因此封建帝王通常采用“无为而治”来平天下，让乡土社会自己用社区的契约和教化进行社会平衡，从而造成农村“长老统治”的社会格局，② 这种格局具有与现代社会“突出经济”不相同的“突出政治”即注重道德—情感因素的价值取向，既不将经济发展作为其首要目标，也不把财富积累视为人生幸福的必备条件，③ 但是却十分注重人际之间的情感纽带。值得强调的是，这一将人的情感同等级相融合、强调传统礼仪功能的社会学调节机制，在现今民间社会中仍起着一定的作用。

前面讲过，自周初以来，以血缘等级名分及其相关的道德价值观念为社会财富分配尺度的“道德—封建”制度模式，就渗入传统文化的机体之中，以至“人情”④及其相关仪式在当代中国社会里，仍然是人际交往及其相关资源分配的重要方式和渠道，从而显示出“礼乐文化

① 黄仁宇：《万历十五年》，153、264页，北京，中华书局，1982。

② 费孝通：《江村经济》，60～70页，南京，江苏人民出版社，1985。

③ 何怀宏：《选举社会及其终结》，29页，北京，生活·读书·新知三联书店，1998。

④ 在中国文化的语境里，人际之间的情感联系是一个“道德—情感—经济”范畴：“‘人情’是指人与人进行社会交易时，可以用来馈赠对方的一种资源(resource)。在中国社会里，别人有喜事，我赠送礼物；别人有难，我给予实质的济助。这时候，我便是‘做人情’给对方。对方接受了我的礼物和济助，便欠了我的‘人情’。此处所谓‘人情’，指的是一种可以用来交易的‘资源’。”(黄光国：《人情与面子：中国人的权力游戏》，转引自王铭铭：《村落视野中的文化与权力》，173页，北京，生活·读书·新知三联书店，1997)这里的“人情”以及由此而形成的人际交往，就与传统的道德价值观念息息相关。

精神”的生命力。王铭铭先生对近年来闽南农村社会的相关研究有这样一个结论：在由“人情”结成的“道德经济”网络里，民间“仪式”仍具有强化人与人之间的情感联系和划分人与人之间“亲疏”关系的功能，譬如闽南民间的个人——家户中生子、成丁、娶嫁、死亡等人生礼仪里收受“礼品”的数量多少和频率，就与当事人的“人情”和“互助”等社会交往及其资源调节有密切关系；近年来随着改革开放和经济的迅速发展，重修祖祠和定期举行家族庆典活动成为调节家族成员的共同利益、强化协调其内部的团结意识的“必需品”，在这些仪式活动中，利用传统的尊尊、亲亲伦理规范，对长幼、亲疏的家族人际关系进行适应“道德—经济”的梳理和强化，是其中的重要方面，譬如20世纪90年代中期闽南农村的一个家族祠堂落成后举行的庆典：“辈分最高的人被给予‘首人’的称号，并在长达24小时的仪式中一直扮演首要角色。仪式过程中，社会等级的差别得到强调。例如，落成典礼的一部分——祭祖仪式——基本上是由地方贵族参与，其他人的角色暗淡。念祭文的是一位最近成为处级干部的壮年人，司仪是镇干部，抱祖先牌位者，则依据家庭的财富、官位、教育程度来选择。这些安排表现出非正式权威中心对社会等级的承认。”仪式的功能在于通过对既成的社会等级——血缘辈分、权力、财富、教育程度差异——的认可，使本族人的共同利益和资源在由“族老”和“族贤”组成的民间权威中心的协调、干预中得到组织、梳理和体现。这不禁使人联想起在各种正式场合(仪式)，人们对出场的顺序、座位的排列的关注。在这里，礼乐文化精神的尊尊与亲亲相互协调的社会学机制再次出现，并被赋予了特定的时代色彩——民间商业竞争精神的兴起。① 而这种竞争的商业精神，并没有导致中国人对人生“幸福”观念的多义性理解的改变：“幸福这个概念被运用的时候往往与保佑、气、灵或生、命、运、面

① 这不仅体现在祭祖仪式中对财富的承认(财富可以成为“抱祖先牌位”的条件)，而且体现在“晋主”(祠堂中摆放的祖先牌位)和“搏龟”(王爷庙诞辰庆典里的主持人)的获得，在过去主要靠辈分、道德威望和权力人物，而在当今却可以用金钱进行竞争。(王铭铭：《村落视野中的文化与权力》，143页，北京，生活·读书·新知三联书店，1997)

相等词语相连，而且它总是表明对个人幸福、命运、社区的亲属连续性和超自然力量的愉悦之间的一种调和。”它体现在闽南社区村民之间的互惠性质的互助、多子与财富、长寿、拜神的企盼等人生价值的追求之中，① 说明中国人的人生态度，是一种注重个体利益与群体利益之间的和谐、物质价值与精神价值之间的互渗、财富追求与心理感受之间的相融这样一种富于审美情趣和精神功利的人生态度。而这，就是传统礼乐文化之审美风尚中“礼异乐同”的教化精神传承使然。

第二节　人性之美

1. 人的欢娱。孔子认为“善”应当是一种理想的和谐状态：“子谓《韶》尽美矣，又尽善也。谓《武》尽美矣，未尽善也。”(《论语・八佾》)刘宝楠注：“《韶》，舜乐名。谓以圣德受禅，故尽善。《武》，武王乐也。以征伐取天下，故未尽善。”这种尽善尽美的和谐政治理想，体现为一种审美心理上的平和，“子曰，《关雎》乐而不淫，哀而不伤”，刘宝楠注：“乐不至淫，哀不至伤，言其和也。”先秦儒家试图通过祭祀乐舞，唤起人们心中的和谐情感，达到荀子所谓的“和而不流，齐而不乱”的社会和谐状态。但随着周室的衰微和礼乐的下移，形形色色的欲望和追求却日益突破各种已然解体的制度的羁绊而显露出来，荀子所言极是：“人伦并处，同求而异道，同欲而异知，生也。”(《荀子・富国》)人的欲求和情感是丰富多样的人性的体现，以人心度神心而设计出来的祭祀礼仪，既然能娱神，当然也能娱人。《诗经》中有三首祭祀诗对此有所反映。

其一为《大雅・既醉》：“既醉以酒，尔殽既将……公尸嘉告，其告维何？笾豆静嘉，朋友攸摄，摄以威仪。威仪孔时，君子有孝子。孝子不匮，永锡尔类。”这是指以美酒佳肴款待“公尸”(祭祀礼仪中装扮成先祖或神的模样享用祭品者)，企盼得到“公尸”美好的祝福(“嘉

① 参见王铭铭：《村落视野中的文化与权力》，80页，北京，生活・读书・新知三联书店，1997。

告”），神——公尸——与人一样，喜欢好酒好菜，吃吃喝喝，说明“始于饮食”的祭祀礼仪，是人与神之间的一份契约，一个交易。

其二为《大雅·凫鹥》：“凫鹥在泾，公尸来燕来宁。尔酒既清，尔殽既馨。公尸燕饮，福禄来成……凫鹥在泾，公尸来止熏薰。旨酒欣欣，燔炙芬芬。公尸燕饮，无有后艰。”如果说在《大雅·既醉》里，要得到“公尸”的“嘉告”，除了美酒佳肴，祭祀用的礼器（“笾豆”）精美，助祭者的“威仪”是否完美等仍然是条件的话，那么在《大雅·凫鹥》里，以美酒佳肴满足“公尸”的口腹之欲，使之能醉醺醺（“熏薰”）地尽兴，则是“福禄来成”“无有后艰”的唯一条件。神的面具被剥下，则是一个活脱脱的酒囊饭袋。

其三为《小雅·宾之初筵》，郑玄根据诗中有“大侯既抗，弓矢斯张”和“烝衎烈祖，以洽百礼”的描述，断定其为“大射”礼。杨宽先生认为“大射”礼的主人是国君，宾和众宾是诸公卿、大夫和士，举行的场所在国都近郊的“大学”，它是一种“高级的乡射礼，用来维护国君的地位和尊严”①。可是在《小雅·宾之初筵》里，体现国君尊严的礼仪已然退居次要地位，而刻意地描述了宾客们酗酒失态的行为举止：“宾既醉止，载号载呶。乱我笾豆，屡舞僛僛……彼醉不臧，不醉反耻。”行大射礼的宾客们又号又叫，杯盘狼藉，还歪歪扭扭地乱舞一气，并以不醉为耻。春秋时代礼乐崩坏，人们行礼的目的已经从昔日娱神祈福转移到娱乐自身，人自身价值的凸显及其人文意识的觉醒使祭祀礼仪里固有的“神道”因素日渐淡出，“人道”因素日益浓郁，以致从前用于娱神的美酒音乐也变成专供人享乐而不受数量和规格限制的“无算爵”“无算乐”，并凝结为各种礼仪中的固定程序。②

---

① 杨宽：《古史新探》，317、319页，北京，中华书局，1965。

② 郑玄注“无算爵”：“‘算’，数也。宾主燕饮，爵行无数，尽欢而止。”贾公彦疏：“‘无算爵’，从首至末，更从上至下，唯醉乃止。”郑玄注“无算乐”：“燕乐亦无数，或‘间’或‘合’，尽欢而止也。”贾公彦疏：“间”为“间歌《小雅》”，“合”为“合用《二南》”，“无算之乐，《雅》《颂》并作也”。（《十三经注疏》，上册，989页，北京，中华书局，1979）作为一道程序，“无算爵”“无算乐”还见于“乡饮酒礼”“射礼”“大射礼”和“燕礼”之中。

在楚辞《招魂》中，楚人为招引死者亡灵，反复地向鬼魂“外陈四方之恶，内崇楚国之美”①，祈祷“魂兮归来”。为达此目的，还在招魂手段上极尽奢华之能事，不仅备有冬暖夏凉的高堂深宅，楼台亭榭，而且“九侯淑女”“二八侍宿”轮流当值，以“侍君之闲”。祭祀的饮食更是山珍海味，丰盛无比：

肥牛之腱，臑若芳些。
和酸若苦，陈吴羹些。
胹鳖炮羔，有柘浆些。
鹄酸臇凫，煎鸿鸧些。
露鸡臛蠵，历而不爽些。
粔籹蜜饵，有餦餭些。
瑶浆蜜勺，实羽觞些。
挫糟冻饮，酎清凉些。
华酌既成，有琼浆些。

丰盛的酒宴尚在进行，含情脉脉“目曾波些”的美女们又开始歌舞表演，奏楚歌，起郑舞，男男女女在吴《歈》蔡《讴》声中相依相傍，乱而不分，通宵达旦地饮酒赋诗，撞钟鼓瑟……在这里，娱神的礼仪同娱人的宴饮已经在“天道远，人道迩”和民为“神之主”②的时代呼声中融为一体，人的欲求直接撞击着一度约束、控制它的“天命观”，传统的礼乐文化制度及其尊尊与亲亲相互调和的审美精神在“人道”的崛起中开始解体和分化，被释放出来的“非礼”的情感意志亟须在艺术里获得表达。

宋玉的《对楚王问》说：“客有歌于郢中者。其始曰《下里》《巴人》，国中属而和者数千人；其为《阳阿》《薤露》，国中属而和者数百人；其为《阳春》《白雪》，国中属而和者不过数十人；引商刻羽，杂以流徵，

---

① 王逸：《楚辞章句》。

② 《左传·昭公十八年》和《左传·桓公六年》。

国中属而和者不过数人而已。是其曲弥高，其和弥寡。”①说明音乐舞蹈不再仅仅是少数人欣赏的庙堂乐舞的一统天下，世俗和民间的人生情态一样可以歌之舞之，审美风尚开始关注人情的愉悦和人欲的合理；不仅如此，宫廷雅乐也随之让位于民间的“新声”“新乐”，子夏说：“郑音好滥淫志，宋音燕女溺志，卫音趋数烦志，齐音敖辟乔志。此四者，皆淫于色而害于德，是以祭祀弗用也。”(《乐记·魏文侯》)这些民间音乐多用于表现现实生活中欢快的情绪，其风格与祭祀古乐决然相异，《汉书·地理志》称“卫地有桑间濮上之阻，男女亦亟聚会，声色生焉”，《诗经》中“卫风”和“郑风”多有对当地民俗风情的描述，如孙作云先生认为《溱洧》等15首诗歌的背景都是上巳节祀高禖，祓禊水滨求子，男女欢会求爱的习俗，② 所以它们的节奏大多急促而变化多端，全然不同于节奏呆板而曲调肃穆的祭祀音乐，其中以男欢女爱为主题的“郑卫之音”和“桑间濮上之音”，更是自下而上地影响了宫廷贵族的审美情趣：赵烈侯喜爱“郑歌”，欲赐歌者万亩田(《史记·赵世家》)，魏文侯说他一听见庙堂古乐就“唯恐卧”，而一听见郑卫之音则“不知倦”(《乐记·魏文侯》)，晋平公喜爱民间濮水之上的“新声”(《国语·晋语八》)，卫灵公“闻鼓新声者而说之”(《韩非子·十过》)，梁惠王“不好先王之乐，直好世俗之乐”(《孟子·梁惠王上》)等，说明春秋战国以来的审美风尚确实有所变更，独立的审美功能已经得到人们的承认，“以人为本”的审美风尚就是从这个历史背景中产生的。

孟子基于其“民为贵，社稷次之，君为轻”(《孟子·尽心下》)的“民本”思想，认为梁惠王喜爱“世俗之乐”厌弃“先王之乐”的审美趣味，并不妨碍对国家的治理。好的国君要能够“与民同乐”，即让老百姓也能够“欣然有喜色”地欣赏音乐，其间就包含了三层意思：一是承认“今之乐由古之乐”，世俗音乐仍然有其审美价值；二是任何人在温饱问题解决之后都具有艺术欣赏能力；三是“与民同乐”与治理国家之

---

① 宋玉：《对楚王问》，载《文选》卷四十五。

② 孙作云：《诗经恋歌发微》，转引自赵沛霖：《诗经研究反思》，204页，天津，天津教育出版社，1989。

间有连带关系，“今王与百姓同乐，则王矣”。(《孟子·梁惠王下》)

总之，从周初的“天命观”中衍生出来的“美善一体”的人文价值观念，走出了一条“人道”逐渐脱离“天道”，“人性”逐渐独立于“神性”的发展历程。至春秋战国之际，一个扬弃了“彼岸性”的“以人为本”的审美风尚传统，终于从先秦礼乐文化精神中脱颖而出，其间的变化虽多，但一条一以贯之的思路是：以人的生存、人性的平等、社会的安定、人际的和谐及其相关的自然情感为基准，追求一种实用—精神性功利的和睦与满足。这一基本价值指向，使得华夏民族的审美风尚，始终不作超越性的冥思玄想，在一种理想性的现实模式空间中展开审美的想象，寄托其生命情怀，品味其人生价值。

2. 实用精神。钱穆先生认为，至迟在秦汉统一之前，脱离了周初血缘封建制度的“平民社会”之潮流已经出现，表现为“教育主于启发与自由，政治主于德感与平等，对异民族主于与我同化与和平”的“大同”的文化胸襟，具有以仁爱为中心，反对天命，注重福利，“站在全人类的立场”进行社会性批判的眼界；① 秦汉的大一统及其边患意识，更促使了“民族国家”观念从这一人类性的“大同”理念中滋生，人们渐渐认同了“中国”的意识，“把自己的家庭、生活与它相连，希望自己所在的这个国家能够平安和富强”②，从“天下国家”的角度思考民族的福祉和生命的意义，这是思考战国以降民族审美风尚变迁的重要依据。

同儒家一样，墨子社会学批判的出发点也是“仁”，且具有相似的“天下国家”的忧患意识：“仁者之事者，必务求兴天下之利，除天下之害，将以为法乎天下。”这个可以为天下“利害”之“法”，就是“利

---

① 钱穆：《国学大纲》，119、103页，北京，商务印书馆，1997。

② 葛兆光：《七世纪前中国的知识、思想与信仰世界》，333页，上海，复旦大学出版社，1998。葛氏还引用了汉代铜镜铭文说明之，如：“圣人之作镜兮……中国大宁，子孙益昌，黄帝元吉有纪纲。”“李氏作镜四夷服，多贺国家人民息，胡虏殄灭天下服，风雨时节五谷熟。长保二亲得天力，传告后世乐无极，自有纪，上有仙人不知老，渴饮玉泉饥食枣，夫妻相爱如威田鸟，长宜子。”(周世荣：《湖南出土汉代铜镜文字研究》)

人”，因而墨子理解的“仁”，是关注人的基本生存困境和需要：“民有三患：饥者不得食，寒者不得衣，劳者不得息。三者民之巨患也。然即当为之撞巨钟，击鸣鼓，弹琴瑟，吹竽笙而扬干戚，民之衣食之财，将安可得乎?”这就是墨子从“仁”——“利人”——出发的“非乐”。这种主张尽管有过于注重物质利益，反对人的精神文化追求，过于注重实用性和工具性，否认价值性和超越性的弊端，却仍有其片面的深刻：(1)“非乐”并不否定审美的独立价值。“是故子墨子之所以非乐者，非以大钟、鸣鼓、琴瑟、竽笙之声，以为不乐也；非以刻镂华文章之色，以为不美也。”①(2)“非乐”是有条件的，在温饱等基本生存问题解决之后再追求美不但应当，而且乃“圣人之务”：“故食必常饱，然后求美，衣必常暖，然后求丽，居必常安，然后求乐。”这样的审美行为，才是有利于国家的长久之计，“为可长，行可久，先质而后文”。“文”与“质”在儒家那里，是一对表示人的先天素质与后天修养的人文学范畴，受过儒学训练的墨子将其改造为一个文化社会学范畴，“先质而后文”，先生存而后审美，同孟子的“与民同乐”有惊人的内在一致，二者都将人的生存权利和国家的安危视为文化艺术发展的基础，都是站在知识者的立场上，表达了“天下国家”的忧患意识。(3)“先质而后文”这一文化社会学命题，在墨子那里主要关注的是生存之“质”而非审美之“文”，重“质”而轻“文”的实用价值视野，使得他将目光投向“无文”的古代：“古有无文者得之矣，夏禹是也。卑小宫室，损薄饮食，土阶三等，衣裳细布。当此之时，黼黻无所用，而务在于完坚。殷之盘庚，大其先王之室，而改迁于殷。茅茨不剪，采椽不斲，以变天下之视。当此之时文采之帛，将安所施?”同为“法先王”，儒家看重的是上古帝王道德人格的伟大，墨子却强调上古帝王生活的俭朴，以加重其重质轻文观点的分量，其间很容易滋生出一种以“实用”为美的观念。(4)这种着眼于实用的审美观表现为《墨子佚文》中的“因其可”的生产制造观和崇尚“大巧”的自然美论。“神机阴开，剞劂无迹，人巧之妙，而治世不以为民业”，人工制造物再巧妙，

① 《墨子·非乐上》。

因不合“利民”之“仁”的标准，只能是“巧之具”，只得到“巧”的皮毛。就像语言“多言无益”，抓住关键的寥寥数语反而为“言之时”一样，“因其可”的“大巧”是“奚仲不能放，鲁般弗能造”的，它注重生产制造的实用价值而非审美价值，注重制造物品的质地而漠视其文采：“埏埴以为器，刳木而为舟，烁铁而为刃，铸金而为钟，因其可也。”①作为一种“蔽于用而不知文”(《荀子·解蔽》)的片面深刻性，“大巧”和“因其可”观念的提出，对于战国时代及其以后的民族审美风尚，开辟了一个开阔的新视野，产生了深远的影响。

“因其可”的生产制造观在《考工记》里得到进一步展开。这部成书于春秋战国之际的工艺学典籍，除了记载了当时各种器物制造的工艺过程和规格尺度，还在其中贯穿了以实用为主，兼顾心理和精神需要的综合性工艺—美学特征：“天有时，地有气，材有美，工有巧，合此四者，然后可以为良。”优良的器物制造是“天时”和“地气”“材美”和“工巧”这四方面因素综合起来的结果，“材美工巧，然而不良，则不(得天)时、不得地气也”，“材美工巧”涉及的是工匠在选材和施工方面的经验和技巧，属于制造过程的主体因素，“天时地气”涉及的是制约器物制造的季节气候以及地理方面的客观因素。工匠因“天时地气”而制其宜，“烁金以为刃，凝土以为器，作车以行陆，作舟以行水”，满足人民生活的各种需求，“此皆圣人之所作也”。因此“实用性”是器物制造中的第一要素。譬如，造车轮，结构坚固(“朴属”)才能耐用(“完久”)，尺寸既要考虑到便于人的上下而不能太大(“已崇”)，又要便于马力的拉动而不能太小(“已庳”)，为了能快速移动，车轮与地面的接触面积要小(“微至”)，以减少其摩擦力(《周礼·冬官·考工记总叙》)；造车辕既要考虑到马往前拉，所以要“与马谋”，还要考虑到由人向后推，所以要“与人谋”(《周礼·冬官·辀人》)；再譬如铸钟，钟

① 参见《墨子佚文》。尽管“大巧”“因其可”的文字出自《淮南子》和《太平御览》等后世典籍，且“铸钟”之说也与“非乐”不合，但是从其思想理路来说，它应当是墨子的“先质而后文”观念的逻辑结果，是《墨子》影响了老庄而不是相反。

壁的厚薄关系钟声的“清浊”，钟口的大小关系声音的聚散，“钟已厚则石，已薄则播，侈则柞，弇则郁”，所以钟的规格尺寸要依据一定的客观规律(“有说”)(《周礼·冬官·凫氏》)。这是对墨子“先质而后文”的“因其可”思想在工艺学实践方面的展开和发展，注意到了实用性和科学性的统一。

在“材美工巧”的主体性方面，《考工记》扬弃了墨子“蔽于用而不知文”的片面性，将能动创新和审美心理等主观人文性因素注入工艺过程之中，“审曲面势，以饬五材，以辨民器”(《周礼·冬官·考工记总叙》)——结合“民器”的用途，对“五材”的质地进行仔细的考察，使物质性的制造过程转化为一种自我观照的精神性过程。工匠在长期的制造实践中积累的经验，结晶为实用性的规格尺寸，本身就是一种“以人为本”的价值取向，所以“饬五材”使“民器”为人所用的加工制作，一方面改变了材料的质地或形态，另一方面也将人自身的价值尺度凝聚在器物之中，譬如染布所用的五彩颜色，“青与赤谓之文，赤与白谓之章，白与黑谓之黼，黑与青谓之黻，五彩备谓之绣”，具有娱人心理感受的视觉审美功能，同时又有象征性的文化含义：“画缋之事，杂五色，东方谓之青，南方谓之赤，西方谓之白，北方谓之黑，天谓之玄，地谓之黄。”天地五方相配于不同的色彩，是以“天道”论证人间等级合法性的传统叙事策略，“青与白相次也，赤与黑相次也，玄与黄相次也”，工匠“杂四时五色之位以章之，谓之巧”(《周礼·冬官·画缋》)。在传统工艺美术的语境里，技艺之“巧”中浸润着浓郁的人文价值及其相应的精神功利性指向，技艺与艺术，人文与物理，实用与价值之间呈没有明晰畛域的互动互渗状态，“天时地气”和“材美工巧”通过人的艺术想象力而互为表里。在“梓人”制造悬挂乐器的支架时，将“天下之大兽”分为“致美味”和“贵野声”(郑玄注)两大类：前者主要包括“脂者”——牛羊，“膏者”——豕(猪)，因其味道鲜美而用于祭祀时的牺牲；后者主要包括“蠃者”——虎豹等猛兽，“羽者”——鸟类，“鳞者”——传说中龙蛇之类的动物，它们的肉或许不中吃，但它们具有特异的体态和叫音，所以将其形象雕刻在筍虡上，以引起人们的联想。譬如虎豹等猛兽，唇厚口大，目突耳短，体态粗壮，吼声宏浑，故将其形象雕刻在悬挂钟的支架上；而鸟类体态轻盈，喙尖颈长，鸣声清脆，故将其形象雕刻在悬挂磬的支架上；龙蛇之类头小身长，故将其雕刻在连接支架的横木上。这些龙蛇禽兽的造型，均突出一种张口突目、龇牙舞爪、吹须乍鳞的"拨尔而怒"的神态，并且在它们的身上涂抹五彩颜料，一旦乐声齐鸣，这些栩栩如生的龙蛇禽兽犹如在腾跃啸叫一般(《周礼・冬官・梓人》)，给人以"匪[斐]色似鸣，若备其声"(贾公彦疏)的综合性艺术感受。在这里，一直作为祭祀礼仪中的音乐演奏，被赋予了鲜明而入世的审美性格，娱人而非娱神的艺术想象力徜徉于这些飞禽走兽之中，人自身成为艺术及其欣赏的主体。

3. 自由之美。西周"天命说"将匍匐于神权之下的人赋予道德理性的权威，以人格之美替换了狞厉之美，经先秦儒家以"仁"为人之本质的界说，人性的尊严地位已经得到确立。但是这种人性，依然是以等级制为框架的群体意义上的人性，《孟子・尽心下》对人的价值的善、信、美、大、圣、神的阶梯式褒扬，实际上使得人性成为亲亲、尊尊的道德义理符号，顺理成章地引申出了《礼记・大学》里人的价值的实现渠道——由正心诚意而修齐治平，人性的发展受到等级群体框架的限制。在社会现实中，一方面，春秋战国时代为争夺权力和聚敛资源而酿成的内乱战祸不仅使上述理想化了的人性价值难以实现，而且对于人的生命也造成了极大的戕害；另一方面，统治者对思想资源的需求却促成了多元化思潮的涌现，人们开始思考个体生命意义上的人性价值，即相对于"天下国家"的个体意义上的生命意义，出现了将个性与社会性对立起来，强调"全性保真，不以物累形"(《淮南子・氾论训》)的张扬个体生命意义的人生价值观。

"全性保真"说排斥了群体性的"天下国家"的人生意义，强调"今吾生之为我有"(《吕氏春秋・重己》)的生命本位观念，主张"拔一毛而为天下，不为也"(《孟子・尽心上》)的生命尊严。刘泽华先生认为这一观念的"关键在于拔一毛有损于全性保真。利于天下或利之以天下只不过是一种夸张性的衬托说法而已。它的基本点是贵己，意在表示绝不把己当成一种交换物，哪怕是用一根汗毛换一个天下也不干……

在现实生活中也根本不存在拔一毛而‘利于天下’或‘利之以天下’的问题。这是个理论命题，目的在于说明‘全性保真’和‘己’的神圣性”①。在个体生命神圣性的映射下，天下大利及其价值都成为世俗的时尚的追求，而人性本身超越道德—政治的价值尺度凸显了出来。与人性的社会价值的入世倾向针锋相对，内在于“全性保真”说的出世倾向决定了在当时的条件下，其中所宣扬的生命的超越性价值尺度只能或者在非现实的精神空间内搜寻，或者到生前死后乃至生命永恒的领域里思索，注定了它只能够或者走向修炼形体飞升成仙的神仙方术，或者走向精神解脱泯灭死生的形上自由。

徐中舒先生认为，战国时代鲁国以南的泗上以至淮河流域低地区，包括陈、蔡、宋、楚等南方地区，原始村社残余保存得多，《论语·子路》：“南方有言曰，人而无恒，不可作巫医。”农村公社传统破坏较少，阶级意识不很发达，原始巫术意识却较为浓厚，而“北方学者尊崇周公，以家族公社为出发点，主张封建等级制。南方学者则服膺神农之教，宣传人人不脱离生产劳动，自给自足，与人无争，非攻反战”②。原始的血缘平等观念及其巫术文化意识同封建等级制度及其礼乐文化意识之间，具有诸多的价值观念分歧。从这个角度就比较容易理解为什么“全性保真”的个体生命价值观会同道家学派和《楚辞》有内在的关联，何以能够在南方原始血缘—巫术文化的丰厚资源中产生并汲取自身发展的形式和动力。

在《楚辞·远游》中，受嫉贤妒能的社会习气中伤的诗人，愿摆脱“沈浊而污秽”的世俗羁绊，乘清扬之气向上飞升作精神逍遥的远游，去探寻一个超凡脱俗的精神境界：“内惟省以端操兮，求正气之所由。漠虚静以恬愉兮，澹无为而自得。闻赤松之清尘兮，愿承风乎遗则。贵真人之修德兮，美往世之登仙……奇傅说之托星辰兮，羡韩众之得一。形穆穆以浸远兮，离人群而遁逸。”具有社会价值的道德节操和“配义与道”的“至大至刚”的“浩然之气”(《孟子·公孙丑上》)，开始向

① 刘泽华：《先秦政治思想史》，496～497页，天津，南开大学出版社，1984。
② 徐中舒：《先秦史论稿》，323、324页，重庆，巴蜀书社，1992。

注重个体价值的虚静恬淡、寂寞无为的道家本体转移，祈望君臣遇合“用而不疑”(《楚辞·离骚》)的入世人格倾向，也被得纯一之道而远离人群尘世、遁逸缥缈星空的个人性的“真人”形象所取代，“餐六气而饮沆瀣兮，漱正阳而含朝霞。保神明之清澄兮，精气入而粗秽除。顺凯风以从游兮，至南巢而一息。见王子而宿之兮，审一气之和德”，诗人以天地之六气为餐，以清晨的露水为饮，吸吮精气吐故纳新，全性保真以使神明清澄，在南风的吹拂下飘忽而游，与成仙得道者讨论怎样以“一气”来“和德”。这不禁使人想起了《庄子》里“乘天地之正，而御六气之辩，以游无穷”的“至人”“神人”，他们深谙“一气”贯通生聚死散、点化腐朽神奇之大道，因而远离群体性的社会，“不食五谷，吸风饮露，乘云气，御飞龙，而游乎四海之外”，臻至齐万物、一死生的“火弗能热，水弗能溺，寒暑弗能害，禽兽弗能贼”①的生命境界。

这种以战国时代南方楚地巫术文化奇诡绚丽的想象，及其形神修炼的神仙方术为基础的“全性保真”思想，标志着华夏民族审美风尚史上的一个重要特征的形成：在学术沦为政治，士人入仕为正途的专制而一统的漫长岁月里，那些“博闻强志，明于治乱，娴于辞令”且保持着“举世混浊而我独清，众人皆醉而我独醒”的个性鲜明者，多了一条“漠虚静以恬愉兮，澹无为而自得”这样一条自我精神解脱的方式与渠道。通过这种方式与渠道，那些不能释怀于“以身之察察，受物之汶汶”(《史记·屈原贾生列传》)的高洁之士，可以通过呼吸吐纳之类的神仙方术，以“涤除玄览”和“心斋”“坐忘”的心性修炼而“见独”体道，② 达到一种个体精神自由的生命状态；“见独”即得“一”，“其一，与天为徒；其不一，与人为徒”(《庄子·大宗师》)，这种堕人而举天的精神追求，既开辟出了一块“采菊东篱下，悠然见南山”的生存空间，又将个性化的艺术想象力送上天穹而自由翱翔，“文之思也，其神远矣。故寂然凝虑，思接千载；悄焉动容，视通万里”“或理在方寸

---

① 《庄子》：《逍遥游》《知北游》《秋水》。

② 《老子·十章》；《庄子》：《人间世》《大宗师》。

而求之域表，或义在咫尺而思隔山河”[①]“观古今于须臾，抚四海于一瞬”[②]，为生命开凿出一片审美直觉的空间，为人生矗立起一种精神自由的尺度：将作为万物本根的自然之“道”寓于治事和技艺之中，经过心斋和凝神，排除世俗价值的干扰，技则进于道，以至兼于道而合于天，用于制鐻，“鐻成，见者惊犹鬼神”，用于斲轮，则“不徐不疾，得之于手而应于心”，用于解牛，则“手之所触，肩之所倚，膝之所踦，砉然向然，奏刀騞然，莫不中音。合于桑林之舞，乃中经首之会”[③]，在这块得益于楚地巫风而由艺术想象力凿出的审美直觉空间里，个性自由、审美愉悦和技艺娴熟已经融为一体。自战国以降，天地之大美，自然之至乐，空谷之天籁等审美观照方式已经浸入中国人的生存状态，作为民族审美风尚里接通个体生命体验的主渠道，这种精神性的“自由之美”，成为传统文化里通过多元化人性感悟而提供人文性文化诉求资源，促进其价值理性的批判视野不断开阔的重要机制。

第三节　雄浑之美

钱穆先生认为秦汉的大一统，不仅意味着国家民族的抟成和政治文化制度的奠基，而且意味着传统的血缘贵族体制的解体和“平民政权之初创”[④]。车同轨书同文的一统江山，铸就了汉代文明兼容并蓄的文化胸襟。在汉初文化政策的奖掖之下，地域文化、民间文化、精英文化、贵族文化之间，呈现出一派融会贯通的大家气派，《汉书·艺文志》云：

汉兴，改秦之败，大收篇籍，广开献书之路。迄孝武世，书缺简

① 刘勰：《文心雕龙·神思》。

② 陆机：《文赋》。

③ 《庄子》：《天地》《达生》《天道》《养生主》。

④ 钱穆：《国史大纲》，128页，北京，商务印书馆，1996。

脱，礼坏乐崩，圣上喟然而称曰："朕甚闵焉！"于是建藏书之策，置写书之官，下及诸子传说，皆充密府。至成帝时，书颇散亡，使谒者陈农求遗书于天下。诏光禄大夫刘向校经传诸子诗赋，步兵校尉任宏校兵书，太史令尹咸校数术，侍医李柱国校方技。每一书已，向辄条其篇目，撮其指意，录而奏之。会向卒，哀帝复使向子侍中奉车都尉歆卒父业。歆于是总群书而奏其《七略》，故有《辑略》、有《六艺略》、有《诸子略》、有《诗赋略》、有《兵书略》、有《数术略》、有《方技略》。

尽管武帝一朝有复古更化、独尊儒术的举措，但思想意识的一统确立并未阻塞文化学术的汇总整理，二者犹如百川归海而汇为顺应民族国家统一的历史潮流。《汉书·地理志》以气吞山河的大手笔极写汉王朝疆域之辽阔，物产之丰富，并将统一前不同地区的民情风俗以鸟瞰的气势一一予以介绍：秦人殷实争大，魏人刚强好胜，陈人淫祀尊巫，韩人好商夸奢，燕人慷慨尚侠，齐人重名足智，鲁人尚礼好学，卫人重色轻生，楚人耕渔信鬼……辽阔疆域上不同地域的民俗风情尽收眼底，并且都能以一种"国之利害，故备论其事"①而为我所用的民族国家情怀平等视之。这种平等而多元的文化价值眼界直接促使了多元化的文化交汇融合和"雄浑之美"的审美风尚的滋生发展。

1. 郑声勃兴。汉政权的"平民"色彩②使它对民间文化情有独钟。《后汉书·南蛮传》："阆中有渝水，其人多居水左右，天性劲勇……俗喜歌舞。高祖观之曰：'此武王伐纣之歌也。'乃命乐人习之，所谓《巴蜀舞》也。"采集民歌以娱乐之，遂成汉王室的喜好。史载"高祖乐

① 《汉书·沟洫志·赞》。

② 刘邦之"父称太公，无名。母曰刘媪，并亡其姓。高祖行三，故曰刘季，既有天下，因名刘邦。一时群臣，如萧何为沛主吏掾，曹参为狱掾，任敖狱吏，周苛泗水卒吏，申屠嘉材官，陈平、王陵、陆贾、郦商等皆白徒，周勃织薄曲、吹箫给丧事，樊哙屠狗，灌婴贩缯，娄敬挽车，惟张良为韩相贵胄。汉初皇后以多出微贱。项羽、田横之徒皆贵族，而皆不能成事，此可以觇世变"。（钱穆：《国史大纲》，上册，128页，北京，商务印书馆，1996）

楚声”，故汉初，在国家祭祀礼仪上对传统乐舞有所继承发展之外，还有专供刘邦本人欣赏的《房中祠乐》，这是一首由“高祖唐山夫人所作”(《汉书·礼乐志》)的楚地民歌，刘邦本人也曾自作楚歌以抒胸臆，《史记·高祖本纪》：“高祖还归，过沛，留。置酒沛宫，悉召故人父老子弟纵酒，发沛中儿得百二十人，教之歌。酒酣，高祖击筑，自为歌诗曰：‘大风起兮云飞扬，威加海内兮归故乡，安得猛士兮守四方！’令儿皆和习之。高祖乃起舞，慷慨伤怀，泣数行下。”《汉书·张良传》记载，刘邦病重期间，曾亲自唱起“楚歌”，让戚夫人为他跳“楚舞”，以宣泄他们心中悲痛的情感。

在汉高祖的带动下，武帝遂设专职采风歌舞的机构——“乐府”，据《汉书·艺文志》：“自孝武立乐府而采歌谣，于是有赵代之讴，秦楚之风，皆感于哀乐，缘事而发，皆可以观风俗，知薄厚云。”这里的“采歌谣”，是指沿袭上古“采风”传统，搜集河北(赵)、代(河西、雁北)、秦(陕甘)、江淮(楚)各地的民歌民情、社会动态，有益于统一帝国的巩固，《后汉书·乔玄传》：“平帝元始四年，选明达政事，能班化风俗者八人。时举玄为绣衣使者，持节与太仆恽等分行天下，观览风俗，专至专行诛赏。”《汉书·礼乐志》：“至武帝定郊祀之礼，乃立乐府，采诗夜颂。有赵代秦楚之讴。以李延年为协律都尉，多举司马相如等数十人造为诗赋，略论律吕，以合八音之调，作十九章之歌。”这里的民歌采集演奏，是为了满足统治者自身欣赏和歌功颂德的需要。

由于朝廷的表率提倡，迄至西汉末年，“‘郑声’尤甚。黄门名倡丙强、景武之属富显于世，贵戚五侯定陵、富平外戚之家淫奢过度，至与人主争女乐”(《汉书·礼乐志》)。“今富者，钟鼓五乐，歌儿数曹；中者鸣竽调瑟，郑舞赵讴。”(《盐铁论·散不足》)虽然当时士大夫仍多以“郑卫之声”称谓乐府民歌，但是流风所披，风气已开，势难逆转。据《汉书·艺文志》所列百余年间汉乐府所收曲目，有《吴楚汝南歌诗》15 篇，《燕代讴雁门云中陇西歌诗》9 篇，《邯郸河间歌诗》4 篇，《淮南歌诗》4 篇，《齐郑歌诗》4 篇，《左冯翊秦歌诗》3 篇，《京兆尹秦歌诗》5 篇，《河东蒲反歌诗》1 篇等，几乎囊括了当时汉王朝的版图所及范围内的民间歌谣，称其为“郑声勃兴”当不为过。

管林先生曾按汉乐府中“相和歌”的主题进行分类，其间得以窥见当时统治者的审美旨趣所及：(1)图长生不老，求神保佑的唯心迷信类。如《长歌行》：“仙人骑白鹿，发短耳何长。导我上太华，揽兰获赤幢。来到主人门，奉药一玉箱。主人服此药，身体日康强。发白复更黑，延年寿命长。”(2)处事哲理类。如《君子行》：“君子防未然，不处嫌疑间。瓜田不纳履，李下不整冠。叔嫂不亲授，长幼不比肩。劳谦得其柄，和光甚[慎]独难。周公下白屋，吐哺不及餐。”(3)爱情类。司马相如的《凤求凰》，卓文君的《白头吟》流传甚广。汉武帝《秋风词》：“秋风起兮白云飞，草木黄落兮雁南归。兰有秀兮菊有芳，怀佳人兮不能忘。泛楼船兮济汾河，横中流兮扬素波。箫鼓鸣兮发棹歌，欢乐极兮哀情多。少壮几时兮奈老何，少壮几时兮奈老何?”(4)游思类。(5)社会生活、社会问题类等。① 从这个简单的分类中透露出两个明显的信息：第一，与春秋战国时代统治阶层尚不敢理直气壮地承认喜爱“郑卫之声”相比，至少在汉代统治者眼里，艺术及其审美应当关涉人的生命追求和意义感受，因而具有合法性，就此而言，“郑卫”歌谣的美学价值也不应在雅颂之乐以下，民间艺术步入官方的审美殿堂，美本身的价值第一次得到当权者公开的承认；第二，在南方巫术文化基础之上产生的楚辞楚歌楚舞及其悲凉的人生况味，成为汉代艺术和审美风尚的重要精神资源和形式资源。姜亮夫先生说，“汉的建制虽是抄秦，但汉家的文化制度和趋向却又是楚国的。如《郊祀歌》便是照抄《九歌》。此外，高祖的《大风歌》，武帝的《秋风词》、《瓠子歌》也皆楚调。所以说除建制外，汉家的真正文化思想体系，大都是楚人的东西”②，可谓一语破的。

2.“百戏”风采。统一大帝国的出现促使了华夏艺术和审美的表现气势的扩大。《史记·秦始皇本纪》记载，秦每破一个诸侯国，就将其宫室仿制于咸阳，并将俘获的“美人钟鼓”迁入其中，“正义”引《三辅

---

① 管林：《中国民族声乐史》，48～56页，北京，中国文联出版公司，1998。

② 姜亮夫：《楚辞今译讲录》，75页，北京，北京出版社，1981。

旧事》"中外殿观百四十五，后宫列女万余人，气上冲于天"，可以想见当时皇家歌舞表演的宏大气势。

这种气势在汉代进一步发展。汉代"百戏"——吞刀、吐火、走索等杂技表演，武术、角力、扑跌等竞技表演，幻术、滑稽等娱乐表演，音乐、歌舞等艺术表演等民间艺术的泛称，又称"角抵"——的场面十分盛大，有王室组织的综合性"百戏"演出，《汉书·武帝纪》记载，"元封三年春，作角抵戏，三百里内皆（来）观"，"元封六年夏，京师民观角抵于上林平乐观"，其间洋溢着一派盛大的歌舞升平、"与民同乐"气象，"撞万石之钟，击雷霆之鼓，作俳优，舞郑女"（《汉书·东方朔传》）。除了震耳欲聋的音响效果，"百戏"的盛大还表现在内容的丰富上。根据《西京杂记》、张衡的《西京赋》等文献记载和汉代画像砖上的画面描绘，"百戏"中不仅有杂技、竞技、娱乐、歌舞，还有一批略具情节、表现人生感叹和追求的剧目。如反映为民除害而与虎搏斗，终因年老力衰反为虎所杀的《东海黄公》；描写饮甘露、食仙果的群仙聚会于仙山神树间的《总会仙倡》；还有表现在巍峨的神山上，"海麟变而成龙"，"舍利""化为仙车"①的《鱼龙曼延》……汉人似乎想把其意识中和现实里的一切都通过"百戏"的演出而再现出来。司马相如《上林赋》云：

撞千石之钟，立万石之虡。建翠华之旗，树灵鼍之鼓。奏陶唐氏之舞，听葛天氏之歌。千人唱，万人和。山陵为之震动，川谷为之荡波。《巴渝》、宋、蔡，淮南《于遮》，文成、颠歌。族居递奏，金鼓迭起，铿锵闛鞈，洞心骇耳。荆、吴、郑、卫之声，《韶》《濩》《武》《象》之乐，阴淫案衍之音，鄢郢缤纷，《激楚》结风，俳优侏儒，狄鞮之倡，所以娱耳目而乐心意者，丽靡烂漫于前，靡曼美色于后。

上起陶唐葛天之乐，下迄荆吴郑卫之声，从上古祭祀乐舞，到俳优侏儒歌舞，神话和现实，历史与当代，艺术与想象，教化与娱乐，

① 张衡：《西京赋》。

都在震耳欲聋、荡人心魄、林林总总的“百戏”中找到自己的位置，给人以心旷神怡、飘然欲仙的享受。

鲁迅先生曾指出：“中国本信巫，秦汉以来，神仙之说盛行，汉末又大畅巫风，而鬼道愈炽。”①信巫尚鬼是汉代社会生活及其审美风尚里十分重要的主题，② 它不仅体现在官方提倡的“天人感应”说里，如董仲舒在《春秋繁露·求雨》里就对四时求雨的传统巫术作过严肃而详尽的描述，而且也存在于朝廷国家和民间百姓的日常生活之中。譬如在《论语》《礼记》《周礼》《吕氏春秋》等先秦典籍中，都有关于以驱除瘟疫和厉鬼为目的的傩仪。《周礼·夏官·方相氏》：“方相氏掌蒙熊皮，黄金四目，玄衣朱裳，执戈扬盾，帅百隶而时傩。”“方相氏”即上古神话中相貌奇丑无比的凶神蚩尤，③ 由他头戴令人恐惧的黄金面具，身着熊皮，以便将厉鬼吓跑。其中在“季冬月”即腊月举行的“大傩”，至东汉已经演化为全国上下统一举行的仪式活动。据《后汉书·礼仪中》记载，“先腊一日，大傩，谓之逐疫。其仪：选中黄门子弟年十岁以上，十二以下，百二十人为侲子。皆赤帻皂制，执大鼗。方相氏黄金四目，蒙熊皮，玄衣朱裳，执戈扬盾。十二兽有衣毛角。中黄门行之，宂(冗)从仆射将之，以逐恶鬼于禁中”，待到宫中计时的漏壶开始加水的时刻，百官在前殿聚齐，皇帝乘舆而至，黄门令请示：“都准备好了，是否开始?”得到准许后，有中黄门领唱，侲子(童子)和之，唱出 12 位神兽的姓名(甲作、胇胃、雄伯等)，让它们在方相

---

① 《鲁迅全集》，第 8 卷，31 页，北京，人民文学出版社，1957。

② 吕思勉先生认为汉武帝在位期间最为奢靡之事为“事祠祭，求神仙”，从痴迷于“神君”，到“求蓬莱安期生之属”“幸甘泉”“郊拜太一”，多次封泰山，“登之罘，浮大海，用事八神延年”等求神问卜、寻仙访药举动，均为他幻想长生不死所致，“案武帝之崇儒，在其即位之初，而封泰山乃在其后三十年，改正朔，易服色，则又在其后，其非用儒家言可知。武帝盖全惑于方士之言，其封泰山，亦欲求不死而已。终武帝世，方士之所费，盖十倍于秦始皇”。(吕思勉：《秦汉史》，137～138 页，上海，上海古籍出版社，1983)

③ 陈多：《古傩略考》，载《中国傩文化论文选》，贵阳，贵州民族出版社，1989。

氏的带领下驱逐十个厉鬼——殈、虎、魅、咎、不祥、梦、磔死寄生、观、巨、蛊——高声唱道："凡使十二神追恶凶，赫女躯，拉女干，节解女肉，抽女肺肠。女急不去，后者为粮!"方相氏率领十二神兽与十个厉鬼展开殊死搏斗，观者呐喊助威，如此反复三次，众人手举火炬，"送疫出端门；门外驺骑传炬出宫，司马阙门门外五营骑士传火弃洛水中"，宫廷大傩仪式即告一段落。

民间大傩在张衡《东京赋》中有生动的描述："卒岁大傩，殴除群厉。方相秉钺，巫觋操茢。侲子万童，丹首玄制。桃弧棘矢，所发无臬。飞砾雨散，刚瘅必毙。煌火驰而星流，逐赤疫于四夷，然后凌天池，绝飞梁。"方相氏率领众巫觋和童子上天入地，于四面八方与厉鬼（这些厉鬼又与宫室所驱有所不同，它们是：螭魅、獝狂、蝼蛇、方良、耕父、女魃、夔魖、罔像、野仲、游光、魖蜮、毕方等）斗智斗勇斗法，展开激烈的战争，最后战而胜之，将其驱除干净，"京室密清，罔有不韪。于是阴阳交和，庶物时育"。自然与社会、鬼域与人间的界限和秩序得以重新安排和恢复，昭示着新的一年、新的希望又重新开始。

汉代的"百戏"表演，充分利用了传统的信仰资源，但其中所洋溢的却是一种以人为主的入世情怀。人们通过各种表演和仪式，将自己的生命企盼和人生理想注入"百戏"表演，一派娱人的审美冲动贯穿其间，人成为审美活动里的主角和主宰，"现世的自信越强大，宗教的喜剧也就越热闹，场面也就越大，直恨不得要把宇宙踩在脚下做舞台"①，这就是汉代审美风尚里永远令后人感叹景仰的博大而深远的人文情怀。

3. 大赋神韵。汉代文化精神的主要特征之一，用司马迁在《报任安书》里的两句话概括，就是"究天人之际，通古今之变"——试图从当时人们所认为的宇宙结构（天）中，寻找民族国家（人）大一统的合法性依据。这不仅表现在董仲舒为"天人三策"里频频出现的"以观天人相与之际""天人之徵，古今之道"这样的"天人合一"的思想观念，而

① 王毅：《开拓与自信》，载《读书》，1987(9)。

且体现为《吕氏春秋·应同》所说“类同相召，气同则合，生比则应”这样的“天人感应”的思维模式，认为天人之间因同构而互感相应。在汉人的意识里，文化艺术作为人的创造，与天地宇宙的结构及其阴阳五行的法则是相融相通的，“故天有春、夏、秋、冬四季，十二月；乐有喜怒哀乐四情与黄钟、大吕、大蔟、夹钟、姑洗、仲吕、蕤宾、林钟、夷则、南吕、无射、应钟十二律。地有金、木、水、火、土五行；乐有宫、商、角、徵、羽五音。甚至在律制计算上西汉今文易学开创者京房以律历相合，依三分损益之法上下相生，以六十律合一年三百六十天。这些都可以说是汉人对乐在‘天人感应’这样一个宏大思维架构中的地位所具有的认识”①。

天人感应思维模式也同样体现在建筑美学中。《史记·秦始皇本纪》载秦始皇嫌咸阳人多而宫廷小，“乃营作朝宫渭南上林苑中。先作前殿阿房，东西五百步，南北五十丈，上可坐万余人，下可建五丈旗。周驰为阁道，自殿下直抵南山。表南山之巅以为阙。为复道，自阿房渡渭，属之咸阳，以象天极阁道绝汉抵营室也”。这里的所象的“天极”即天极星中的帝星，秦人以它为皇帝的象征，“从它那里向南通过阁道星渡过银河(天汉)，正好到达营室，营室在天官书中被称为离宫。于是秦人根据这个星位，在咸阳之南的渭水上架设复道，过渭水之南建阿房宫，以形成天地譬喻的情况。天上是，从天极星通过阁道星渡过银河达营室；地上是，从咸阳通过复道渡过渭水到达阿房宫”②。这种天人同构的建筑模式，反映了秦汉统一帝国为专制王权提供的建筑美学证明。除了天人同构的权威结构，秦汉建筑风格还体现为规模的庞大。史载秦国将六国宫室“写放”于“咸阳北阪之上”，“关中计宫三百，关外四百余”(《史记·秦始皇本纪》)，汉承秦制，“秦代之三百离宫，汉代往往修之，既因其固有者而复加增之，可谓

---

① 修海林：《古乐的沉浮》，57页，济南，山东文艺出版社，1989。

② 范振国、郑慧生：《当今书刊中古文误读释举例》，载《河南大学学报》，1987(4)。

超越前代矣”①。在“苞括宇宙，总览人物”的“赋家之心”②里，这种“天人感应”的美学思维构架更是体现得淋漓尽致，充分展示了汉代审美风尚的时代精神。

有别于作为《楚辞》延伸的骚体赋和魏晋六朝的抒情小赋，汉大赋虽然承袭了《楚辞》的资源，尤其是后者上天入地、缥缈遨游的奇特的神话式想象，及其与之相应的排比铺陈、引类取譬的修辞手法，但是又同汉代文化中沟通天人、百川归海的民族国家的文化情怀和精神气质有着内在的关联。刘勰认为“气往轹古，辞来切今，精采绝艳，难以并能”的楚辞，对汉赋造成了深刻的影响，“是以枚(乘)贾(谊)追风以入丽，(司)马(相如)扬(雄)沿波而得奇，其衣披词人，非一代也。故才高者菀其鸿裁，中巧者猎其艳词，吟讽者衔其山川，童蒙者拾其香草”③，道出了二者之间从表现手法到想象模式的内在相似。这种相似主要在于汉赋对《楚辞》的形式资源的继承，诸如后者常用的虬龙鸾凤、香草美人、仙乡帝都等意象同样频频出现在汉赋之中。譬如司马相如表现“帝王之仙意”的《大人赋》，给“大人”即武帝设计的“载云气而上浮”的“远游”，同样地“驾应龙象舆”，“骖赤螭青虬”而“与真人乎相求”，通过“呼吸沆瀣”的吐纳修炼，达到“超无有而独存”的神仙境界，并且刻意投武帝之所好，“使五帝先导”让“陵阳”仙人断后，更具帝王气派……其结构布局和具体词句，都与《远游》和《离骚》相似；张衡的《思玄赋》，也是先说如何有“内美”却遭小人陷害而报国无门，于是上天入地开始远游，经历扶桑、昆仑等仙境，会见西王母、宓妃等神仙人物，在求仙的途中“据开阳而俯眡兮，临旧乡之谙蔼”，仍然对人世有斩不断的思恋。

相对于《楚辞》，汉赋的开新之处在于将“究天人之际”的美学思维架构同缥缈遨游的神话式想象有机地融会起来，竭力铺陈大一统汉帝国无可比拟的气魄和声威，以及至高无上的皇权的庄严和伟大，《汉

---

① 朱杰勤：《秦汉美术史》，42页，北京，商务印书馆，1957。

② 《西京杂记》卷二载司马相如言。

③ 刘勰：《文心雕龙·辨骚》。

书·扬雄传》:“雄以为赋者,将以风也,比推类而言,极丽靡之词,闳侈巨衍,竞于使人不能加也。”个人在这种“丽靡之词”的“闳侈巨衍”的堆砌面前,只能被其中的气魄和声威震慑得无言以对,匍匐在威严的皇权脚下。譬如司马相如的《子虚》《上林》二赋,以子虚夸楚中云梦的辽阔为始:“楚有七泽,尝见其一,未睹其余也,臣之所见,特其小小者耳,名曰云梦。云梦者,方九百里,其中有山焉。其山则盘纡茀郁,隆崇嵂崒;岑岩参差,日月蔽亏;交错纠纷,上干青云;罢池陂陁,下属江河。”乌有先生不服气,说齐国的渤澥、孟诸更大,可以“吞若云梦者八九,其于胸中曾不蒂芥”,将八九个云梦吞进肚里,也不会有什么感觉。谁知亡是公笑了起来,说“且夫齐楚之事又焉足道邪!君未睹夫巨丽也,独不闻天子之上林乎?左苍梧,右西极,丹水更其南,紫渊径其北……于是乎崇山矗矗,巃嵷崔巍,深林巨木,崭岩㟥嵳……芒芒恍忽,视之无端,察之无涯”,其间充满各种珍禽异兽,奇花异果,于秋冬之际,天子在上林游猎,“乘镂象,六玉虬,拖蜺旌,靡云旗,前皮轩,后道游,孙叔奉辔,卫公参乘,扈从横行……江河为阹,泰山为橹,车骑雷起,隐天动地……”

刘勰认为像《上林》这样的“京苑”大赋,在用字技巧上追求“假借形声”的效果,① 即充分运用汉字偏旁给人造成的视觉联想,“一望而可知这个字所代表的事物,是属于什么事类。譬如见山旁即知为山,水旁即知为水”②。汉大赋中将同一偏旁的字连缀在一起,辅之以大量的连词、对偶、排比句式,令人目不暇接,其层层渲染,一浪高过一浪的壮阔气势,造成强烈的视觉冲击力,给人以丰富、铺张、宏丽、盛大的感受。司马相如在《难蜀父老书》(见《史记》本传)中说:“盖有非常之人,然后有非常之事;有非常之事,然后有非常之功。非常者,固常人之所异也。”饶宗颐先生在评价这段话时指出:

① 刘勰:《文心雕龙·练字》。

② 《饶宗颐史学论著选·汉字与诗学》之五,转引自于迎春:《汉代文人与文学观念的演进》,36页,北京,东方出版社,1997。

只有非常之人能说出非常之话。相如本人是非常人，才有这种非常话，但非常人的司马相如，只有遇到非常人的汉武帝才能发挥他非常人的才华，显露他非常人的潜力。①

上承《楚辞》余绪，下辟汉赋辉煌的司马相如等汉赋大家们，抓住历史的机遇展示自己的才华，将汉人天人相与、同构互感的博大气魄和历史感悟凝结为大赋这一独特的艺术形式，为传统文化注入了一种发扬蹈厉、自信自强、气吞山河的民族魂魄，也为后人矗立了一块不可再现也难以企及的审美丰碑。尽管用今天的标准可以指斥它堆砌辞藻、华而不实，但它毕竟以当事人的身份记述描绘了这一段不能重演的历史，给我们留下了永恒的回味。

4. 讽劝之辩。在中国历史上，比较“纯粹”的知识群体——士阶层——的崛起，得益于春秋以降诸侯、大夫与王权分庭抗礼的对立局面，及其不可避免的百家争鸣的思想多元化趋势，知识及其人文价值尺度，成为士阶层赖以安身立命的基础。孟子之所以敢于开口就当面指责梁惠王重利轻义，就是因为分裂的政治权力给士阶层提供了一个“君有过则谏，反覆之而不听则去”②这样一个宽松的文化生态环境。秦汉的一统政权却使这种自由的文化生存空间成为永远的过去。钱穆先生认为，汉武帝从董仲舒请，罢黜百家，只立《五经》博士，士阶层“纯化为专门研治历史和政治的学者”，并且政府官员也开始由考试中第的博士弟子和郡国长官察举的属吏充任，以文士阶层为主体的“士人政府由此造成”③。《史记·儒林列传》：“及今上（武帝）即位……而公孙弘以《春秋》白衣为天子三公，封以平津侯。天下之学士靡然风向矣。”《汉书·韦贤传》：“韦贤，前汉邹人……笃志于学，兼通《礼》《尚书》，以《诗》教授，号称邹鲁大儒，征为博士，给事中，进授昭帝

① 饶宗颐：《澄心论萃》，99页，上海，上海文艺出版社，1996。

② 《孟子·万章下》。孔子说：“笃信善学……天下有道则见，无道则隐。”（《论语·泰伯》）孟子说：“王公不致敬尽礼，则不得亟见之。见且由不得亟，而况得而臣之乎？”（《孟子·尽心上》）

③ 钱穆：《国史大纲》，上册，146页，北京，商务印书馆，1996。

《诗》，稍迁光禄大夫詹事，至大鸿胪……本始三年(前 71 年)，代蔡义为丞相……少子玄成，复以明经历位至丞相。故邹、鲁谚曰：‘遗子黄金满籯，不如教子一经。’”《汉书·马宫传赞》：“自孝武兴学，公孙弘以儒相，其后蔡义、韦贤、玄成、匡横、张禹、翟方进、孔光、平当、马宫及当子晏咸以儒宗居宰相位，服儒衣冠，传先王语。”宰相由身着儒衣儒冠的儒士担任，标志着儒学由学术演变为国家意识形态，“士人政府”将此前或处士横议或为帝王师的“士”转化为专制机器上的“仕”，不仅给读书人的治学心态带来了巨大的冲击，而且整体意义上的知识及其人文价值尺度由孟子时代超越君权王室的“天下国家”下降为“王权国家”，“道统”“君统”之间相互制约的平衡，也由于前者独立性格的丧失而向后者倾斜，文化成为王权的附庸，这一中国文士阶层生存状态的彻底逆转以及由此产生的心理失衡，对于那些具有理想主义倾向、希望以知识的价值尺度制约专制权力的文士而言，就是一种十分矛盾和痛苦的生命形态。有关汉赋“讽”“劝”功能的思考与论辩，就是这种矛盾和痛苦的反映。

大一统和绝对王权对文化生态带来的影响之一，就是“主文谲谏”说。《诗大序》：“上以风化下，下以风刺上，主文而谲谏，言之者无罪，闻之者足戒，故曰风。”郑玄“笺”：“风化、风刺皆谓譬喻不斥言也。主文，主与乐之宫商相应。谲谏，歌咏依违，不直谏也。”知识者与君主之间的关系，不再是价值解释者和权力所有者之间的平等互补的师友关系，而是君(宫)臣(商)之间的上下等级关系，“斥言”与“直谏”权利的丧失，标志着王权体制里的文学弄臣依附人格的形成。大赋作者尽管才华横溢，但必须受到帝王的赏识才能发挥自己的文学才能，所以涌动于《天问》《离骚》的那个自以为真理在手，因而叩问苍天直抒胸臆的诗魂已不复存在，汉赋作者的才情气质都不得不指向自身以外的目的。《汉书·枚乘传》：“(枚)皋因赋殿中。诏使赋平乐馆，善之，拜为郎……武帝春秋二十九乃得皇子，群臣喜，故皋与东方朔作《皇太子生赋》，及《立皇子禖祝》，受诏所为，皆不从故事，重皇子也。”枚皋作赋乃“受诏所为”，作赋是枚皋的干禄晋身之阶。《史记·司马相如列传》载，“相如见上好仙道，因曰：‘上林之事未足美也，尚有靡者。臣尝为《大人赋》，未就，请具而奏之。'相如以为列仙之传居山泽间，形容甚臞，此非帝王之仙意也，乃遂就《大人赋》"，将帝王的威严奢华同神仙的轻身遨游融化在创作中，"相如既奏《大人之颂》，天子大说，飘飘有凌云之志，似游天地之间意"。

文化固有的价值尺度，知识阶层的独立人格，又使得这种依附于王权的文士们总想通过手中这支笔进行文化批判，借以超越依附处境而实现自我价值。可是"主文谲谏"的文化专制模式留给进谏者阐释文化价值表现自我个性的空间十分狭小，必须在曲意逢迎的前提下"譬喻"讽谏，这对于"仕"乃"不能由"的苦衷，并且如果帝王"不能听"，说了也白说："以不能由之臣，谏不能听之王，此所以有两患也。"①"不能由"限制了思想自由学术多元的可能，"不能听"又不能像孟子那样拂袖而去，限制了文人生命的自由，"两患"即思想和生存自由的丧失，意味着文臣只能于"主文谲谏"的夹缝里表现自己的思考和文化个性。在《上林赋》中，有"以诸侯之细，而乐万乘之所侈"而不利于国家人民的"譬喻"之"风"，在《大人赋》中，有"吾乃今目睹西王母皬然白首，载胜而穴处兮，亦幸有三足乌为之使。必长生若此而不死兮，虽济万世不足以喜"这样不痛不痒的"譬喻不斥言"，其效果可想而知。曲意逢迎与"主文谲谏"的目的分裂，使依附于王权的辞赋作家陷入十分尴尬的处境。难怪汉赋大家扬雄以过来人的口吻说，如果以"风"为赋之目的，只是在最后来几句讽谏，"既乃归之于正，然览者已过矣。往时武帝好神仙，相如上《大人赋》，欲以风，帝反缥缥有凌云之志。繇是言之，赋劝而不止，明矣"(《汉书·扬雄传》)，因而认为"风"最终"不免于劝"是借赋而讽的必然结果，所以赋乃"壮夫不为"的雕虫小技(《法言·吾子》)。

汉代的主流意识对于借赋而讽喻的"主文谲谏"是持肯定态度的。汉宣帝说："辞赋大者与古诗同义，小者辩丽可喜。譬如女工有绮縠，音乐有郑卫，今世俗犹皆以此为虞说耳目，辞赋比之，尚有仁义讽喻，鸟兽草木多闻之观，贤于倡优博弈远矣。"(《汉书·王褒传》)班固

---

① 《汉书·艺文志》"数术略""天文类"的小序。

在《汉书·司马相如传赞》里也认为大赋虽然“虚词滥说，然要其归，引之于节俭，此与《诗》之讽喻何异?”可是对于有思想、有抱负的文人来说，这种或因奉诏而赋或为逢迎而赋的文臣生涯就难以忍受。武帝时的枚皋是一个才思敏捷“受诏辄成，故所赋者多”的辞赋大家，很受武帝的宠爱，“从行之甘泉、雍、河东，东巡狩，封泰山，塞决河宣房，游观三辅离宫馆，临山泽，弋猎射御狗马，蹴鞠刻镂，上有所感，辄使赋之”，不可谓不风光，但是这个枚皋却偏偏不满于这种文学弄臣的地位，“又言为赋乃俳，见视如介倡，自悔类倡也。故其赋有诋娸东方朔，又自诋娸”。(《汉书·枚乘传》)人格自尊及其发展在专制体制内受到损伤和压抑而自悔类倡，不得不以诋毁他人或自我作践进行发泄。鲁迅先生在《且介亭杂文》二集《从帮忙到扯淡》一文里，将专制体制中文人和文化的命运归结为“帮忙”与“帮闲”两类，前者为“士人政府”里的官运亨通的参与国家大事的“重臣”，“后者却不过叫他献诗作赋，‘俳优蓄之’，只在弄臣之列。不满于后者的是司马相如，他常常称病，不到武帝面前去献殷勤，却暗暗地作了关于封禅的文章，藏在家里，以见他也有计画大典——帮忙的本领，可惜等到大家知道的时候，他已经‘寿终正寝’了”。扬雄则在一定程度上对“帮忙”和“帮闲”采取回避态度，有意识地边缘化。《汉书》本传说他不满于文学弄臣受诏作赋“俳优蓄之”的境遇而“辍不复为”，“其意欲求文章成名于后世”，将精力用于模仿具有确定不移合法性的《论语》和《易经》，写出了《法言》和《太玄》，“恬于势利”战战兢兢地度过余生。

通过对汉赋讽劝功能的考察，可以看出思想统一即“道统”臣服于“政统”以及文化生态环境的逆转，文化艺术臣服、合流于意识形态，尽管给文士阶层“经术苟明，其取青紫如俛拾草芥”(《汉书·夏侯胜传》)的荣耀，但是也将文化艺术降低为工具，其直接结果，就是把文士学者的思考和创作凝固在意识形态所允许的范围和尺度之内，文化和艺术失去了自由和超越的性格，以帝王趣味和政治指归消解个性灵感与激情，文化艺术不再是个人思想和感悟的体现，造成价值观念、创作心态、审美旨趣和文士个性等方面的压抑、扭曲乃至分裂。这一系列的变化，是我们在考察汉代以降的民族审美风尚的演变过程时不得不加以注意的。

第七章　文的自觉

鲁迅先生在《魏晋风度及文章与药及酒之关系》中以“文学的自觉”来概括汉末魏初的文化气质，因为这个时代提出了“为艺术而艺术”即“诗赋不必寓教训”的主张，使文化得以在一定程度上摆脱政治及王权的羁绊而获得独立的品格，而文化精神的独立又促成这一时期的文章显得“清峻，通脱，华丽，壮大”。宗白华先生认为“汉末魏晋六朝”这几百年间是精神上的大解放、人格上思想上的大自由时期，也是最富有艺术精神的一个时代。

王羲之父子的字，顾恺之和陆探微的画，戴逵和戴颙的雕塑，嵇康的广陵散(琴曲)，曹植、阮籍、陶潜、谢灵运、鲍照、谢朓的诗，郦道元、杨衔之的写景文，云岗、龙门壮伟的造像，洛阳和南朝的闳丽的寺院，无不是光芒万丈，前无古人，奠定了后代文学艺术的根基与趋向。①

是什么促成了这一时代的文化和艺术精神的解放和自由呢？在汉代思想文化史上，从武帝独尊儒术开始，中间经历了公元前 81 年的“盐铁会议”和公元前 51 年的“石渠阁议”，一直到公元 79 年东汉章帝亲自主持的“白虎观会议”，近两个世纪的历程，儒学终于完成了从学术思想到意识形态的过渡，确立了以君主专制为社会秩序的中心，以阴阳五行的宇宙秩序为合法性尺度，兼容谶纬、数术、方技和法治主

① 宗白华：《美学散步》，177 页，上海，上海人民出版社，1981。

义的庞杂的思想体系，“宗教地改变历史传下的思想形式和材料，是石渠阁以至白虎观钦定经义的统治阶级的支配思想”①，这一国家神学意识形态的出笼，在给现实皇权和等级秩序提供了绝对依据的同时，也窒息了自身变化发展的可能：“庞大的体系笼罩与涵盖了一切，它给生存在其中的人们一个印象，即一切都臻于完美，人们只要在它那一套架构中调节自己的生活，补充自己的知识，完善自己的心灵，就一切圆满。于是在过分自足而完整的意识形态笼罩下，思想往往无从发展，而思想者也往往容易在充满了现成答案的思想世界中自甘寂寞。”②包括文化艺术及其审美风尚在内的传统文化要想获得发展的动力与资源，必须具备两个条件，一是专制主义文化生态环境的解体；二是从旧思想体系之外获取发展资源。汉末魏晋时代的社会历史环境满足了这两个条件。

第一节　士族玄风

1. 文德尊严。与汉王朝立国之初来自民间人员组成的“平民政权”和以布衣卿相为主体的“文士政府”(钱穆先生语)相比较，“士族”的兴起是中国历史上一个十分重要且独特的精神文化现象，以致吕思勉先生认为是“古封建遗孽回光返照”，钱穆先生称其为春秋以前封建制的“变相”。

东汉末年以来的连年战乱，使汉代察举制度难以实行，故汉献帝初延康元年(公元 220 年)有“九品中正制”或“九品官人法”的选官制度出现。在社会动荡不稳、统一政权不复存在的魏晋时期，这种选官制度不得不依赖民间固有的“士庶之别”的传统资源。吕思勉先生认为，“魏晋以后士庶之别，实原于古封建之世。封建之世，士庶之别，本

---

① 侯外庐、赵纪彬、杜国庠、邱汉生：《中国思想通史》，第 2 卷，231 页，北京，人民出版社，1957。

② 葛兆光：《七世纪前中国的知识、思想与信仰世界》，426 页，上海，复旦大学出版社，1998。

自厘然……在民间实不得遽泯，而强宗大族，尤为人所尊敬，则政令初无如之何……九品中正之制，适起于此时，他法令之区别士庶者，又随之而俱起，则虚声与实利相合，而其势益盛，而其阅时亦益久矣”①；钱穆先生认为，“九品中正制”虽然为汉末魏晋时期不稳定的“军政状态下一时之权宜，然其初‘犹有乡论余风’。故其后有‘正始胜流’之目”②，就是指的这种情况。

除了作为春秋前封建制遗风流韵的士庶之别，东汉以来文士阶层注重名声的习气与察举制中注重门第的积习，也为“九品中正制”的实行起了推波助澜的作用。随着魏晋时期优待士族的占田制、赐客制、荫客制、荫亲属制等一系列特权制度的推行，能够与相对弱小的王权分庭抗礼的门阀士族逐渐强大起来。他们不仅利用政治特权占有大量的物质和人力财富，而且享有世世代代为高官的血缘身份。只要是高门大族子弟，不论其才能和品行如何，“皆由门庆，平流进取，坐至公卿”(《南齐书·王俭传》)。这些世家大族为了维护既得的政治与经济利益，采取了两项互为表里的基本策略，一是发展士族文化以彰显门第的高贵性，二是实行士族集团内婚制以保持血缘的纯洁性。关于前者，钱穆先生认为，由士族所保持和发展的民族文化“不啻如乱流中岛屿散列，黑夜中灯炬闪耀。北方之同化胡族，南方之宏扩斯文，斯皆当时门第之功”，要之：

一个大门第，决非全赖于外在之权势与财力，而能保泰持盈达于数百年之久；更非清虚与奢汰，所能使闺门雍睦，子弟循谨，维持此门户于不衰。当时极重家教门风，孝弟妇德，皆从两汉儒学传来。诗文艺术，皆有卓越之造诣；经史著述，亦灿然可观；品高德洁，堪称中国史上第一、第二流人物者，亦复多有。而大江以南新境之开辟，文物之蔚起，士族南渡之功，尤不可没。③

---

① 吕思勉：《两晋南北朝史》，下册，969页，上海，上海古籍出版社，1983。

② 钱穆：《国史大纲》，上册，297页，北京，商务印书馆，1996。

③ 同上书，309、310页。

士族门第之风之所以延续数百年，除了权势与财力之外，更在于士族自身家教门风之整饬，文化学业之创新等方面的自律与表率，以领袖社会风气与习俗，导向民族精神与趋势。南朝士族因为具有政治特权，故莫不以文章辞赋相尚，善诗能文是江左大姓获取声名、入仕显达的必备条件。陈寅恪先生更看重北方士族与传统文化之间的相互影响和依存关系，认为“中原经五胡之乱，而学术文化尚能保持不坠者，故由地方大族势力，而汉族之学术文化变为地方化及家门化矣”，中古以来“学术文化与大族盛门常不可分离也”①，北方世家大族就成为汉末魏晋以降文化价值传承的“托命之人”：

夫士族之特点既在其门风之优美，不同于凡庶，而优美之门风实基于学业之因袭。故士族家世相传之学业乃与当时之政治社会有极重要之影响……然其与政治之关锁仍循其东汉以来通经义、励名行以致从政之一贯轨辙。②

但是士族对东汉文化传统的因“循”只在于形式，士族所掌握的传统文化优势不仅不再是巩固专制王权的器械，反而成为维护前者利益的工具：居于河西一隅的士族文化集团，欲借宇文泰关陇胡族政治势力实现其家世传统之政治理想，巩固其社会地位；③ 胡族割据集团则欲借助世家大族的学术文化，获取其统治急需的合理性资源，“以维系其关陇辖境以内之胡汉族之人心，使其融成一家，以关陇地域为本位之坚强团体”④。正是在这种王权衰落之际，文化再次从王朝意识形态下降至士族之家，成为后者手中与之分庭抗礼的精神资本，先秦时期“道统”与“政统”相互对峙利用的价值张力再度出现。

---

① 陈寅恪：《金明馆丛稿初编》，131页，上海，上海古籍出版社，1980。
② 陈寅恪：《唐代政治史述论稿》，72页，上海，上海古籍出版社，1982。
③ 陈寅恪：《金明馆丛稿初编》，126页，上海，上海古籍出版社，1980。
④ 陈寅恪：《隋唐制度渊源略论稿》，90页，上海，上海古籍出版社，1982。

士族集团内婚制与这种精神文化优越感相配合，更进一步从血缘身份纯化方面抬高了士族社会地位的优越程度。《文选》卷四十《沈休文弹奏王源书》说，士族王源将女儿嫁给富阳满氏，由于后者只是一个“管库”，不在阀阅之列，故这个沈休文上书弹劾之，其依据为“士庶莫辨”，因而“王满联姻，实骇物听”“岂有六卿之胄，纳女于管库之人?”《南史·侯景传》载侯景为其子“请婚于王、谢”，梁武帝回答说：“王、谢门高非偶，可以朱、张以下访之。”可见当时“士庶之别”的严格。陈寅恪先生认为“山东士族”以“儒素德业以自矜异，而不因官禄高厚见重于人”，同纯化血缘的士族集团内婚制一道，形成了一种针对王族权势的文化精神的制约力量。他曾列举唐代史料中“不婚当世权门而重旧日士族”的婚姻价值取向，① 论证了“以经术礼法为其家学门风”的“山东旧族”，成为中古社会精神文化价值的看守者，关陇“贵族皆兢兢受礼法，如山东衣冠之族”②。

2. 通脱为美。因此可以说，自汉末社会动荡引起的一统政权分裂、王权势力的下降和世家大族势力的上升，③ 使得自汉代以来彻底逆转的文化生态环境得以“再逆转”，文化艺术和学术学业又在某种意

---

① 如引《新唐书·杜兼传》：“开成初文宗以真源、临真二公主降士族，谓宰相曰：‘民间修婚姻，不计官品，而尚阀阅。我家二百年天子，顾不及崔卢耶？诏宗正卿取世家子以闻！’”然后指出：“李唐数百年天子之家尚不及山东旧门九品卫左之崔氏，然则唐代山东士族心目中社会价值之高下估计亦可以想见矣。”又引《资治通鉴》大中三年十二月“万寿公主适郑颢条”：“颢弟𫖮尝得危疾，上遣使视之。还，问(万寿)公主何在？曰在慈恩寺戏场。上(宣宗)怒叹曰：‘我怪士大夫家不欲与我为婚，良有以也。’亟命召公主入宫，立之阶下，不之视，公主惧，涕泣谢罪。上责之曰：‘岂有小郎病，不往省视，乃观戏乎?’遣归郑氏。由是终上之世，贵族皆兢兢守礼法，如山东衣冠之族。”(陈寅恪：《唐代政治史述论稿》，76～78页，上海，上海古籍出版社，1982)。

② 陈寅恪：《唐代政治史述论稿》，76～79页，上海，上海古籍出版社，1982。

③ 如宋、齐以来，甲族“起家即为秘书郎”(《南史·张缵传》)已成为侨姓士族习以为常的特权，帝王偶尔破例，还要特意说明。梁武帝以吴姓士族张率为秘书丞，谓曰：“秘书丞天下清官，东南望胄未有为之者，今以相处，足为卿誉。”(《梁书·张率传》)

义上恢复了自身的尊严和个性。在这种“再逆转”了的环境里，文士学者可以直抒胸臆而不必再小心翼翼地揣摩“上意”，将自己的真情实感隐藏起来，这就是鲁迅先生十分赞赏的“尚通脱”，即可以写出“想说什么便说什么的文章”①。文化价值既然具有独立甚至高于王权的权威性，思想一统的局面自然无法维持，多元化的文化创新则势在必行。曹魏时期的荀粲“好言道”就是一种对传统的背叛。

荀粲常以为“子贡称‘夫子之言性与天道，不可得而闻’，然则六籍虽存，固圣人之糠秕”②。这里的“道”就是道家思想里作为万物“本根”的“天道”。东汉以来自扬雄、王充到仲长统，一直从道家思想里寻找反对谶纬神学的资源，而在思想宽松而社会动荡、政权更替、命途多舛的汉末魏晋时代，在荀粲这样的文士眼里，儒家经典已经不具有权威性，被儒家和汉代主流意识形态所忽视的个体生命意义上的“性与天道”问题，终于凸显出来。荀粲注重“识”而不重“功名”，经常对傅嘏、夏侯玄等人说：“子等在仕途间，功名必胜我。但识劣我耳!”③这里的“识”就是汉末六朝人们一直关心的人的“才性”，即个人的资质。荀粲认为个性资质具有超越于仕途功名的意义。世道风尚的转移使得文士学者的视野指向了对生命本身的思考，审美风尚也就由汉代颂扬式的博大转向直抒胸臆的悲凉。

《文心雕龙·时序》：“观其时文，雅好慷慨，良由世积乱离，风衰俗怨，并志深而笔长，故慷慨而多气也。”“慷慨多气”确实是思想枷锁解除之后，当时的人们直面世态炎凉和人生无常的感叹：“对酒当歌，人生几何？譬如朝露，去日苦多。”(曹操：《短歌行》)“悠悠世路，乱离多阻……人生实难，愿其弗与。”(王粲：《赠蔡子笃》)“生时游国都，死没弃中野。朝发高堂上，暮宿黄泉下。”(缪袭：《挽歌诗》)“生命无期度，朝夕有不虞。”(阮籍：《咏怀诗》四十一)既然人生如朝露，仕途功名不足取，那么人生的价值尺度究竟在什么地方？“惟皇天之

① 鲁迅：《魏晋风度及文章与药及酒之关系》。

② 《三国志·魏书·荀彧荀攸贾诩传》，裴注引何劭《荀粲传》。

③ 同上。

赋命，实浩荡而不均。或老终以长世，或昏夭而夙泯……哀皇天之不惠，抱此哀而何诉?"(王粲：《伤夭赋》)"天地何长久，人道居何短。"(曹操：《秋胡行》)"人生如尘露，天道邈悠悠。"(阮籍：《咏怀诗》三十一)"人生寿促，天地长久。"(嵇康：《赠兄秀才入军》之七)"夫何天地之辽阔，而人生之不可长久?"(陆机：《大暮赋》)"天道夷且简，人道险而难。"(陆机：《君子行》)"天道有迁易，人理无常全。"(陆机：《塘上行》)人们纷纷从自然无为、亘古如斯的天地之道里寻找短促无常的人生意义。这预示着"以无为本"的玄学思维方式的起始，先秦道家思想成为传统文化价值创新的体制外资源。

吕思勉先生指出："玄学之大功，在于破除拘执。其说之最要者，为贵道而贱迹。道者今所谓原理，迹则今所谓事实也。"①"贵道贱迹"是指新的思维方式突破两汉实用性思想理路，从现实的"事实"之外寻找发展的资源，即"把讨论天地万物存在的根据问题作为中心课题，要为政治人伦找一形而上学的根据"②。先秦老庄的"无"就被寻求人生意义的魏晋文士历史地赋予了这一重任。何晏的《无为论》说："天地万物皆以无为本。无也者，开物成务，无往不存者也。阴阳恃以化生，万物恃以成形。贤者恃以成德，不肖恃以免身。故无之为用，无爵而贵矣。"

正如鲁迅先生所言，魏晋时代鼓吹"以孝治天下"，是因为王位可以巧取豪夺而来，传统礼教已无意义，所谓以孝为核心的"名教"，只是当权者剪除异己的口实。何晏的"以无为本"，就是试图以"无"对抗"名教"，将其作为现实的政治人伦和个体生命的终极价值依据；王弼则认为儒家的道德楷模——圣人——与常人一样具有"五情"而"不能去自然之性"，但圣人能够以高于常人的智慧(神明)与"无"相通，所以能"应物而无累以物"③，所以作为人性自然流露的各种欲求都具有

---

① 吕思勉：《两晋南北朝史》，下册，1386页，上海，上海古籍出版社，1983。

② 汤一介：《郭象与魏晋玄学》，5页，武汉，湖北人民出版社，1983。

③ 楼宇烈：《王弼集校释·何劭〈王弼传〉》，下册，640页，北京，中华书局，1980。

不受名教制约的合理性；遵循着这一思想理路，稍后的嵇康进一步将生命的意义放置在“名教”之上。他在《释私论》中说：

夫称君子者，心无措乎是非，而行不违乎道者也。何以言之？夫气静神虚者，心不存乎矜尚；体亮心达者，情不系于所欲。矜尚不存乎心，故能越名教而任自然；情不系于所欲，故能审贵贱而通物情。物情顺通，故大道无违；越名任心，故是非无措也。是故言君子则以无措为主，以通物为美；言小人则以匿情为非，以违道为阙。

如果说先秦儒家以群体性价值为其人格美的内涵，试图借“政统”实现其“道统”理想的话，那么魏晋文士所开辟的玄学思辨则以个体性价值为其人性美的内涵，试图借自然之道与名教对抗，含有强烈的以“道”抗“政”的现实取向和睥睨权势的人文情怀。它将虚伪的名教所提倡的“矜尚”“所欲”和“匿情”“违道”归结为人性的反动，而将超越是非时尚的“越名（教）任心（情）”视为自然人性美的体现，美不再关涉天下国家的仁义道德，而是“非汤武而薄周孔”①的个性化的精神自由追求，中国知识分子因此而多了一块“精神反抗”的傲骨。

这种个性化的精神自由，经过郭象“物各自造而无所待”的阐释，成为“独化于玄冥之境”②的独立自足的审美框架，所谓“《六经》礼乐本求致用，《庄》《老》清谈则务于自娱”③，标志着审美价值取向由尊奉礼法传统的“致用”型向超越现实名教的士族“自娱”型的转化，这是把握魏晋六朝审美风尚的基本立足点。

3. 气韵神明。刘勰《文心雕龙·风骨》云：“故魏文称‘文以气为主，气之清浊有体，不可力强而致’。故其论孔融，则云‘体气高妙’；论徐干，则云‘时有齐气’；论刘桢，则云‘有逸气’。公干（刘桢字公干）亦云：‘孔氏卓卓，信含异气，笔墨之性，殆不可胜。’并重气之旨

---

① 嵇康：《与山巨源绝交书》。

② 参见郭象：《〈庄子〉序》和《齐物论注》。

③ 钱穆：《国史大纲》，上册，300页，北京，商务印书馆，1996。

也。”认为“重气”是“魏文”即曹丕的审美评价的一个重要范畴。这里的“气”即包括有《庄子·知北游》所谓“人之生，气之聚也。聚则为生，散则为死”的生命气一元论，也含有《孟子·公孙丑上》的“我善养吾浩然之气”的道德养气说，以及汉代的元气生化论。这些思想史上的资料都对曹丕“文气”说的提出具有重要的意义，但曹丕更强调文章中体现的作者的个性气质。他在《典论·论文》中说：

> 文以气为主，气之清浊有体，不可力强而致，譬诸音乐，曲度虽均，节奏同检，至于引气不齐，巧拙有素，虽在父兄不能以移子弟。

新的文化价值需要新的范畴加以表述，“气”就是这种被赋予了新价值内涵——个性才情——的范畴。气有清浊，文亦有高下，就好像吹奏同一首乐曲，遵循同样的曲度节奏，但由于不同的演奏者在引气和巧拙等方面的素质差异，效果自然也不相同。这种关系个性气质清浊不齐的区别，即使在父子兄弟之间也不免存在，就是花再多的力气也难以改变。从汉代的“主文谲谏”，要求文章必须有“讽喻”功能，到“文以气为主”，强调个性气质是分辨文章巧拙高下的主要依据，其间反映了个性价值的时代变迁。

汉代的文化专制主义认为，文化只不过是帝王用以“经夫妇，成孝敬，厚人伦，美教化，移风俗”的工具，而个性必须服从于“上以风化下，下以风刺上，主文而谲谏”①的政治原则，故扬雄有“诗人之赋丽以则(李轨注：陈威仪布法则)，辞人之赋丽以淫(李轨注：奢侈相胜靡丽相越不归于正也)”②之说，主张体现个性气质的辞赋之丽应为巩固专制王权服务，否则就是不务正业，个性没有脱离“讽喻”的独立价值。而曹操则强调“惟才是举”的用人方针，认为“进取之士未必有行”(《三国志·魏书·武帝纪》)；刘劭在《人物志·序》中将“圣贤”的内涵定义为聪明才智，“夫圣贤之所美，莫美乎聪明，聪明之所贵，莫贵乎知人。知人诚智，则众材得其序，而庶绩之业兴矣”。关系个

---

① 《毛诗序》。

② 《法言·吾子》，载《诸子集成》本。

性资质的聪明才智是振兴事业的根本，个性气质被强调到前所未有的高度，曹丕的“文气”说，就是当时的“九品中正制”的文学版。

譬如“孔融体气高妙，有过人者”和“徐干时有齐气”（《典论·论文》），前者就是指前引《文心雕龙》记载刘桢评价孔融具有的卓尔不群的特异气质，体现为“笔墨之性，殆不可胜”的过人之处；后者则是指徐干在文章中透露出的“恬淡寡欲”“彬彬君子”①的类似齐人的气质，说明以建功立业为标准的个性气质成为具有独立意义的审美观照焦点，“文的自觉”已是事实。到了以“道”抗“政”的正始年间，个性气质愈发借助“越名任心”的玄风而远离现实，由“老骥伏枥，志在千里”的遒劲刚烈，转变为“应变顺和”“魁然独存”的“大人先生”②，形成晋人心目中特有的人格气韵风度之美：

世目李元礼，谡谡如劲松下风。

裴令公目夏侯太初，肃肃如入廊庙中，不修敬而人自敬。

王戎目山巨源，如璞玉浑金，人皆钦其宝，莫知名其器。

王戎目阮文业，清伦有鉴识，汉元以来未有此人。

武元夏目裴、王，曰：“戎尚约，楷清通。”

庾子嵩目和峤，森森如千丈松，虽磊砢有节目，施之大厦，有栋梁之用。

王子平目太尉：“阿兄形似道，而神锋太俊。”太尉答曰：“诚不如卿落落穆穆。”

王公目太尉，岩岩清峙，壁立千仞。

王右军目陈玄伯，垒块有正骨。

时人目王右军，飘然如云，矫若惊龙。

时人目夏侯太初，朗朗如日月之入怀；李安国，颓唐如玉山之将崩③。

---

① 曹丕：《与吾质书》。

② 阮籍：《大人先生传》。

③ 参见《世说新语》：《赞誉》《容止》。

魏晋人的"目"，实际上是以"越名教而任自然"的"前理解"对人物的气韵风度本身进行的审美意义上的观照即"品藻"，其关注点正好与修身务实的礼教相反，"立言藉于虚无，谓之玄妙；处官不亲所司，谓之雅远；奉身散其廉操，谓之旷达"①。在被魏晋人"目"为"岩岩若孤松之独立"(《世说新语·容止》)的嵇康那里，这种"玄妙""雅远""旷达"的人格气度被凝结为"目送归鸿，手挥五弦。俯仰自得，游心太玄"②的玄学意境，为六朝文士所倾倒，并受到建筑在南朝佛学灵魂不灭说基础上的形神理论和般若学"空"论的支持，融合为"气韵生动"的美学趣味。

慧远在《沙门不敬王者论》中说，"夫神者何？精极而为灵者也"，将王弼"神明茂故能体冲合以通无"③的精神本体——"神明"——解说成"圆应无生，妙尽无名"的灵魂，因而当时的高僧也无不以精神气度意义上的"神明"自诩，"林公(支道林)气朗神俊"④，道安"神智聪敏"，慧远"神清而气肃"，竺道生"神气清穆"⑤。《世说新语·言语》载支道林养马"重其神韵"。"神明"经过佛学化解释之后，遂与玄学的"游心太玄"的气韵风度说相合，极大地影响了南朝以降的书画理论和旨趣。潘天寿先生指出：

> 魏晋以前之绘画，大抵为人伦之补助，政教之方便，以及帝王公卿玩赏装饰之应用……全为贵族阶级所独占。至魏晋，各君主均以战争之纷扰，多整军经武之不暇，自无闲心顾及艺事。或间有以此为雅好者，亦不与以有力之提倡，一任其自然发展。兼以两晋佛道教之日渐盛行，人民以佛教信仰之灵力，每以共同之力量，建立伟大之佛宇佛院，而有画大规模佛教壁画与多卷轴佛教仪像之机会；致吾国绘画由贵族之手中，开始移向于民间。又两晋画人，受南方地理风习与清

---

① 裴危：《崇有论》。
② 嵇康：《赠兄秀才入军》十四。
③ 何劭：《王弼传》。
④ 《世说新语·赏誉》。
⑤ 《高僧传》，212、177、255页，北京，中华书局，1992。

谈之特殊影响，对于绘画之观念，亦由审美蹈入自由制作之境地，使吾国绘画史上渐见自由艺术之萌芽。社会审美之程度，亦因以上诸原因之关系，而见有特殊之进展。①

时代的发展在魏晋时期产生出这样一种社会需求，如何将魏晋人“目”出来的非教化、超现实的“气韵”“神明”，艺术地表现出来？深通玄学、擅绘佛像的顾恺之承担起这一历史任务。《世说新语·巧艺》记载，顾恺之深为嵇康“目送归鸿，手挥五弦”的玄学意境打动，想通过绘画将其表现出来，无奈画“手挥五弦易，目送归鸿难”，因为在他看来，“四体妍蚩本无关妙处，传神写照正在阿堵中”，说明他认为绘画的关键在于“传神写照”，表达出人物内在的人格气度，与当时玄学的人物品藻是一个趣味。传说顾恺之画人物画，“数年不点目睛”，为画出人物的神明之气煞费苦心。在创作被时人称为“玉人”“风神超群”的裴楷画像(《晋书·裴楷传》)时，特意在“颊上益三毛。人问其故。顾曰：‘裴楷俊郎有识具，正此是其识具。’看画者寻之，定觉益三毛如有神明，殊胜未安时”。《晋书·谢鲲传》谓谢鲲“一丘一壑，自谓过之”，顾恺之为了在绘画里表达他的这种“隐逸”志趣，“画谢幼舆在岩石里。人问其所以。顾曰：谢云‘一丘一壑，自谓过之’。此子宜置丘壑中”②。顾恺之所苦心经营的，是如何在其绘画里表现出魏晋人之所“目”，其结果，就是他的“以形写神”说：

人有长短，今既定远近以瞩其对，则不可改易阔促，错置高下矣。凡生人亡有手揖眼视而前亡所对者，以形写神而空其实对，荃生之用乖，传神之趋失矣。空其实对则大失，对而不正则小失，不可不察也。一像之明昧，不若悟对之通神也。③

---

① 潘天寿：《中国绘画史》，29页，上海，上海人民美术出版社，1983。

② 以上未注出处的引文，均引自《世说新语·巧艺》。

③ 《历代名画记》卷五《魏晋胜流画赞》。

“以形写神”，即强调画中形体的功能在于“荃生之用，传神之趋”，人物的大小远近，必须要与画中的景物错落有致，既不能“不正”，更不能“空”，人物形象的“明昧”固然重要，但更重要的是安排好画中人物与所处景物的关系，这是整幅画“悟对通神”的关键。总之，“以形写神”强调绘画的整体布局决定画中人物神情气质的表达。谢赫的第五法“经营位置”即源于此。

顾恺之的“以形写神”说，糅合儒、道、佛的美学资源，沟通了魏晋人物品藻与绘画艺术之间的联系，并且将“目送归鸿，手挥五弦”的玄学意境上升为一种不求形似、但求传神、意在象外的美学理论，对魏晋以降的审美风尚产生了重要的影响。唐代张彦远在《历代名画记》里引《画断》：“顾公运思精微，襟灵莫测，虽寄迹翰墨，神气飘然，在烟霄之上，不可以图画间求之。象人之美，张得其肉，陆得其骨，顾得其神，神妙无方，以顾为最。”这种评价，历代公认为确论。

“以形写神”对东晋的书法理论也有影响。卫夫人、王羲之已有“意在笔前”之说，王僧虔更提出“书道之妙，神彩为上，形质次之”①，明显受“以形写神”说的影响，袁昂的《古今书评》直接从字体之“形”把握书者之“神”“王右军如谢家子弟，纵复不端正者，爽爽有一种风气”“王子敬书如河、洛少年，虽皆充悦，而举体沓拖，殊不可耐”“崔子玉书如危峰阻日，孤松一枝，有绝望之意”“师宜官书如鹏羽未息，翩翩自逝”，反映出“以形写神”的审美观照方式，至齐梁时代已经融入江左士族悠游娴雅、风流细腻的人格气质之中。

“以形写神”对北魏以来的佛像雕塑也有相当的影响。公元5世纪末北魏孝文帝迁都洛阳，推行汉化政策，南朝士族的审美趣味由于当权者的提倡而风靡北朝。洛阳龙门石窟的佛像一反云岗造像的粗壮豪放，吸收南朝人物画“秀骨清像”的美学特征，人物造型出现了广额、小颐、修颈、眉宇开朗的风格。如宾阳中洞的中央坐佛，神态自然生动，眉目嘴角间露出神秘、肃庄而不失慈祥的微笑，下垂于佛座上的衣褶柔和而有质感，令人想起顾恺之“作人形骨成而制衣服慢之，亦

① 《书法钩玄》卷一《王僧虔笔意赞》。

以助神醉耳”①的表现手法，追求一种雅致、空灵、恬淡的神韵之美。坐佛周围的崖壁，雕刻着环绕莲花宝盖翱翔的飞天，天衣飘动，裙带当风，弹琴鼓瑟，可谓“目送归鸿，手挥五弦”的佛教意境。

从东晋到南齐，经过近百年的艺术实践，尤其是宗炳的“澄怀味像”“理气畅神”说的丰富，顾恺之的“以形写神”在谢赫的“气韵生动”里得到更为系统的表述。《古画品录》说：“画有六法，罕能尽该，而自古及今，各善一节。六法者何？一气韵生动是也；二骨法用笔是也；三应物象形是也；四随类赋彩是也；五经营位置是也；六传移模写是也。”这里的“气韵生动”明显与《世说新语》里的人物品藻用语——生气、风气、生动、气运、拔俗之韵、天韵、风韵、风气韵度等——相关，而表达的则是顾恺之“以形写神”的美学旨趣。唐张彦远在《历代名画记·论画六法》中指出，“今之画纵得形似而气韵不生，以气韵求其画，则形似在其间矣”，即是以“气韵”为“形似”的目的，贯穿了“以形写神”的旨趣，“至于鬼神人物，有生动之可状，须神韵而后全。若气韵不周，空陈形似，笔力未遒，空擅赋彩，谓非妙也”。“气韵”乃统摄“用笔”“象形”“赋彩”“位置”“模写”等具体绘画技法的指归。

宗白华先生说：“中国自六朝以来，艺术的理想境界却是‘澄怀观道’，在拈花微笑里领悟色相中微妙至深的禅境。”②自谢赫之后，“气韵生动”就像一条红线，贯穿在“儒道互补”的中国文化的主旋律中，并以其超逸空灵的自由取向，与“文以载道”的现实取向构成了对立互补的价值张力，赋予华夏审美风尚的发展演变以绚丽缤纷的色彩。

第二节　古乐胡曲

1. 清商新声。魏晋六朝时期，一方面是江左和山东士族精英文化的交流，以气韵雅致的玄风和缘情靡丽的趣味左右时代审美的潮流；另一方面是宫廷文化与民间文化、民族文化与外来文化的交流，以自

---

① 《历代名画记》卷五《魏晋胜流画赞》。

② 宗白华：《美学散步》，64页，上海，上海人民出版社，1981。

由开放的气度和多元互融的胸襟补充着民族文化的血脉。

首先是曹魏时代的“清商乐”，这种来自汉代民间歌舞的艺术样式，在其自东晋至陈的二百多年间经历了两次南北歌舞文化的交流和融会。宋代郭茂倩说：“清商乐，一曰清乐。清乐者，九代之遗声。其始即相和三调也，并汉魏以来旧曲，其辞皆古调及魏三祖所作。”① “魏三祖”即曹操、曹丕、曹植父子，这三个人都有很高的艺术修养和造诣，喜爱音乐舞蹈，尤其是曹操，史载“太祖为人佻易无威重，好音乐，倡优在侧，常以日达夕”“太祖自统海内……登高必赋，及造新诗，被之管弦，皆成乐章”②。这位慷慨多气的英雄借“九代遗声”的“相和三调”③的传统形式抒发其心绪情感，如按《相和歌·瑟调曲》创作的《观沧海》“东临碣石，以观沧海……秋风萧瑟，洪波涌起”，《龟虽寿》“老骥伏枥，志在千里；烈士暮年，壮心不已”，按《相和歌·平调曲》创作的《对酒》“对酒当歌，人生几何？……”按《相和歌·清调曲》创作的《苦寒行》“北上太行山，艰哉何巍巍？……树木何萧瑟，北风声正悲”。曹丕即位后，特设“清商属”以管理清商乐事宜，扩大曹操组建的“铜雀伎”歌舞班子，并按其“诗赋欲丽”(《典论·论文》)的原则进行创作，如属于“清调曲”的《秋胡行》：“朝与佳人期，日夕殊不来……俯折兰英，仰结桂枝。佳人不在，结之何为?”按“瑟调曲”创作的《善载行》：“高山有崖，林木有枝。忧来何方，人之莫知。人生如寄，多犹何为?”其弟曹植按“瑟调曲”创作的《箜篌引》：“惊风飘白日，光景驰西流。盛时不再来，百年忽我遒……先民谁不死，知命复何忧?”其间虽有歌词风格由苍凉遒劲向高雅绮丽的转变，但是这一时期的“清商乐”主要是抒发个人情志的“文人乐府”④，再加上“魏三祖”的大力提倡，“清商乐”遂完成了民间文化与精英文化的融合过程，成为

---

① 《乐府诗集》卷四十四《清商曲辞》。

② 《三国志·魏书·武帝纪》裴松之注《曹瞒传》《魏书》。

③ “九代遗声”泛指清商乐的源远流长，“相和三调”指“乐府相和歌，并汉世街陌讴谣之词”，即汉乐府搜集的民间歌曲，一般分平调、清调和瑟调三种基本调式。(《中国音乐词典》，425页，北京，人民音乐出版社，1985)

④ 肖涤非：《汉魏六朝乐府文学史》，124页，北京，人民文学出版社，1984。

专供当权者阶层欣赏享乐的表演性乐舞。

曹魏的“文人乐府”给“清商乐”由北而南的第一次交流奠定了基础。《乐府诗集》卷六十一《杂曲歌词》说：“自晋迁江左，下逮隋唐，德泽浸微，风化不竞，去圣愈远，繁音日滋。艳曲兴于南朝，胡音生于北俗。哀淫靡漫之辞，迭作并起，流而忘返，以至陵夷……大多溺于郑卫，由是新声炽而雅音废矣。”这里的“郑卫新声”是指流传于江、汉一带的民间歌舞曲调——江南“吴歌”和荆楚“西曲”。东晋南迁，将中原地区传统的“清商乐”带到南方，与当地的“吴歌”“西曲”相互吸收、融合，极大地增强了“清商乐”的表现力。据《晋书·乐志一》记载，晋室渡江后流行的清商乐舞有《公莫舞》《拂舞》《白纻舞》《鞞舞》等。其中《鞞舞》是汉乐府流传下来的古代乐舞，东晋末年被桓玄改造为祭祀乐舞，遂丧失了生命力，而“《公莫舞》，今之巾舞也。相传云项庄舞剑，项伯以袖隔之，使不得害汉高祖，且语庄云：‘公莫。’……今之用巾，盖像项伯衣袖之遗式”，《乐府诗集》卷五十四《舞曲歌辞三》引《古今乐录》说《公莫舞》是《相和歌·瑟调曲》的《公无渡河》，“古有歌有弦，无舞也”，在东晋时期演变为以“巾”象征这段历史的乐舞表演，故称“巾舞”。《南齐书·乐志》说，“晋《公莫舞歌》二十章”，是为“清商乐”受吴地歌舞影响由“歌”而“舞”的发展事例。

《宋书·乐志》又说：“江左初，又有《拂舞》。旧云《拂舞》，吴舞。检其歌，非吴词也。皆陈于殿庭。”这是民间“吴舞”即“吴歌”经过文士改造(“非吴词”)，变成权势者享乐乐舞(陈于殿庭)的例证。《白纻舞》是舞蹈者穿着吴地出产的白纻表演的“吴歌”。《乐府诗集》卷五十五《宋白纻舞歌诗》描写年轻女子身着又轻又薄的白纻翩翩起舞的样子：“高举双手白䴏翔，轻躯徐起何洋洋……爱之遣谁赠佳人，质如轻云色如银……清歌徐舞降神祇。”《白纻舞》有可能最初是民间女巫表演的降神乐舞，所以突出舞者轻盈欲飞的体态，由于其“娱神”的内在气质与南朝纵欲享乐之风相符合，故江左文士纷纷作白纻舞词曲，如南朝宋刘铄《白纻曲》：“仙仙徐动何盈盈，玉腕俱凝若云行。佳人举袖耀青蛾，掺掺擢手映鲜罗。状似明月泛云河，体如轻风动流波。”从这些“靡丽”的词句里可以想见当时士族阶层纵情声乐的情形。

"西曲"是指长江中游和汉水流域一带流行的民歌。南朝吴、楚通商，也将"西曲"带入江南。《乐府诗集》卷四十七《西曲歌》引《古今乐录》："西曲歌出于荆、郢、樊、邓之间，而其声节送和与吴歌亦异，故□①其方俗而谓之西曲云。"这里"送和"，即西曲特有的群声"帮腔"，"送"在曲前，"和"在曲尾，从现今湖南、四川高腔戏中丰富多彩的帮腔，可以想象当年西曲帮腔的情形。"西曲"所反映的社会内容，主要是南朝商品经济发展而对性爱和城市生活的追求。如《莫愁乐》《旧唐书·音乐志》："《莫愁》者，出于《石城乐》，石城有女子名莫愁，善歌谣。《石城乐》'和'中复有《忘愁声》，因有此歌。"歌曰：

莫愁在何处？莫愁石城西。艇子打双桨，催送莫愁来。
闻欢下扬州，相送楚山头。探手抱腰看，江水断不流。

再如《采桑度》：

冶游采桑女，尽有芳春色。姿容应春媚，粉黛不加饰。
春月采桑时，林下与郎俱。养蚕不满百，那得罗绣襦？
采桑盛阳月，绿叶何翩翩。攀条上树表，牵坏紫罗裙。

这种来自民间的清新、自然、动情的生活情趣，对江左士族文人产生了相当大的影响。如齐武帝创作的《估客乐》，《乐府诗集》卷四十八《估客乐》引《古今乐录》："《估客乐》者，其武帝之所制也。帝布衣时，尝游樊、邓。登祚以后，追忆往事而作歌。"歌曰：

郎作十里行，侬作九里送。拔侬头上钗，与郎资路用。
有信数寄书，无信心相忆。莫作瓶落井，一去无消息。

若无"尝游樊、邓"的生活积累，如此真切感人的歌辞不可能出自

---

① □：疑是"侬"字——[宋]郭茂倩注。

帝王之手。这是民间歌舞触发了文人学士创作灵感的例证。鲁迅先生在《且介亭杂文·门外汉谈》中论及民间一些“口口相传”的优秀作品，“偶有一点为文人所见，往往倒吃惊，吸入自己的作品中，作为新的养料”时，曾经提到过“东晋到齐陈的《子夜歌》”。《乐府诗集》收有《子夜歌》《子夜四时歌》《大子夜歌》等多首，其中既有民间曲调，也有文士创作。《唐书·乐志》云：“《子夜歌》者，晋曲也。晋有女子名子夜，造此声，声过哀苦。”看来《子夜歌》的原创者为晋代一位名叫子夜的民间艺人，可能最初为恋歌，曲调凄婉哀伤。《宋书·乐志》云：“晋孝武太元中，琅琊王轲之家有鬼歌子夜，殷允为豫章，豫章侨人庾僧虔家亦有鬼歌子夜。”就是说，至东晋末年，民间的《子夜歌》已成为士族显贵之家的歌舞节目。《乐府诗集》卷四十四《子夜歌》引《乐府题解》：“后人更为四时行乐之词，谓之《子夜四时歌》。又有《大子夜歌》《子夜警歌》《子夜变歌》，皆曲之变也。”这里所谓的“曲之变”，就是经过文人学士改造了的新作品。《南史·王俭传》“齐高帝行华林宴集，使各效技艺：褚彦回弹琵琶，王僧虔、柳世隆弹琴，沈文季歌《子夜来》”。《子夜歌》完成了由民间而贵族的雅化过程。

“清商乐”与“吴歌”“西曲”相融合之后出现的新式乐舞，由于其形式和内涵的充实和表现力极大的丰富，故在东晋以后又称为“吴歌杂曲”。《晋书·乐志》云：“吴歌杂曲，并出江南。东晋以来，稍有增广。”《宋书·乐志》也说：“吴歌杂曲，并出江东，晋、宋以来，稍有增广。”《乐府诗集》简称“吴歌杂曲”为“杂舞”，卷五十三《舞曲歌辞·杂舞》云：“杂舞者，《公莫》《巴渝》《槃舞》《鞞舞》《铎舞》《拂舞》《白纻》之类是也。始皆出自方俗，后浸陈于殿庭。”随着都市商业经济的发展，适应了南朝市民和士族阶层的审美需求，民间歌舞以其清新、自然的原生状态，为南朝歌舞艺术的发展注入了强劲的活力。梁裴子野《宋略》云：“会同享觐，则以吴趋楚舞为妖妍。……王侯将相，歌妓填室；鸿商富贾，舞女成群。”(《太平御览》卷五六九引)是为“清商乐”由北而南的第一次交流。

南朝发达的清商歌舞艺术，通过各种途径又回溯北朝，南北歌舞文化进入六朝时的第二次交流期。《魏书·乐志》载北魏孝文帝征讨淮、汉，宣武帝占据寿春，都“收其声伎。江左所传中原旧曲，《明君》《圣主》《公莫》《白鸠》之属，及江南吴歌、荆楚四声，总称《清商》，至于殿庭飨宴兼奏之”，浸润了“吴歌”“西曲”的江左“清商乐”又回到其曹魏时期的南渡始发地，开始在王权的汉化文化政策提倡鼓励下在中原地区传播，与北方歌舞文化相融合。

《隋书·音乐志》说至北齐时，“杂乐有《西凉》《鼙鼓》《清乐》《龟兹》等。然吹笛、弹琵琶、五弦及歌舞之伎……传习尤盛”，至少到北齐，具有吴地风采的“清乐”即“清商乐”已经成为北朝宫廷音乐的主要成分。那个“惟赏胡戎乐”的齐后主高纬，“自能度曲，亲执乐器，悦玩无倦，倚弦而歌，别采新声，为《无愁曲》，音韵窈窕，极于哀思，使胡儿阉官之辈，齐唱和之，曲终乐阕，莫不殒涕”，看样子也受窈窕雅致的“清商乐”影响，其《无愁曲》当是在胡戎乐的基础上结合江左新声的产物。至大业年间，喜爱江左文化的隋炀帝定《九部》乐，以《清乐》为第一部。《隋书·音乐志》云：“《清乐》其始即《清商三调》是也，并汉来旧曲……属晋朝迁播，夷羯窃获，其音分散……及平陈后获之。高祖听之，善其节奏，曰：‘此华夏正声也。昔因永嘉，流于江外……虽赏逐时迁，而古致犹在。可以此为本，微更损益，去其哀怨，考而补之，以新定律吕，更造乐器。’”所谓“华夏正声”，是指“清商乐”以汉以来的古乐府为基础，因而“古致犹在”；所谓的“赏逐时迁”，是指“清商乐”在二百多年的两次南北融合过程里，采纳了汉魏六朝大江南北各地域的民间、精英和贵族文化融会而成，是上承两汉、下启隋唐的重要乐舞品种。

2. 胡曲西来。魏晋南北朝是中国历史上民族大融合时期。自公元3世纪初晋室东迁，长江以北成为匈奴、羯、鲜卑、羌、汉等民族长期争夺混战的地区。直到公元5世纪初的北魏，北中国大体统一，南北对峙局面正式形成。此期间各民族迁徙流动，拥入中原定居，也带来了他们的文化。据北魏杨衒之《洛阳伽蓝记》卷三《城南》记载，北魏时期由于丝绸之路的畅通，洛阳城南设有“四夷馆”，专门接待域外来宾，尤其是不远万里而来的西域商贾。“西夷来附者处崦嵫馆，赐宅慕义里。自葱岭以西，至于大秦，百国千乘，莫不欢附，商胡贩客，日奔塞下，所谓尽天地之区已。乐中国土风，因而宅者，不可胜数。是以附化之民，万有余家。门巷修整，阊阖填列，青槐荫陌，绿树垂庭，天下难得之货，咸悉在焉。”同书卷五《城北》说当时洛阳总共有“户十万九千余”。这么多“商胡贩客”定居洛阳，如此高的单方向人口迁徙，对中原地区吸收外来文化必然带来深刻影响。陈寅恪先生指出：

> 盖北魏洛阳既有万余家之归化西域胡人居住，其后东魏迁邺，此类胡人当亦随之迁徙，故北齐邺都西域胡化尤其胡乐之盛必与此有关。否则齐周东西隔绝，若以与西域交通论，北周领土更为便利，不应北齐宫廷胡小如是之多，为政治上一大势力，而西域文化如音乐之类北齐如此之盛，遂至隋代尤承其遗风也。故隋之胡乐大半受之北齐，而北齐邺都之胡人胡乐又从北魏洛阳转徙而来……①

陈寅恪先生抓住了两个关键因素来梳理北朝“胡乐”的传播，一是北魏定都洛阳；二是北齐王朝对胡乐的偏爱。所谓“北齐宫廷胡小如是之多，为政治上一大势力”，是指“西域丑胡、龟兹杂伎”之辈，在深受西域文化影响的北齐王朝中地位颇高，以致出现“封王者接武，开府者比肩”②这一特异现象，可见北朝文化受西域文化影响之深。这样一来，自北魏胡人大量迁徙中原，中间经北齐、北周至隋唐，一条清晰的“胡曲西来”线索就呈现出来。

西域文化的影响在南朝也十分明显。《隋书·音乐志》罗列南朝“设乐”顺序共四十九项，其中有“设寺子导安息、孔雀、凤凰、文鹿胡舞，登连《上云乐》歌舞伎”。《上云乐》的主要情节为“西方老胡”来梁朝瞻拜，呈技上寿，作胡戏、狮舞之类，扮演者戴胡人假面，③ 是一种综合性的西域歌舞表演。说明在南北朝期间，不仅有一条以“清商乐”为代表的由南而北的文化融合路线，还有一条以“胡曲”即西域

---

① 陈寅恪：《隋唐制度渊源略论稿》，123页，上海，上海古籍出版社，1982。

② 《北齐书·恩倖传》。

③ 郭净：《中国面具文化》，141页，上海，上海人民出版社，1992。

歌舞音乐为代表的由北而南的文化融合路线。后者对民族歌舞文化更有潜移默化的影响，往往不易觉察。譬如隋文帝开皇初设置的《七部乐》中第一为“《国伎》”，所谓《国伎》实为西凉乐舞。《魏书·乐志》记载北魏太武帝“平凉州，得其伶人、器服，并择而存之”，西凉乐舞并入关陇文化。《隋书·音乐志》云：“至魏、周之际，遂谓之《国伎》。今曲颈琵琶、竖头箜篌之徒，并出自西域，非华夏旧器。《杨泽新声》、《神白马》之类，生于胡戎。胡戎歌非汉、魏遗曲，故其乐器声调，悉与书史不同。其歌曲有《永世乐》，解曲有《万世丰》，舞曲有《于阗佛曲》。其乐器有钟、磬、弹筝、搊筝、卧箜篌、竖箜篌、琵琶、五弦、笙、箫、大筚篥、长笛、小筚篥、横笛、腰鼓、齐鼓、担鼓、铜钹、贝十九种，为一部。工二十七人。”可见被称为《国伎》的西凉乐舞，是来自今甘肃、新疆乃至更远的域外等不同地区各个民族的乐舞，在魏周时期已经为中原文化所接纳，成为华夏歌舞文化的一个部分，故称其为《国伎》。陈寅恪先生认为这是因为西凉乐“流传既久，浑忘其外来之性质”①所致。至于被隋文帝称为“华夏正声”的“清商乐”，《隋书·音乐志》说“其乐器有钟、磬、琴、瑟、击琴、琵琶、箜篌、筑、筝、节鼓、笙、笛、箫、篪、埙十五种”，说明“清商乐”也在其流传过程中受西来胡曲的影响，成为汉、胡混合的乐曲，“亦不得谓之纯粹华夏正声，盖不过胡乐之混杂输入较先者，往往使人不能知其为输入品耳”②。一是将“西凉乐”视为《国伎》，二是将胡乐纳入“清商乐”之中，六朝时期“胡曲西来”的影响，十分明显。

《隋书·音乐志》记载隋炀帝设置的《九部》乐舞分别为《清乐》《西凉》《龟兹》《天竺》《康国》《疏勒》《安国》《高丽》《礼毕》。其中除第一《清乐》和第九《礼毕》为汉族乐舞外，其余七种均为中原以外各民族的胡乐，其中《西凉》来自甘肃，《龟兹》和《疏勒》来自新疆，《天竺》来自印度，《康国》和《安国》来自乌兹别克，《高丽》来自朝鲜，唐代的“十部乐”基本由“九部”沿袭发展而来。

---

① 陈寅恪：《隋唐制度渊源略论稿》，120页，上海，上海古籍出版社，1982。
② 同上。

第三节 山水园林

1. 玄言佛理。佛教自公元1世纪传入中国起，就开始了与中国本土文化融合的过程。《后汉书·光武十王列传·楚王英传》说刘秀的儿子楚王刘英“诵黄老之微言，尚浮屠之仁祠”，就是将中国固有的黄老学说作为理解和解释佛教学说的基础。一直到以讨论般若“空”论为中心的“六家七宗”，也受到魏晋玄学的“本无”“有末”和“言意之辨”等命题和思路的影响，或者说“本无”“即色”和“心无”等佛理之“空”的讨论，就是从传统儒家和道家的解释框架之内，进行的佛教理论的思辨，以至方立天先生认为，“六家七宗”这些“般若学流派实际上正是魏晋玄学不同流派的变相。般若学正是在与玄学的结合中得到广泛传播的”①。

从玄学的角度讨论佛理，意味着群体意义上的中国知识界开始将佛教理论关于人生问题的理解纳入自身的文化视野。魏晋时期，尤其是晋室东渡以来，自由、宽松、多元的文化生态环境伴随着以世家大族为中心的门阀政治的形成而日益浓郁，玄学与佛学的融合也日渐明显。《高僧传》卷七《慧严传》载：“渡江以来，则王导、周睟、庾亮、王睽、谢尚，郄超、王坦、王恭、王谧、郭文、谢敷、戴逵、许询，及亡高祖兄弟、王元琳昆季、范汪、孙绰、张玄、殷睟，或宰辅之冠盖，或人伦之羽仪，或置情天人之际，或抗迹烟霞之表，并禀志归依，厝心崇信。”一大批政界精英、社会名流开始公开表现出对佛理的崇信与皈依，说明这时的东晋名士，不仅早已丧失了锐意进取、建功立业的建安风骨，也消泯了以“道”抗“政”、睥睨权势的竹林气质。《世说新语·言语》说：“元帝始过江，谓顾骠骑曰：‘寄人国土，心常怀惭。’(顾)荣跪对曰：‘臣闻王者以天下为家，是以耿、亳无定处。九鼎迁洛邑，愿陛下勿以迁都为念。’”《晋书·王羲之传》：“时刘惔为丹阳尹，许询尝就惔宿，床帷新丽，饮食甘丰。询曰：‘若此保全，

① 方立天：《中国佛教哲学》，35页，北京，中国人民大学出版社，1991。

殊胜东山。'”

2. 山水媚道。处身于江南秀丽景色里养尊处优的江左士族，开始在体无论道的玄言妙语中感悟人生，而这时的佛门名僧也主动与知识界交往唱和，将玄言佛理浸入士族的生命形态。《世说新语·文学》云：

支道林、许(询)、谢(安)、盛德(王濛)共集王家。谢顾谓诸人："今日可谓彦会。既时不可留，此集固亦难常，当共言咏，以写其怀。"徐便问主人"有《庄子》不?"正得《渔父》一篇。谢看题，便使四座通。支道林先通作七百语许，叙致精丽，才藻奇拔，众咸称善。于是四座各言怀毕。谢问曰："卿等尽不?"皆曰："今日之言，少不自竭。"谢后粗难，因自叙其意，作万余语，才峰秀逸，既自难干，加意气拟托，萧然自得，四座莫不厌心。支谓谢曰："君一往奔诣，故复自佳耳。"

这位创"即色"论的支道林论《庄子·逍遥游》"作数千言，才藻新奇，花烂映发"，令恃才傲物的名士王逸"披襟解带，流连不能已"，"支道林、许椽诸人共在会稽王(简文帝)斋头，支为法师，许为都讲。支通一义，四坐莫不厌心，许送一难，众人莫不抃舞。但共嗟咏二家之美，不辩其理所在"。(《世说新语·文学》)这种玄言清谈的时尚，使得南朝士人不仅在清风朗月、孤松危岩里发现"越名教而任自然"的人格才性的自然之美，而且还将玄言佛理中追求的形上本体于自然山水中感悟之。南朝名士大都喜爱放浪形骸于青山绿水之中：

(王)羲之既去官，与东土人士尽山水之游，弋钓为娱。又与道士许迈共修服食，采药石不远千里，遍游东中诸郡，穷诸名山，泛沧海，叹曰："我卒当以乐死。"(《晋书·王羲之传》)

(谢)灵运既东还，与族弟惠连、东海何长瑜、颍川荀雍、太山羊璇之以文章会赏会，共为山泽之游，时人谓之四友。……灵运因父祖之资，生业甚厚，僮既众，义故门生数百人，凿山浚湖，功役无已。

寻山陟岭，必造幽峻，岩障千重，莫不备尽。登蹑常着木履，上山则去前齿，下山去其后齿。尝自始宁南山伐木开径，直至临海，从者数百人。(《晋书·谢灵运传》)

(宗炳)好山水，爱远游，西陟荆、巫，南登衡岳，因而结宇衡山，欲怀尚平之志。有疾，还江陵，叹曰："老疾俱至，名山恐难遍睹，惟当澄怀观道，卧以游之。"凡所游履，皆图之于室，谓人曰："抚琴动操，欲令众山皆响。"(《宋书·宗炳传》)

山明水秀、气候宜人的自然条件和忘情山水、"澄怀观道"的人文条件历史地融为一体，以形上之道为中介，人与自然山水之间出现了从未有过的亲密联系。"简文(帝)如华林园，故左右曰：'会心处不必在远，翳然林水，便自有濠濮间想也，觉鸟兽禽鱼自来亲人。'""王司州至吴兴印渚中，看，叹曰：'非惟使人情开涤，亦觉日月晴朗。'""林公见东阳长山，曰：'何其坦迤！'""顾长康从会稽还，人问山川之美，顾云：'千岩竞秀，万壑争流，草木蒙笼其上，若云兴霞蔚。'""王子敬云：'从山阴道上行，山川自相映发，使人应接不暇。若秋冬之际，尤难为怀。'"(《世说新语·言语》)人们在自然山水中所"尤难忘怀"、苦苦追求的，就是《大品般若经》中强调的一切众生都具有的"佛性"。

作为"非有非无"的"中道""佛性"是隐藏在现象世界背后最为真实的形上本原，且"顿悟不受报等，时亦为宪章"①，与"人皆可以为尧舜"的儒家性善论相符，人们相信在现世的生活中就可以体验到彼岸的超越，在适情养性的人生里就能感悟到佛性的解脱，东晋名士里最有佛学修养的谢灵运在《与诸道人辨宗论》里说：

释氏之论，圣道虽远，积学能至，累尽鉴生，不应渐悟。孔氏之论，圣道既妙，虽颜(回)殆庶，体无鉴周，理归一极。有新道士(竺道生)以为"寂鉴微妙，不容阶级。积学无限，何为自绝"。今去其释

① 《高僧传》卷七《竺道生传》，257页，北京，中华书局，1992。

氏之渐悟，而取其能至。去孔氏之殆庶，而取其一极。一极异渐悟，能至非殆庶。故理之所去，虽合各取。然其离孔、释矣。余谓二谈救物之言，道家之唱，得意之说，敢以折中自许。

“累”即世俗烦恼，“鉴”即顿悟体道，亦即“能至”，“一极”即宇宙的最高本体，“人生的烦恼断尽（‘累尽’），就会产生明确的认识而悟道（‘鉴生’）”①，以“能至”而“体无”，儒家圣道与释氏顿悟，现世人生与彼岸“一极”，自然景观与玄言妙道，享受人生与彻悟佛性之间，是能够而且应当“折中自许”的。“庾公尝入佛图，见卧佛，曰：‘此子疲于津梁。’于时以为名言。”（《世说新语·言语》）既然解脱就在寄情山水的“澄怀观道”之中，当然无须佛祖拯救众生的奔忙。

史载宗炳“妙善琴书，精于言理，每游山水，往辄忘归”（《宋书·宗炳传》），与当时的高僧慧远、慧坚等时相往来，是一个有较高佛学修养和艺术感悟力的艺术家。他在《画山水序》中明确提出从自然山水中观照形上之道：“圣人含道暎物，贤者澄怀味像……圣人以神法道，而贤者通，山水以形媚道，而仁者乐，不亦几乎……峰岫峣嶷，云林森眇，圣贤暎于绝代，万趣融其神思，余复何为哉？畅神而已。神之所畅，孰有先焉！”徜徉于峰岫云林、青山绿水之间，融万趣于妙悟神思之内，与神秘道体遇合，是为“畅神”，甚得证悟佛性妙理的真谛，这是典型的南朝士大夫的山水意趣。僧人慧远《庐山东林杂诗》曰：

崇岩吐清秀，幽岫栖神迹。希声奏群籁，响出山溜滴。
有客独冥游，径然忘所适。挥手抚云门，灵关安足辟。
流心叩玄扃，感至理弗隔。孰是腾九霄，不奋冲天翮？
妙同趣自均，一悟超三益。

谢灵运《室壁精舍还湖中作》比较充分地体现了这种自然审美风尚：

① 方立天：《佛教哲学》，331页，北京，中国人民大学出版社，1991。

昏旦变气候，山水汉青晖。青晖能娱人，游子憺忘归。

出谷日尚早，入舟阳以微。林壑敛暝色，云霞收夕霏。

芰荷迭映蔚，蒲稗相因依。披服趋南径，愉悦偃东扉。

虑澹物自轻，意惬理无违。寄言摄生客，试用此道推。

在自然山水的幽径清泉里流连咏叹，以领悟人生的自由与解脱，这种意趣风尚不仅开后世禅学体验的先河，而且也促进了南朝园林艺术的发展。

3. 神畅园林。园林即自然山水的缩微和人化。从根本上讲，大自然作为人的生存环境，与人类之间有一种密切共存的关系。远在商周时代，就出现了专供统治阶层游猎娱乐的场所——“囿”。人们有意识地在一定的区域内挖池筑台，植卉养鱼，将具有观赏价值的景观集中起来。汉代的“上林苑”就是其中的代表。据《三辅黄图》记载，“上林苑”在长安东南，是三辅地区诸多苑囿中的一个，“周袤三百余里，离宫七十所，能容千骑万乘”，司马相如的《上林赋》当以其为本。而南朝的园林，则是南朝士族山水意趣的直接体现。谢灵运《山居赋》云：

抗北顶以葺馆，瞰南峰以启轩，罗曾崖于户里，列镜澜于窗前。因丹霞以赪楣，附碧云以翠椽。

把自然山水收缩于庭院之内，峰峦池沼罗列其中，使其生活起居空间符合其审美式的人生解脱追求，“贵势之流，亭池第宅，竞趋高华”“台池玩好，每暇日与宾客游焉”“家庭穿筑，极林泉之致，歌钟舞女，当世罕俦”①，反映了江左士族生活的一种时尚。宗炳在《画山水序》里认为“嵩、华之秀，玄牡之灵，皆可得之于一图”而“围于方寸之内”，王微在《叙画》里则“以一管之笔，拟太虚之体”，图画虽小，却可以在方寸之内尽得山水灵气，模拟宇宙本体。这种以小见大、以实体虚的美学描述，为南朝的园林建筑提供了理论依据。

---

① 《宋书·羊玄保传》，《南史》《朱异传》《孙玚传》。

杜牧《江南春》有“南朝四百八十寺，多少楼台烟雨中”之说，建业(康)与洛阳并称为南北佛教中心，园林式的佛寺是当时建筑的特色之一。梁武帝笃信佛教，所造佛寺有爱敬、光宅、开善、智度、同泰等大寺。城南东吴时期建造的长干寺，梁武帝时改称阿育王寺，并大加扩建，“敕市侧数百家宅地，以广寺域。造诸堂殿并瑞像周回阁等，穷于轮换焉”。梁武帝所建的同泰寺为建康最大的寺院，《建康实录》卷十七注引《舆地志》说该寺有“浮图九层，大殿六所，小殿及堂十余所，宫各象日月之形，禅窟、禅房、山林之内，东西般若台各三层”。这种佛寺园林，一般注重与周围山水的整体契合，形成峰岚松荫、岩壑清泉的幽胜景观，即使建在城内近郊，也注重流水绿化的点缀，殿堂庭堂，古木参天，形成中国特有的寺院园林景致。它不同于帝王显贵的苑囿，一般庶民百姓也可以在寺院园林里进香游览，许愿施舍，这促进了寺院园林文化的发展。

史载东吴孙皓在建业营建新宫，“二千石以下皆自入山督摄伐木。又破坏诸营，大开苑囿，起土山楼观，穷极伎巧，功役之费以亿万计”①，开凿城北渠引玄武湖水入宫，使清流环绕殿堂，昼夜不绝。南朝宋文帝和武帝又在这个基础上，于玄武湖周围建乐游苑、华林园和上林苑(《南史·宋本纪》)，如宋文帝在玄武湖中仿汉武帝上林苑内神山的名字，立方丈、蓬莱、瀛洲三座神山，又在华林苑内筑景阳山，引玄武湖水入苑内到天渊池，再通向建康宫，经太极殿，从东西掖门下注入宫城南堑，使宫内流水萦回不息，② 充分利用建康山明水秀的自然条件，营造起以玄武湖为中心的皇家园林。无论是寺院园林，还是皇家园林，均受佛道养身修性教义的影响，集休闲游览和修持祈福两项功能于一身，这是中国园林艺术的一大特点。

齐梁时代，老庄的无为、佛学的顿悟和道教的成仙都蜕化为士族皇室适情养性、放逸耽乐的理由，他们只期望在宫廷苑囿里纵欲享乐

---

① 《三国志·吴书·孙皓传》，裴注引《江表传》。

② 郭黎安：《试论六朝时期的建业》，《中国古都研究》，杭州，浙江人民出版社，1935。

中，体验到成佛成仙的超逸之乐。①《南史·齐废帝东昏侯本纪》载，东昏侯：

> 大起诸殿，芳乐、芳德、仙华、大兴、含德、清曜、安寿等殿，又别为潘妃起神仙、永寿、玉寿三殿……庄严寺有玉九子铃，外国寺佛面有光相，禅灵寺塔诸宝珥，皆剥取以施潘妃殿饰……又以阅武堂为芳乐苑，穷其极丽。当暑种树，朝种夕死，死而复种，率无一生。于是徵求人家，望树便取，毁彻墙屋，以移置之。大树合抱，亦皆移掘，插叶系花，取玩俄顷。刬取细草，来植阶庭，烈日之中，至便焦燥……山石皆涂以彩色，跨水池立紫阁诸楼，壁上画男女私亵之像。

如此穷奢极欲，将园林艺术中的山水意趣丧失殆尽。南朝皇家园林内，还有被梁思成先生称为"风雅皇帝燕居之建筑，殆重质而不在量"②的陈后主，《陈书·后主张贵妃传》记载，陈后主宠爱张贵妃："乃于光照殿前起临春、结绮、望仙三阁。阁高数丈，并数十间。其窗牖、壁带、悬楣、栏槛之类，并以沉香木为之。又饰以金玉，间以珠翠，外施朱帘……每微风暂至，香闻数里，朝日初照，光暎后庭。其下积石为山，引水为池。植以奇树，杂以花药。后主自居临春阁，张贵妃居结绮阁，龚、孔二贵妃居望仙阁。并复道交相往来。又有王、李二美人，张、薛二淑媛，袁昭仪、何婕妤、江修容七人有宠，递代以游其上。"南朝绮丽颓废的士族文化，于此走到了尽头。

公元589年，隋军灭陈，陈后主与张贵妃"俱入于井。隋军出之，晋王广命斩贵妃，榜于青溪中桥"③，善文而不擅政的陈后主夫妇束手就擒，双双被俘，贵妃见戮，象征着传统文化否极泰来的转型，华夏审美风尚由此走入一个新的阶段。

---

① 钱穆先生指出："南朝的王室，在富贵家庭里长养起来，(但是并非门第，无文化的承袭。)他们只稍微熏陶到一些名士派放情肆志的风尚，而没有浸沉到名士们的家教与门风，又没有领略得名士们所研讨的玄言与远致。在他们面前的路子，只有放情胡闹。"(钱穆：《国史大纲》，271页，北京，商务印书馆，1996)

② 梁思成：《中国建筑史》，74页，天津，百花文艺出版社，1998。

③ 《陈书·后主张贵妃传》。

第八章　走向峰巅

由隋唐降至两宋，即自 6 世纪末至 13 世纪下半叶的六百多年间，是中国历史上另一个大一统的文化发展阶段。由于这个阶段奉行开放而宽容的文化环境，使得传统文化在外来文化尤其是佛教的影响下，进入了一个充满勃勃生机的发展时期。王国维先生在《论近年之学术界》一文里认为，传统文化自汉武帝以孔子学说统一思想，丧失了创新动力，进入了一个发展缓慢的“受动之时代”，而佛教思想的东适，则给民族文化的发展提供了一个契机，由于外来文化与民族文化的融合需要经历一个漫长的过程，所以尽管“自六朝至于唐室，而佛陀之教极千古之盛矣”，但在唐代，外来的佛学并未完全融入民族文化的血脉之内，“当是时，吾国固有之思想与印度之思想，互相并行而不相化合”，文化发展进入一个有容乃大、兼收并蓄的新时期，“至宋儒出而一调和之，此又由受动之时代出，而稍带能动之性质者也”，传统文化进入其古代发展阶段的峰巅；① 无独有偶，陈寅恪先生在《邓广铭〈宋史职官志考证〉序》和《冯友兰〈中国哲学史〉下册审查报告》中，认为在“学说思想”方面影响“华夏民族”的，莫若作为思想“先导”的“佛道二教者”，这是一个自六朝经隋唐，“一方面，吸收输入外来之学说；另一方面，不忘本来民族之地位”，这样一个漫长的“吸收改造过程”，历经数千年演进的华夏文化由于“新儒学”的产生而“造极于赵

① 《王国维遗书·静安文集》，第 3 册，520～521 页，上海，上海古籍出版社，1983。说六朝至唐代，本土文化与外来文化“互相并行”是符合实际的，但说二者“不相化合”则不确切，实际上相互化合在这一时期里是文化发展的主流。

宋之世”①。二位先生都将隋唐至两宋的文化发展，视为一种本土文化与外来文化多元并存，使前者从后者所携带的外来文化基因中获取资源而不断发展创新的过程，并且都将宋代理学的出现，视为传统文化发展的最高阶段。

一方面，为以佛学为中心的外来文化；另一方面，为以儒学为中心的本土文化。二者之间在不同领域和层面上的多元互补、创新吸收，是唐宋文化发展的基调，也是这个阶段审美风尚演变的内涵。

第一节　争奇斗艳

相应于审美风尚的演变，造成唐宋时代臻至传统文化发展峰巅的最主要的内部原因有三个：一是对文化的多元化存在状态采取一种容忍和宽容的心态；二是豪迈大气的时代风尚注入文人群体，蔚为一代士风；三是通过科举制度的确立，拓宽了知识阶层参与文化创造的途径和社会基础。

1. 多元互容。唐太宗“能把南方的文学与北方的吏治、武力绾合，造成更高、更合理的政权”②，在采取诸如削弱相权以加强中央政府集权这类符合统一王朝需要的制度改革的同时，并没有因为国家的一统而搞文化专制主义。在唐太宗看来，诗歌、音乐、楼台、亭阁等都具有陶情冶性的审美功能，只要不过分追求，于闲暇之际“游息艺文”并无什么不对。③ 他对传统儒家“乐与政通”的文艺社会政治功能观表示怀疑，认为音乐相关于人的情感而无关于政治。据《旧唐书·音乐志》记载：

太宗曰：“礼乐之作，盖圣人缘物设教，以为撙节。治之隆替，

---

① 陈寅恪：《金明馆丛稿二编》，251、252、245、250页，上海，上海古籍出版社，1980。

② 钱穆：《国史大纲》，上册，386页，北京，商务印书馆，1996。

③ 杜晓勤：《初唐诗歌的文化阐释》，152页，北京，东方出版社，1997。

岂此之由?”御史大夫杜淹对曰：“前代兴亡，实由于乐。陈将亡也，为《玉树后庭花》；齐将亡也，而为《伴侣曲》，行路闻之，莫不悲泣，所谓亡国之音也。以是观之，盖乐之由也。”太宗曰：“不然，夫音声能感人，自然之道也。故欢者闻之则悦，忧者听之则悲。悲欢之情，在于人心，非由乐也。将亡之政，其民必苦，然苦心所感，故闻之则被耳。何有乐声哀怨，能使悦者悲乎？今《玉树》《伴侣》之曲，其声具存，朕当为公奏之，知公必不悲矣。”尚书右丞魏征进曰：“古人称：‘礼云礼云，玉帛云乎哉？乐云乐云，钟鼓云乎哉?’乐在人和，不由音调。”太宗然之。(祖)孝孙又奏：陈、梁旧乐，杂用吴、楚之声；周、齐旧乐，多涉胡、戎之伎。于是斟酌南北，考以古音，作为大唐雅乐。

这是民族审美风尚史上空前(但愿不是绝后)的对待文化通达而自信的态度。正因为这种后世难以企及的健康向上的文化自信心，使得唐代文化政策敢于博采众长而保持一种兼容并蓄的开放性，是为博大壮观的唐代文化滋生的社会政治条件。

牟润孙先生认为，唐王朝“既经统一，南北文化合流，必当发生冲突现象”，致使“唐初诸臣对南北文化之歧见集中于太宗一身，调和之理想与现实势力相矛盾，遂感左右为难”(如唐太宗一方面赞赏虞世南反对庾信的艳体诗，但是在作诗时依然仿效之等)，上述唐太宗一方面主张世道人心非由音乐造成，却又对魏征的“乐在人和，不由音调”的观点“然之”，就是一种“左右为难”的调和。但是，“太宗为一代英主，求治之心固切，好学之情亦甚殷，《(旧)唐书·李百药传》有所上之《封建论》，谓太宗‘罢朝之后，引进名臣，讨论是非，备尽肝鬲……赐以清闲，高谈典籍，杂以文咏，间以玄言。乙夜忘疲，中宵不寐’”。君臣之间充溢着一种积极进取、好学上进的融洽气氛，所以他能跳出朝臣们对江左、山东文化所怀的各种偏见，以“博采广取、兼容并包”的态度宽容对待之，“故其于江南礼乐文化之优点特长，知之颇深，仿效之心亦甚切，非如其他人物深闭固据，于东晋以来之制度学术，概视无足取”①。“大唐雅乐”的制定，就是这种“博采广取、兼容并包”的多元文化政策使然。在这种情形之下，“南亚的佛学、医学、历法、语言学、音乐、美术；中亚的音乐、舞蹈；西亚世界的祆教、景教、摩尼教、伊斯兰教、医术、建筑艺术乃至马球运动等，如‘八面来风’，从唐帝国开启的国门中一拥而入”②，使唐代文化在道德、风俗、哲理、诗歌、音乐、舞蹈、绘画、雕塑、服饰等领域，都呈现出一派欣欣向荣、百花齐放的新气象。

虽然晚唐、五代有毁灭佛法的文化专制现象出现，但是这种宽松的文化环境一直是唐宋时期的主流。邓广铭先生指出：“北宋王朝自建立以来，就把最大的注意力分别集中在：如何消除存在于各地的割据势力；如何防范文武大臣篡夺之祸；如何抵御北方强大敌国契丹王朝的侵袭；如何禁止百官间或士大夫间凭借种种因缘而结为朋党，构成专制政权的一种分割力量等。这种种错综复杂的问题，使得北宋最高统治者们实在没有余力再去对文化事业的各方面去实行其专制主义。因此，他们对于儒释道三家无所轻重于其间，对于思想、学术、文学、艺术领域的各个流派，也一概采取宽松态度。”③自由宽松的文化环境，既促使了融儒释道于一身的宋学的产生，而且也催生了以文人画为象征的传统文人的审美情趣，出现了画院、书院、瓦子勾栏等文化传播场所，南戏、杂剧、社火、说话同琴棋书画、金石考据一起，如雨后春笋般涌现出来。

2. 士庶兴递。东晋以来的门阀政治在根本上是不利于统一帝国政治稳定的，所以隋唐帝国的兴起意味着士族特权的末日。江左王、谢门阀势力在统一之始业已衰落，山东大族在唐初就受到王权的限制，武则天更是以打击关陇贵族为起家的基础，起始于隋唐时代的科举制度由于顺应这一历史潮流而迅速制度化，彻底打破了由门阀士族垄断

---

① 牟润孙：《注史斋丛稿》，400、399页，北京，中华书局，1987。

② 冯天瑜等：《中华文化史》，581页，上海，上海人民出版社，1990。

③ 邓广铭：《序引》，陈植锷：《北宋文化史述论》，北京，中国社会科学出版社，1992。

仕途官场的旧局面。随着科举制度的逐渐完善，文化主体从魏晋六朝以来的士族子弟，转化为众多的庶族寒士。金铮先生说："因为科举制度保证了这个社会由知识分子统治，其上下阶层的分子不断地合法对流，从而阻止了权力的世袭化。"①士庶之间的鸿沟，被科举制度填平。

唐长孺先生在《南北朝科举制度的萌芽》一文中指出，"唐代科举中最重要的进士、明经两项科目，从形式上看和过去的孝廉、秀才有继承关系，只是当门阀盛时被举为秀才、孝廉的人必定出于士族，而唐代并无此限制"②，广大平民士子的从政热情由此而被调动起来，在客观上使唐宋以降的传统社会成为一个"文治"的社会。从唐至宋，科举制里"自由投考"和"一切以考试成绩为定"两个最为重要的特点逐渐被固定下来，"在考场上的那一刻，考试者只剩下他自己，只能凭借自身的才学。所以，科举考试又可以说是一种最淡化个人与其家族关系的一种制度。个体的素质和能力必须由文章来集中表现，由此，'以文取人'就有了绝对、完全的意义"③。将国家官吏的选拔建立在"以文取人"的制度之上，不仅在客观上促进了传统文化的普及，④ 而

① 金铮：《科举制度与中国文化》，3 页，上海，上海人民出版社，1990。

② 《魏晋南北朝史论丛》，北京，生活·读书·新知三联书店，1978。

③ 何怀宏：《选举社会及其终结》，98 页，北京，生活·读书·新知三联书店，1998。

④ 陈寅恪先生指出："进士之科虽设于隋代，而其特见尊重，以为全国人民出仕之唯一正途，实始于唐高宗之代，即武曌专政之时。及至玄宗，其局势遂成凝定，迄于后代，因而不改。"(《唐代政治史述论稿》，22 页，上海，上海古籍出版社，1982)宋真宗《劝学文》："富家不用买良田，书中自有千钟粟。安居不用家高堂，书中自有黄金屋。出门莫恨无人随，书中车马多如簇。娶妻莫恨无良缘，书中有女颜如玉。男儿欲遂平生志，六经勤向窗前读。"元代以来确立以程朱理学的经义阐释为科举取士标准，使考试成绩的判定有了一个统一、明确的尺度，考试内容相对限定，其所需的书籍等物质条件也比较容易获得，"参加这类科举考试所需阅读的基本读物，是儒家学说的四书五经，它们长达 431286 个字，而且所有这些读物，学生们都必须熟记在心。如果以每天 200 字的速度背诵，背完这些著作恰好需要 6 年"。(林毅夫：《制度、技术与中国农业发展》，269 页，上海，上海三联书店、上海人民出版社，1994)

且更重要的是，唐代科举以诗赋为取士的主要标准，锻造了唐人思维的诗美取向和唐代文化的诗学性格，金铮先生认为，尽管在考场上赋诗由于应试者的患得患失致使好作品难以产生，但是：

由于它与仕途利禄紧紧相连，这就足以吸引士人毕其全副精力投身于其中，当他们在日常研习吟咏之时，为寻求诗才与灵感，必须留意观察生活、社会与自然，优秀的诗作往往由此而产生。科举制度是面向整个社会开放的，这一点直接刺激了诗歌作者群体的壮大。……那些最有名的诗人们多半来自庶族士人阶层甚至下层社会，他们对现实生活的丰富的切身经验与深入认识，对唐诗博大深广的内容与五彩缤纷的风格之形成，具有决定性的影响……科举考试还扩大了文人的行踪，开阔了他们的视野。举子来自全国各地，大量汇集京师，无论及第落第，他们的流动量都很大……前人说，唐诗之佳篇多产生于行旅羁役之中，这跟士人奔忙于科举之途很有关系。①

在科举制度极大地扩充了文化传承和创新的主体资源的同时，又赋予了士人群体诗学智慧，这对唐宋文化的影响是十分明显的，以至到了“以古文为贵，则策、论盛行于世，而诗赋几至于熄”②的宋代，其文士仍习惯以赋诗表达其致思深刻的“理趣”：

不畏浮云遮望眼，只缘身在最高层。（王安石：《登飞来峰》）
不识庐山真面目，只缘身在此山中。（苏轼：《题西林壁》）
问渠哪得清如许？为有源头活水来。（朱熹：《观书有感》）

3. 锐意进取。养尊处优的江左贵胄享有种种世袭特权，不学无术的齐梁士族可以坐至公卿，他们“熏衣剃面，傅粉施朱”③，纵情声欲

① 金铮：《科举制度与中国文化》，71～72页，上海，上海人民出版社，1990。
② 苏轼：《拟进士廷试策》。
③ 《颜氏家训·勉学》。

而不思进取。而隋唐统一则得之于金戈铁马的千里鏖战，关陇集团的开拓者们在帝国辽阔的版图上南征北讨之时，也将一股建功立业、慷慨悲凉的大漠雄风带给了唐代士人，投笔从戎，立功海外成为他们的生命追求：

中原初逐鹿，投笔事戎轩。纵横计不就，慷慨志犹存。策杖谒天子，驱马出关门。请缨系南粤，凭轼下东藩。（魏徵：《述怀》）

匈奴犹未灭，魏绛复从戎。怅别三河道，言追六郡雄。雁山横代北，孤塞接云中。勿使燕然上，惟留汉将功。（陈子昂：《送魏大从军》）

这种“宁为百夫长，胜作一书生”①的人生豪气，一直延续到盛唐：

从军玉门道，逐虏金微山。笛奏梅花曲，刀开明月环。鼓声鸣海上，兵气拥云间。愿斩单于头，长驱静铁关。（李白：《从军行》）

青海长云暗雪山，孤城遥望玉门关。黄沙百战穿金甲，不破楼兰终不还。（王昌龄：《从军行》）

在这种时代风尚的带动下，文人将建功立业置于人生目标的首位，对自身的才能充满信心，对自己个性化的名声更为注重。满怀这种壮志理想，青年陈子昂离别家乡，在长安、洛阳一带文化中心结友游学，参加考试，制造声誉，积极为入仕创造条件。而为官以后的他，又不安于一般文职，一遇机会便请求从军出征，两次随大军出塞，参谋策划。为人任侠重友，轻财仗义，“意气一合，虽白刃不可夺也”②。李白更是不甘于重蹈一般士人的科举仕途，而要凭借自己

① 杨炯：《从军行》。

② 程蔷、董乃斌：《唐帝国的精神文明》，406页，北京，中国社会科学出版社，1996。

的才能和声誉直取卿相，以遂其为帝王师的理想，其性格魅力在当时具有极大的感召力。贺知章称其为“谪仙人”，杜甫遇到李白，竟然改变其应试的初衷，随李白四处漫游。由于政治环境的宽松，文人即使在京城里也可以自由地展示自己的个性，倜傥风流的贺知章自号“四明狂客”“秘书外监”“每醉，辄属辞，笔不停书，咸有可观”，(《新唐书·贺知章传》)放荡不羁的张旭“善草书，而好酒，每醉后号呼狂走，索笔挥洒，变化无穷，若有神助，时人号为张颠”。(《旧唐书·贺知章传》)

随着盛唐时代漫游之风的盛行，这种“天生我材必有用”的狂放豪情为群体意义上的士子所认同仿效，宽松自由的环境和舒展放达的个性之间是相辅相成的，因而王维、白居易的禅道隐逸型人格趋向也得以并行不悖，这样就极大地扩充了唐代文人的精神生存空间，为文化创新积累起大量的精神资源，这是锻造雄浑飘逸的唐代文化的基本条件。

4. 剑舞气度。在唐代自由宽容政治文化环境的催化下，唐代士子建功立业的壮志豪情，狂放不羁的性格特征，凝结为一种与“剑”联系在一起的气概，如“感时思报国，拔剑起蒿莱”(陈子昂：《感遇》三十五)，“平生怀仗剑，慷慨即投笔”(刘希夷：《从军行》)，“刘生气不平，抱剑欲专征”(卢照邻：《刘生》)，“按剑从沙漠，歌谣满帝京”(张祜：《采桑》)。这种“仗剑去国，辞亲远游”(李白：《上安州裴长史书》)的时代精神与喜舞善舞的唐代社会习俗结合在一起，就形成流行于唐代的“剑舞”，如“将军自起舞长剑”(李白：《司马将军歌》)，“酒泉太守能舞剑”(岑参：《酒泉太守席上醉后作》)，“舞剑过人绝”(杜甫：《故武卫将军挽歌三首》)。人格融为剑气，剑气化为舞姿，这种浸润于舞蹈之中的“剑舞气度”成为唐代士子人格风范的写照，升华为一种具象飞舞的艺术精神，“‘舞’是中国一切艺术境界的典型。中国的书法、画法都趋向飞舞”①，剑舞气度成为唐代艺术精神的灵魂。朱景玄《唐朝名画录》云：

---

① 宗白华：《美学散步》，67页，上海，上海人民出版社，1981。

开元中驾幸东洛，吴生(道子)与裴旻将军、张旭长史相遇，各陈其能。时将军裴旻厚以金帛，召致道子，与东都天宫寺，为其所亲，将施绘事。道子封还金帛，一无所授。谓旻曰："闻裴将军久矣，为舞剑一曲，足以当惠。观其壮气，可助挥毫。"旻因墨缞为道子舞剑。舞毕，奋笔俄顷而成，有若神助，尤为冠绝，道子亦亲为设色，其画在寺之西庑。又张旭长史亦书一壁，都邑士庶皆云："一日之中，获睹三绝。"

道子之画、裴旻剑舞和张旭草书，之所以被时人誉为"三绝"，莫不欲一睹而快之，是因为在他们的剑中和笔下，都灌注了唐代的剑舞气度，因而使得他们的所舞所画所书，均达到了一种出神入化的狂放境界，充分体现出唐代艺术精神的神髓。宋人郭若虚在《图画见闻志》里描述裴舞和吴画："走马如飞，左旋右转，掷剑入云，高数十丈，若电光下射。旻引手执鞘承之，剑透室而入。观者数千人，无不惊栗。道子于是援毫图壁，飒然风起，为天下之壮观。道子平生绘事，得意无出于此。"

这不由得使人联想起杜甫《观公孙大娘弟子舞剑器行·序》中所言："往者吴人张旭，善草书书帖，数尝于邺县见公孙大娘舞《西河剑器》，自此草书长进。"在同《序》里杜甫又称其年幼时曾"观公孙氏舞《剑气浑脱》"，可见公孙大娘的剑舞糅进了佛曲"浑脱舞"的因素。清人章燮注曰："时公孙大娘能为《邻里曲》及《裴将军满堂势》《西河剑器浑脱舞》，妍妙皆冠于时……(张)旭尝言……'后见公孙氏舞剑器，而得其神'。"公孙大娘的《西河剑器浑脱舞》中，又吸纳了裴旻剑舞的神气，才得以出神入化。杜甫诗云："昔有佳人公孙氏，一舞剑器动四方。观者如山色沮丧，天地为之久低昂。㸌如羿射九日落，矫如群帝骖龙翔。来如雷霆收震怒，罢如江海凝青光。"裴舞真传，尽得于此，张旭所感，有自来矣，可谓心有灵犀一点通。唐人张彦远《论画》说："开元中，将军裴旻善舞剑，道子观旻舞剑，见出没神怪，既毕，挥毫益进。时又有公孙大娘，亦善舞剑，张旭见之，因为草书。杜甫歌述其事。是知书画之事，皆须意气而成，亦非懦夫所能作也。"这里所谓懦夫不能为的“意气”，就是指洋溢于唐代士子群体中狂放不羁的剑舞气度。

张彦远又在《论顾陆张吴用笔》中引吴道子的话“众皆密于盼际，我则离披其点画。众皆谨于象似，我则脱落其凡俗”，点出了吴画同顾恺之的“以形写神”说之间的内在联系。唐人朱景玄《唐朝名画录·序》说，“惟吴道子天纵其能，独步当世，可齐踪于陆(探微)顾(恺之)”，也表达了类似的观点。但是传统资源在吴画中得以一种创新的面貌出现：

明皇天宝中忽思蜀道嘉陵江水，遂假吴生驿驷，令往写貌。及回日，帝问其状，奏曰：“臣无粉本，并记在心。”后宣令于大同殿图之，嘉陵江三百余里山水，一日而毕。时有李思训将军，山水擅名，帝亦宣于大同殿图，累月方毕。明皇曰：“李思训数月之功，吴道子一日之迹，皆极其妙也。”①

潘天寿先生指出李思训“为唐宗室，与其子昭道，皆生当盛世，长享富贵，因以金碧青绿诸重色，创精工繁茂，绮丽端厚之青绿山水，成一家法”②，因而其“数月之功”代表的是盛唐文化中讲求气度程式、注重精工典雅、崇尚绮丽奢靡的贵族气息。而吴道子则将“以形写神”的传统资源同唐代艺术精神里的剑舞气度融会贯通，于“一日之迹”中尽展“嘉陵江三百余里山水”之气势，表现的正是“天地为之久低昂”的狂放不羁的时代精神，这与醉后属辞，“笔不停书，咸有可观”，自称“四明狂客”的贺知章，酩酊大醉后狂呼乱走，“索笔挥洒，变化无穷，若有神助”，自称“张颠”的张旭，以及“以狂继颠”的“狂草”怀素和尚，③ 这几位以狂放著称的人物的人格追求，都属于同一

---

① 朱景玄：《唐朝名画录》。

② 潘天寿：《中国绘画史》，70页，上海，上海人民美术出版社，1983。

③ 唐人陆羽《怀素传》称怀素“饮酒以养性，草书以畅志，时酒酣性发，遇寺壁里墙，衣裳器皿靡不书之”，李白《草书歌行》说怀素的狂草“恍恍如闻神鬼惊，时时只见龙蛇走。左盘右蹙如惊电，状如楚汉相交战”。

种舒展自由、无拘无束的灵魂境界，而贯穿于其间的，就是那种横空出世、电闪雷鸣的癫狂的剑舞气度。

将唐代文化中剑舞气度张扬到无以复加的地步的，当属大诗人李白。《新唐书·李白传》说他“喜纵横术，击剑为任侠，轻财重施”，养成了豪爽任侠、狂放不羁的性格特征，“酒后竞风采，三杯弄宝刀。杀人如剪草，剧孟同游遨”(《白马篇》)，“托交从剧孟，买醉入新丰。笑尽一杯酒，杀人都市中”(《结客少年场行》)。西汉大侠剧孟，是他行为仿效的楷模，而既渴求建功立业，又睥睨权贵、不恋荣华，则是其个性中最为根本的底蕴：“齐有倜傥生，鲁连特高妙。明月出海底，一朝开光曜。却秦振英声，后世仰未照。意轻千金赠，顾向平原笑。吾亦澹荡人，拂衣可同调。”这种既将理想抱负的实现寄托于被当权势力赏识，又想保持人格完整的矛盾态度，在铸成了他遭谗离京的悲剧命运的同时，又使他得以以一种超逾常人的矛盾和痛苦来体味咀嚼理想与现实之间的反差和冲突，从而将一种深沉遒劲的人生感悟注入剑舞气度之内，于“拔剑四顾心茫然”的悲凉中抒发“大道如青天，我独不得出”(《行路难》)的豪情：

长啸梁父吟，何日见阳春？君不见朝歌屠叟辞棘津，八十西来钓渭滨……君不见高阳酒徒起草中，长揖山东隆准公！……狂客落魄尚如此，何况壮士当群雄！(《梁父吟》)

君不见黄河之水天上来，奔流到海不复回。君不见高堂明镜悲白发，朝如青丝暮成雪。人生得意须尽欢，莫使金樽空对月。天生我材必有用，千金散尽还复来。(《将进酒》)

弃我去者，昨日之日不可留；乱我心者，今日之日多烦忧。长风万里送秋雁，对此可以酣高楼。蓬莱文章建安骨，中间小谢又清发。俱怀逸兴壮思飞，欲上青天揽明月。抽刀断水水更流，举杯消愁愁更愁。人生在世不称意，明朝散发弄扁舟。(《宣州谢朓楼饯别校书叔云》)

如此大气磅礴、思绪万千的直抒胸臆，只有生活在盛唐气象中，天才、个性和遭际如李白者才能宣泄出来。安旗先生指出，尽管李白“出世的话说过千百次，李白终于没有出世。尽管花前月下寻欢作乐，一醉累月，李白终于没有堕落。尽管他的政治热情中有着个人虚荣，甚至有些饥不择食，李白终于没有去同流合污。这说明李白的思想无论多复杂，自有他的主心骨，李白性格再是多侧面，自有他光辉的正面；李白情绪尽管多反复，却是万变不离其宗”①。李白思想的“主心骨”，性格之“正面”和情绪所“宗”，就是他浸润、生长于其中，并且加以升华了的剑舞气度。自李白诗篇中流露出来的这种气度风范，是华夏审美风尚史上的“一种规范和高不可及的范本”②，将永远给后人以美的启迪和感悟。

第二节　三元并立

南北朝几百年间，佛教、道教、儒学同时在社会上流行，这种情形在唐代持续下来。三者之中，道教在唐朝受到空前的恩宠：唐王室奉李耳为远祖，高祖李渊于武德八年(公元 625 年)宣布道第一，儒第二，佛第三的排列顺序，唐太宗褒奖道人孙思邈“羽翼三圣”“拯危救衰”③。儒学由于长期以来确立的主流意识形态地位，所以其价值观念仍然起主导作用。唐太宗说：“朕所好者，惟在尧舜之道，周孔之教，以为如鸟有翼，如鱼依水，失之必死，不可暂无耳。”(《贞观政要》卷六)佛教不仅具有寺院经济、普及宣传和理论体系方面的优势，而且同样也得到统治者的青睐。据《唐大诏令集》卷一一三载，武则天明令“释教宜在道法之上，缁服(僧人)处黄冠(道士)之前”。唐王室对道、儒、佛均加以利用，每逢重大节庆，即诏三教推派代表，在宫廷开展辩论。儒释道三元于鼎立中互动互融，是唐代思想界的总趋势。

---

① 安旗：《李白全集编年注释》，上册，《代前言》，13～14 页。转引自李浩：《大唐风度》，149～150 页，北京，华文出版社，1997。

② 《马克思恩格斯全集》，第 46 卷，上册，49 页，北京，人民出版社，1979。

③ 《赐真人孙思邈颂》，《全唐文》卷四。

释道二家，都以虚无为本，佛主性空而行禅定，道倡无名而持静坐，但是在理论的精密，思辨的深邃方面，道却无法与佛抗衡。所以从魏晋南北朝时期开始，道教徒已开始从事援佛入道的工作，不仅模仿佛经炮制道经，甚至径直将佛经中的“佛说”，改成“天尊曰”，“地狱”“诸天”“托生”“劫数”“双遣”“定慧”等佛学用语也常见于道经中；佛教也不甘示弱，唐代密宗的“即身成佛”和“欢喜佛”，就与道教的“肉身成仙”和“房中术”相仿。不仅如此，唐代佛教的儒学化或者本土化趋势更为明显，以至在唐代的士大夫眼中，儒释之间的差异已经泯灭。柳宗元在《送濬上人归淮南觐省序》里说，“金山氏（佛）之道，盖本于孝敬，而后积以众德，归于空无”，在《送僧浩初序》中认为佛理“往往与《易》《论语》合”。这时的佛学所讨论的心性理论，确实走在了儒家学说的前面，这种状况一直延续到宋代：

荆公王安石问文定张方平曰：“孔子去世百年，生孟子，后绝无人。或有之而非醇儒。”方平曰：“岂为无人，亦有过孟子者。”安石曰：“何人?”方平曰：“马祖、汾阳、雪峰、岩头、丹霞、云门。”安石意未解。方平曰：“儒门淡泊，收拾不住，皆归释氏。”安石欣然叹服。后以语张商英。（商英）抚几赏之曰：“至哉此论也!”①

王安石、张方平均是北宋知名学者。他们不仅认为儒释二家可以相提并论，而且都认为“儒门淡泊，收拾不住”，即在理论上落后于佛学，可见在唐宋时代，佛学乃执理论界牛耳者。这种三元并重，兼收并蓄的文化氛围，开掘和拓宽了精神探索的资源和视野，文化人格及其艺术创造处于一种相对自由和舒展的状态。这是我们理解唐宋士大夫对待佛理的态度，以及佛学对唐宋士大夫及其审美心态产生影响的关键。

1. 儒道互补。这里的“道”有两层含义，一是指魏晋至唐宋思想史

---

① 《辅教篇·广原教》，转引自任继愈：《中国哲学发展史》（隋唐），23页，北京，人民出版社，1994。

演进的内在逻辑层面，即自六朝以降，“道”逐渐成为贯穿儒释道三家的范畴。钱穆先生指出：“佛学之兴，其先由于汉儒说经，支离繁委，乃返而为内心之探求。接步庄老，体无尚虚。而机局转动，不能自已，缁经求法，不懈益进。驯至经典粲备，教义纷敷，向外之伸展既尽，乃更转为心源之直指。于是以禅宗之过渡，而宋明学者乃借以重新儒理。”①在魏晋玄学那里，“道”就具有接通老庄之“无”和佛学之“虚”的含义。经过玄学、佛学尤其是禅宗以其心性论会通老庄宇宙论的过渡，“道”更具有振兴自汉末以来畏缩不前的儒学的理论力量。《宋元学案》卷一七《横渠学案》载张载“年十八，慨然以功名自许，欲结客取洮西之地，上书谒范文正公。公知其器远，责之曰：‘儒者自有名教可乐，何事于兵！’手《中庸》一编授焉，遂翻然志于道。已求诸释老，乃反求之《六经》。嘉祐初，至京师，见二程子……先生与语道学之要，厌服之，因涣然曰：‘吾道自足，何事旁求！’”二是特指佛道二教相互沟通尤其是“禅学老庄化”②的一面。李泽厚先生认为，中国哲学的最高理想是非宗教的审美，佛老禅庄之间在破对待、空物我、泯主客、齐生死、反认知、重解悟等方面具有同一性，但是禅更强调直观领悟，回避抽象的本体论和人格超越问题，而在对眼前的生活、境遇、风景、花鸟、山云的灵感直觉中彻悟人生态度和心灵境界，因此，“在审美表现上，禅以韵味胜，精巧胜”③。正是这种“拈花微笑，道体心传”的美学境界的开拓，极大地丰富了唐宋士大夫的人生境界和审美趣味，形成一种以儒为主④，兼容佛道的“互补”型审美心理结构，其主要特征就是在自然之“道”中寻求审美的解脱：

---

① 钱穆：《国学概论》，187页，北京，商务印书馆，1997。

② 徐小跃：《禅与老庄·前言》，杭州，浙江人民出版社，1992。

③ 李泽厚：《中国古代思想史论》，215、213～214页，北京，人民出版社，1985。

④ 钱穆先生认为，唐代士子仅将儒学视为干禄之具，因而儒学“名存实亡”：“唐初《五经正义》……其所采诸家义疏，均为六朝之学……自此科举取士，相沿遵用……然趋于利禄，务在出身，名存实亡，故不足以预夫学术思想之流变焉。”(《国学概论》，171、172页，北京，商务印书馆，1997)

中岁颇好道，晚家南山陲。兴来每独往，胜世空自知。行到水穷处，坐看云起时。偶然值林叟，谈笑无还期。（王维：《终南别业》）

义公习禅寂，结宇依空林。户外一秀峰，阶前众壑深。夕阳连雨足，空翠落庭阴。看取莲花净，方知不染心。（孟浩然：《题义公房》）

蜀僧抱绿绮，西下峨眉峰。为我一挥手，如听万壑松。客心洗流水，遗响入霜钟。不觉碧山暮，秋云暗几重。（李白：《听蜀僧濬弹琴》）

溪水清涟树老苍，行穿溪树踏春阳。溪深树密无人处，惟有幽花渡水香。（王安石：《天童山溪上》）

溪声便是广长舌，山色岂非清净身。夜来八万四千偈，他日如何举似人。（苏轼：《赠东林总长老》）

如果说在谢灵运的山水诗中还能读到“禅室栖空观，讲宇析妙理”（《石壁立招提精舍》），“虑澹物自轻，意惬理无违”（《石壁精舍还湖中作》），这样有意识地追求具有本体意义的“空”“理”，以期达到超越性解脱的诗句的话，那么在唐宋士大夫那里，这种追求已经被“青青翠竹，总是法身，郁郁黄华，无非般若”（《五灯会元·大珠慧海禅师》）的人生自然感悟所消解，而无关乎他的政治见解，甚至也无关乎他对佛教的态度。赖永海先生在分析王维的禅诗时指出：“从表面上看，他所写的多是‘空山’‘日色’‘青松’‘翠竹’‘鸟啼’‘花笑’‘流水’……实际上表现的多是一个圆满自在、和谐空灵的‘真如’境界。这类诗的特点是不以文字、议论、才学为诗，遥契南宗‘但睹性情，不立文字’之旨；既写山水景物，又不局限于山水景物，而自己所感受的禅境，所领悟之禅意，与清秀灵异的山水景物融合在一起，既含蓄隽永、神韵超然，又平淡自然，深入人心，犹如花落香浮，月印水底，又如‘羚羊挂角，无迹可寻，非有妙悟，难以领略’。”①这种高妙的人生境界追求，得之于唐宋时代对意境问题的深入探讨。

---

① 赖永海：《佛道诗禅》，转引自洪丕谟：《佛诗三百首》，5页，南京，江苏文艺出版社，1993。

2. 境生象外。“道可道，非常道”，在《老子》那里，不可道之“道”与得道、体道之间已经包孕着本体与现象的矛盾。而《易传》的“言不尽意”“立象以尽意”，《庄子》的“得意而忘言”，不仅凸显了有限之“象”与无限之“道”之间的矛盾，而且为魏晋玄学和佛学的“言意之辨”准备了思想资料。王弼以老庄解《易》，倡导“得意忘象”说，为其“以无为本”和“圣人体无”论铺垫基础，在美学旨趣上影响了两种路径：一是以陶潜为代表的“久在樊笼里，复得返自然”的田园归隐路径，其将生命融入自然山水之中，感慨“此中有真意，欲辨已忘言”的感悟方式，就有老庄“得意忘言”的生命意趣和玄学“得意忘象”说的思辨痕迹。二是与佛教的“像教”理论相融合。宗炳在《画山水序》里提出“山水以形媚道”说时，就强调自然山水是悟道的工具，“旨微于言象之外者，可心取于书策之内。况乎身所盘桓，目所绸缪，以形写形，以色貌色也”；僧肇在《肇论》里将“穷微言之美，极象外之谈”视为感悟涅槃之道的方式；竺道生将“得意则象忘”“若忘筌取鱼，始可与言道矣”，作为他“顿悟成佛”(《高僧传·竺道生传》)论的基础。这些有关“言象”与“意道”关系的论说，其资源显然来源于老庄、《易传》和玄学，且与大乘《大般涅槃经》里的有关论述契合：“诸佛如来，亦复如是，随诸众生种种音声而为说法。为令安住佛正法故，随所应见而为示现种种形象。”“法身无相，应物现形”(《五灯会元·大珠慧海禅师》)，为众生说无相之法身，又需根据具体情况辅之以种种相应的形象。

《高僧传·道安传》载，东晋道安讲法，“苻坚遣使送外国金箔倚像，高七尺，又金坐像、结珠弥勒像、金缕绣像、织成像，各一张。(道安)每讲会法聚，辄罗列尊像，布置幢幡，珠佩迭晖，烟华乱发。使夫升阶履闼者，莫不肃焉尽敬矣”，十分注重利用佛像等直观手段烘托说法时的气氛。本土思想资源与外来思想资源的融合，就形成了所谓的“像教”：“夫如来应物，凡有三焉，一者见身，方光动地；二者正身，如佛在身；三者像教，仿佛仪轨，应今人情，人情感像，孰为见哉。”①这里的“像教”，亦称“像化”，丁福保《佛学大辞典》解释为

① 《答李交州淼难佛不见形》，《全宋文》卷一三。

“像法之教化”，与儒家“名教”相对，“故以佛为像教，以拜佛像故也”。

从佛教“像教”说中可以看出，佛教说法宣传，从来就是经(理论)与像(艺术)相辅相成的，由此衍生出二类直接与“像教”相关的佛事活动。

一是佛像建造和观瞻。《道行般若经》说，“所以作佛像者，但欲使人得其福耳”。《妙法莲华经》也说：“若人为佛故，建立诸形象，刻雕成众相，皆已成佛道。”在佛经的鼓励下，人们把建寺塔造佛像同因果报应、积善造福等宗教救赎联系起来，于是在南北朝时期兴起了一股兴建佛寺佛塔、雕塑佛像佛窟的热潮。清人王昶《金石萃编》卷三九《北朝造像诸碑总论》对公元五六世纪流行佛教造像观念进行了分析：“释氏以往生西方极乐净土、上升兜率天宫之说诱之，故愚夫愚妇相率造像，以冀佛佑，百余年来，浸成风俗……纵观造像诸记，其祈祷之词，上及国家，下及父子，以至来生……其幸生畏死，伤乱离而想太平，迫于不得已。”①现实的苦难激起对来世的向往，人生的离乱生发被拯救的憧憬。《洛阳伽蓝记》卷一《城内》“长秋寺”中“有三层浮图一所，金盘灵刹，曜诸城内。作六牙白象负释伽在虚空中。庄严佛事，悉用金玉。工作之异，难可具陈。四月四日，此像常出，辟邪师子，导引其前。吞刀吐火，腾骧一面；彩幢上索，诡谲不常。奇伎异服，冠于都市。像停之处，观者如堵，迭相践跃，常有死人”。上述“行像”习俗来自西域，而当时中原居民如此地崇佛信佛，以至不惜耗费大量人力物力甚至生命，可见在南北朝时期出现的“像教”理论和实践，有着深厚的社会历史基础。在这样强烈的社会需求刺激下，自六朝至隋唐，佛像的雕塑和绘制艺术获得极大的发展，不仅在大江南北一度出现了数以万计的寺庙殿堂，而且敦煌莫高窟，大同云冈石窟和洛阳龙门石窟是迄今仍能供人观瞻的佛像艺术精品。

在佛像艺术的长期发展过程中，佛像自身也出现了一些固定的

---

① 参见葛兆光：《七世纪前中国的知识、思想与信仰世界》，516、520页，上海，复旦大学出版社，1998。

“程式”，如“相好”“手印”等，以便于僧众辨认和感悟。著名佛学学者周叔迦认为，一切佛像从其形体容貌的“相好”①来说，都是相同的。所以区别各个不同的佛，主要是从其手的姿势，所谓“手印”来分辨的。例如释迦牟尼佛像也有说法像、降魔像、禅定像之不同：右手上举，以食指与大指作环形，余三指微伸，是说法像；右手平伸五指，抚右膝上是降魔像；以右掌压左掌，仰置足上当脐前，是禅定像。弥陀佛像是以右掌压左掌置足上，掌中置宝瓶。药师佛像是垂伸右手，掌向外，以食指与大指夹一药丸。在汉地相传有所谓“栴檀佛像”，是释迦牟尼立像的一种，右手施无畏印(右手上举，伸五指，掌向外)，左手与愿印(左手下垂，伸五指，掌向外)，衣纹作水纹波形。相传这是佛在世时印度优填王用栴檀木所造佛像的形式，是最初的佛像。②

二是“变相”和“变文”。前者通过对佛经故事的描绘来宣传佛教教义。史载吴道子在京城西安“寺观之中，图画墙壁，凡三百余间。变相人物，奇迹异状，无有同者。上都唐兴寺御注金刚经院，妙迹为多，兼自题经文。慈恩寺塔前文殊、普贤，四面庑下降魔、盘龙等壁，及景公寺地狱壁、帝释、梵王、龙神，永寿寺中三门两神，及诸道观寺院，不可胜纪，皆妙绝一时”，他在景云寺绘制“地狱变相”壁画时，“京都屠沽渔罟之辈，见之而惧罪改业者，往往有之，率皆修善”(《唐朝名画录》)。可见作为“像教”之一端的“变相”，有着十分深厚的群众基础。“变文”是将经文和佛经故事转换为唐代市民社会的世俗语言和通俗韵文，并以其为底本通过说唱的形式对群众进行的教义宣传。有时这类说唱还要结合图像(变相)的展示，使说唱过程词文并茂，声画并举。为了吸引观众和听众，变文说唱渐渐转化为文艺演出，敦煌莫高窟保存有大量的经文变相画，其中不少画面上有乐伎和舞伎表演的场面。变文的内容也由佛经故事演变为历史故事和民间传说，是民间说唱文学成长的温床，并间接地影响了唐宋传奇和明清神

---

① 丁福保：《佛学大辞典》“相好”条：“就佛之身体而言，微妙之相状，可了别者，是谓之‘相’，细目之可爱乐者，谓之‘好’。”

② 《周叔迦佛学论著集》，下集，682页，北京，中华书局，1991。

怪小说的兴起。

佛教的“像教”之所以对世俗社会产生如此大的吸引力，除了各种社会原因，其自身所具有的丰富想象力也是不可忽视的内因条件。譬如佛教认为，佛陀生来不同凡俗，其神异的容貌具有32个显著特征和80个细微特征。前者称为“三十二相”，表现为“足下二轮相”“长指相”“丈光相”“四十齿相”“梵声相”“师子颊相”等；后者称为“八十种好”，如第一好，佛的指甲狭长薄润，光洁明净，如花色赤铜，第三好，手足指头圆而细长柔软，不见骨节，第四十二好，耳轮阔大，成轮埵形，第八十好，手足及胸，皆有吉祥喜旋之相（卍字）等。① 僧侣们将这种奇特的想象与传统的老庄乃至神仙家的想象结合起来，把世人的注意力引向空幻飘渺的出世间。譬如东晋名僧支遁在《阿弥陀佛像赞并序》中极力描绘西方极乐世界：

佛经记西方有国，国名安养回辽迥邈，路逾恒沙，非无待者，不能游其疆，非不疾者，焉能致其速？其佛号阿弥陀，晋言无量寿。国无王制班爵之序，以佛为君，三乘为教，男女各化育于莲华之中，无有胎孕之秽也。馆宇宫殿，悉以七宝，皆自然悬构，制非人匠。苑囿池沼，蔚有奇荣，飞沈天逸于渊薮，逝寓群兽而率真，阊阖无扇于琼林，玉响天谐于箫管。冥霄陨华以阖境，神风拂故而纳新，甘露徽化以醴被，蕙风导往而芳流，圣音应感而雷响，慧泽云垂而沛清……

佛教在“像教”中所展示的奇诡绚丽的想象，通过佛像、变相和变文等途径，不仅促进了唐代雕塑、绘画和民间说唱艺术的发展，而且也为进一步将“言意之辨”上升到“象”与“境”的层次进行探讨，提供了新的思想资源和想象空间，而其中最重要的，就是认为现实虚幻，想象中的精神幻象反为真实“境界”的价值取向。

丁福保《佛学大辞典》释“境”：“心之所游履攀援者，谓之境。如色为眼识所游履，谓之色境。乃至法为意识所游履，谓之法境。”又释

① 参见任继愈：《宗教词典》，上海，上海辞书出版社，1981。

"境界"："自家势力所及之境土；又，我得之果报界域，谓之境界。《无量寿经》上曰：'比丘白佛，斯义弘深，非为境界。'《入楞伽经》九曰：'我弃内证智，妄觉非境界。'"这里的"境"是一种意识性实体，而"境界"就是经过修炼后这种实体所达到的精神"界域"，"诸天种种境界，悉皆殊妙"(《法苑珠林·六道》)，"了知境界，如幻如梦"(《华严经·梵行品》)。这种超越现实，妙悟佛理的"境界"，在标榜"不立文字""信手拈来，皆成妙谛"的禅宗的催化下，凝结为唐代的"意境"说，"夫置意作诗，即须凝心，目击其物，便以心击之，深穿其境""意须出万人之境""诗一向言意，则不清及无味；一向言景，亦无味。事须景与意相兼始好"①。这里的"意""境"和"景""物"之间，既有联系，又有区别，前者是审美意识对现实的一种超越，可以说是玄学"言意之辨"和佛学"意境"说的美学版。经过王昌龄的"物境""情境"和"意境"说，皎然《诗式》里的"夫境象非一，虚实难明"，以及刘禹锡《董氏武陵集》中所说的"境生于象外"等的补充，终于在晚唐的司空图《诗品二十四则》那里形成了所谓"思与境偕"的"韵外之致"②说：

大用外排，真体内充，返虚入浑，积健为雄。具备万物，横绝太空，荒荒油云，寥寥长风。超以象外，得其环中，持之匪强，来之无穷。(《雄浑》)

遇之匪深，即之愈稀。脱有形似，握手已违。(《冲淡》)

俱似大道，妙契同尘，离形得似，庶几斯人。(《形容》)

"象外"即无限本体、形上之道。艺术的高妙在于即物而不执著于物，超越有限与本体之道契合，这就是司空图在《与极浦书》中所说的"象外之象，景外之景"，与禅宗所谓"青青翠竹，总是法身，郁郁黄华，无非般若"走的是一条路子，于"得其环中""超以象外"，在有限之中实现向无限的超越。这种对超然物外的空灵意境的追求，不仅形

① 日僧遍照金刚：《文镜密府论》，载《南卷·论文意》《地卷·十七势》。

② 《与王驾评诗书》，载《与李生论诗书》。

成了一种美学旨趣，即宋代严羽所谓的与“禅道”相通的“诗道”之“妙悟”，清代姚鼐所谓的与“阳刚”相对应的“阴柔”之美，王国维从传统的“兴趣”和“神韵”中拈出的“无我”之“境界”，而且更重要的是构成了传统士大夫多元化的美学人格。

在中国文化语境中，文化之“道”与政权之“势”既有相互需求的一面，也有相互排斥的一面，由此构造出中国文人的人格矛盾，“天下有道则仕，无道则隐”“道不行，乘桴浮于海”(《论语·公冶长》)，“穷则独善其身，达则兼济天下”(《孟子·尽心上》)。但是积极用世，建功立业毕竟只是一种理想状况，能够“致君尧舜上，再使风俗淳”(杜甫：《奉赠韦左丞丈二十二韵》)的只是极少数，而“身在江海之上，心居乎魏阙之下”(《庄子·让王》)的左右为难则是一种生命常态，这种郁闷难抒也许是人类文化之中固有永恒的“道”“势”矛盾使然。经过魏晋至隋唐的历史阶段，儒释道三家之中的文化因子不断地化合融会，由此生长出来的“境生象外”的美学旨趣，使这种常态的生命矛盾美学化理想化了。这一趋势在“目送归鸿，手挥五弦”的魏晋风度中就已出现，在唐代更成为一种审美化的人生方式。李白在《代寿山答孟少府移文书》中写道：

达则兼济天下，穷则独善一身，安能餐君紫霞，映君青松，乘君鹤鸾，驾君虬龙，一朝飞腾，为方丈蓬莱之人耳？此则未可也。乃相与卷其丹书，匣其瑶瑟，申管晏之谈，谋帝王之术，奋其智能，愿为辅弼。使寰区大定，海县清一，事君之道成，荣亲之义毕，然后与陶朱、留侯，浮五湖，戏沧洲，不足为难矣。

“境生象外”的美学旨趣和建功立业的生命追求，使得唐代士子的文化人格普遍地分裂为“外扬”与“内倾”两个方面：儒释道三家杂糅的李白自不待言，那个“感时思报国，拔剑起蒿莱”“赤丸杀公吏，白刃报私仇”①的陈子昂，在追求功名、任侠使气的同时，也是出入佛老，

---

① 陈子昂：《感遇》三五、三四。

混同儒道，“仲尼推太极，老聃贵窅冥。西方金仙子，崇义乃无名。空色皆寂灭，缘业亦何成。名教信纷籍，死生俱未停”①，在《夏日晖上人房别李参军崇嗣·序》里“讨论儒墨，探览真玄。觉周孔之犹述，知老庄之未悟。遂欲高攀宝座，伏奏金仙，开不二之法门，观大千之世界”，毫不隐讳地将佛理置于儒道之上，颇能代表当时士子的多元化的文化价值心态。就是每每以稷契自况，致君尧舜的儒者杜甫，也有明显的崇佛倾向，如“重闻西方止观经，老身古寺风泠泠。妻儿待我且归去，他日杖藜来细听”②，“止观经”即天台宗尊奉的《法妙莲华经》，杜甫于“重闻”后期望“他日”再来聆听，可以见出他对佛理的态度。其《同诸公等慈恩寺塔》中的“方知像教力，足可追冥搜”，《江亭》中的“水流心不竞，云在意俱迟”，都打上了深深的佛学印记，在《谒文公上方》中说：“久遭诗酒污，何事忝簪裾？王侯与蝼蚁，同尽随丘墟。愿闻第一义，回向心地初”，颇得大乘空宗“假有性空”的“第一义”之真谛。即便是以斥佛拒老为己任的韩愈，也不避讳与僧人交往，在其诗文中常常有同他们唱和的记载，有时对他们的举止言行还颇为欣赏，譬如在《送浮屠令纵西游序》中，就认为佛教徒令纵“其行异，其情同，君子与其进，可也。令纵，释氏之秀者，又善为文，浮游徜徉，迹接天下。藩维大臣，文武豪士，令纵未尝不褰衣而负业，往造其门下。其有尊行美德，建树功业，令纵从而为之歌诵，典而不谀，丽而不淫，其有中古之遗风欤！乘间致密，促席接膝，讥评文章，商较人氏，浩浩乎不穷，愔愔乎深而有归。于是乎吾忘令纵为释氏之子也。其来也云凝，其去也风休，方欢而已，辞虽异而不求，吾于令纵不知其不可也”。可以看出，唐代“藩维大臣，文武豪士”与佛教徒过从甚密，就连反对佛教如韩愈者也可以同他们促膝谈心，臧否人物，说文论道。唐代士大夫与僧人交往，追求的是一种在世俗社会中所得不到的精神满足，韩愈在谈到这一点时说：“有一老僧，号大颠，颇聪明……实能外形骸，以理自胜，不为事物侵乱。与之语，虽不尽

① 陈子昂：《感遇》八。

② 杜甫：《别李秘书始兴寺所居》。

解，要自胸中无滞碍。”①佛学的精神解脱功能，韩愈并不排斥。李翱指出，当时人们“皆入于庄列老释”，是为了从佛道那里寻找“性命之道”②。

唐代前期，马周、张玄素、李邕、房羅、吕向等人或以自己的声名，或以上书天子议论政局的形式由民间被擢拔为京官显要，武后至玄宗时的姚崇、宋矸、郭元振、张说、张九龄，也以自己的才学、德行或者业绩而位至卿相显贵，科举制度也为唐代士子施展才华、建功立业提供了某种可能，布衣卿相、为帝王师成为初唐至盛唐时期一百多年间士人心目中的理想人格。然而，理想与现实之间的差异，命运多舛、仕途坎坷的现实人生际遇，又使得文化人格中极度张扬的“外扬”与消极低沉的“内倾”这种二元结构型的矛盾在盛唐时代已经异常突出，境生象外的意境追求往往更符合当时官场失意之后归隐禅道的“内倾”心境。柳宗元《颂玄举归幽泉寺序》说：“佛之道，大而多容，凡有志乎物外而耻制于世者，则思入焉。”“物外”的出世旨趣已经超越了世俗民间乞求福佑的功利性宗教信仰，成为唐代士子的生命追求和精神指归。司空图《与极浦书》：“戴容州云：‘诗家之景，如蓝田日暖，良玉生烟，可望而不可置于眉睫之前也。’象外之象，景外之景，岂容易可谈哉？”这种融入生命的“象外之象”，不仅体现为“蓝田日暖，良玉生烟”的诗歌景象，而且更体现在自盛唐以来逐渐兴起的“水墨趣味”之中。

3. 水墨趣味。在由“外扬”而“内倾”的意境转化过程中，最为明显的就是王维的画。如同其诗由早期的清新沉雄转向澹寂空远一样，其水墨山水画也一反金碧博大的盛唐法度，透出一股静冷萧条的禅学意趣，“画思入神，至山水平远，云势石色，绘工以为天机所到，学者不及也”。(《新唐书·王维传》)其“行到水穷处，坐看云起时”的澹远诗情，也可以表现为天机平远的破墨画意，而贯通其间的，就是唐代士大夫的禅道修养。在他们眼里，佛理“假有性空”之“二谛义”，与道

① 韩愈：《与孟尚书书》。

② 李翱：《复性书》上。

家“大音希声，大象无形”的“大美”境界，确实有相通之处，既能以山水诗里的象外之境表现，也可由淡化自然色彩的水墨绘出，苏东坡所谓“味摩诘之诗，诗中有画；观摩诘之画，画中有诗”(《苏轼文集·书摩诘蓝田烟雨图》)，贯穿其诗画之中的，就是与山水之象、自然之言若即若离“假有性空”的禅道意境。潘天寿先生指出：

王维……敛吴生(道子)之笔，洗李氏(思训)之习，以水墨皴染之法，而作破墨山水，以清雅闲逸为归。同时有卢鸿、郑虔，亦文人逸士，与王维同兴水墨淡彩之新格而见特尚。盖吾国佛教，自初唐以来，禅宗顿盛，主直指顿悟，见性成佛；一时文人逸士，影响于禅家简静清妙，超远洒落之情趣，与寄兴写情之画风，恰相适合。

于是王维之破墨，遂为当时文士大夫所重，以成吾国文人画之祖。①

吴道子的画风，颇得狂放不羁的剑舞气度的真髓，与唐代文人士子的性格中“外扬”的一面相通，在笔墨上讲求“笔不周而意周”的“疏体”②；李思训的金碧山水画，则是唐代奢华考究的贵族气息和儒家的社会等级法度秩序的象征，属于“笔迹甚精”③的“密体”，与当时文化人格中“成教化、助人伦”的儒学取向相符。王维吸取二家的笔法用墨之长，而扬弃了“随类赋彩”的色彩表达方式，将盛唐以来逐渐“内倾”的文士性格同其禅学修养相结合，以“笔墨婉丽，气韵高清，巧写象成，亦动真思”的“水晕墨章”④表达之，很自然地就与破墨山水融为一体，“于是在颜色上以水墨代青绿之变，乃是于不知不觉中，山水画在颜色上向其与自身性格相符的、意义重大之变”⑤。

---

① 潘天寿：《中国绘画史》，70～71页，上海，上海人民美术出版社，1983。

② 张彦远：《历代名画记·论顾陆张吴用笔》。

③ 荆浩：《笔法记》。

④ 同上。

⑤ 徐复观：《中国艺术精神》，220页，沈阳，春风文艺出版社，1987。

强调“内倾”性格与“破墨”画风之间的联系，是把握唐代审美风尚转变的一个十分重要的关节点。文化人格由唐代的用世立功，到宋学所主的“义理心性”，于“水墨皴染之法”中已经见其由“外”而“内”的端倪。张彦远《历代名画记·论画工用拓写》：“夫阴阳陶蒸，万象错布，玄化亡言，神工独运。草木敷荣，不待丹碌之彩；飞雪飘飏，不待铅粉而白；山不待空青而翠，凤不待五色而綷。是故运墨而五色具，谓之得意。意在五色，则物象乖矣。”这段话可以归结为“得意于运墨之外而五色具”，所得之“意”为“象外之象”的意境，所以“墨有五色”的视觉意象，只有在认同了“境生象外”的禅道趣味之后才能领悟。“假有性空”和“万法归一”的佛道修养，是领会“运墨而五色具”的关键，而笔势墨韵之神趣，则是“运墨”的关键：

(张璪)长文学，善山水树石。董其昌《画旨》谓南宗王摩诘传为张璪者是也。画松，尤特出古今，能以手握双管，一时齐下，一作生枝，一作枯干，气傲烟霞，势凌风雨，槎丫之形，鳞皴之尚，随意纵横，应手间出。其画山水，则高低秀绝，咫尺深重，石尖欲落，泉喷如吼……惟用秃毫，或以手摸绢素，因问所授，璪曰：“外师造化，中得心源。”

(王洽)善山水树石，创泼墨，故时人谓之王墨。性多疏野，常游江湖间。好酒，凡欲画图障，先饮熏酣之后，即以墨泼之；或笑或吟，脚蹴手抹，或挥或扫，或淡或浓，随其形状，为山为石，为云为水，应手随意，倏若造化。

(王宰)画山水树石，出于象外。《历代名画记》谓其画踪多写蜀中山水。玲珑嵌空，巉嵯巧峭。朱景玄曾见其《临江双树》，一松一柏，古藤萦绕，上盘于空，下着于水，千枝万叶，交相曲屈，分布不杂……杜工部《戏题山水图歌》谓：“十日一水，五日一石。”即为王宰所作，可见其艺术之精能矣。①

① 潘天寿：《中国绘画史》，77、76页，上海，上海人民美术出版社，1983。

擅长水墨画的画家又都擅长书法，扬雄在《法言·问神》中所说的“书，心画也”的表现论观点，至唐代又同绘画联姻，出现了“书、画用笔同法”的说法，笔墨线条的独立美学价值愈益明显。张彦远说：“夫象物必在于形似，形似须全其骨气，骨气形似，皆本于立意而归乎用笔，故工画者多善书。”用笔、骨气、形似，都是表达画家主观意境的工具，正是在这个意义上，书法和绘画联结并贯通。因而强调“意存笔先，画尽意在”，这与“运墨而五色具，谓之得意”是一个意思，即以主观意境统帅笔墨而不是相反，“运思挥毫，意不在于画，故得于画矣”①。

笔墨线条不在“象物”而在“尽意”，这一“笔墨趣味”的出现，标志着唐代知识分子终于建立起一个不受制于政治权势而完满自足的精神世界。面对专制王权的淫威，文人士子在或有性命之虞的体制下，之所以还能保持一个大体平衡的心理结构，保持相对的人格独立，从而使文化之“道”在政权之“势”面前有相对清醒的独立意识，这一自足于王权之外而又不与其发生矛盾且能得到心理补偿的精神世界，是不可或缺的文化—心理条件。“乘桴浮于海”的“独善其身”，作为儒家理想人格中退让避世的一面，至此而有了一个自足的理论体系和相应的丰富的文化内涵，从而缓解了“道”“势”对立造成的紧张，缩短了入世与出世间的心理距离，使得精英文化——士大夫的精神境界和人格修养——具有与贵族文化、主流意识相区别的品位和追求。意境化、多元化、艺术化、美学化，成为传统文化人格的主要特征。

4. 中隐心态。《坛经》说：“法元在世间，于世出世间。勿离世间上，外求出世间。”禅宗提倡顺乎自然顿悟成佛，主张“法身即同草木”（《五灯会元·大珠慧海禅师》），这种出世—入世不离相间的生命感悟方式直接影响了中唐以后士大夫的生命意趣，其中最为典型的，就是白居易的“中隐”观。他在《中隐》这首诗中说：

大隐住朝市，小隐入丘樊。丘樊太冷落，朝市太喧嚣。不如作中

① 张彦远：《历代名画记》《论顾陆张吴用笔》《论画六法》。

隐，隐在留司官。似出复似处，非忙亦非闲。不劳心与力，又免饥与寒。终岁无公事，随月有俸钱。君若好登临，城南有秋山。君若爱游荡，城南有春园。君若欲一醉，时出赴宾筵。洛中多君子，可以恣欢言。君若欲高卧，但自深掩关。亦无车马客，造次到门前。人生处一世，其道难两全。贱即苦冻馁，贵则多忧患。惟此中隐士，致身吉且安。穷通与丰约，正在四者间。

“大隐”即身居都市而过隐居生活的人，“小隐”即隐居山林者。东晋王康琚《反招隐诗》云，“小隐隐林薮，大隐隐朝市。伯夷窜首阳，老聃伏柱史”，称因改朝换代而隐居山林者为“小隐”，身居闹市而隐居者为“大隐”，表现出受玄学影响而出现的“遨游快心意，保己终百年”的生命态度，推崇居闹市而隐居的“大隐”，代表的是门阀士族的生活理想。进入唐朝后，随着佛理禅趣的普及和社会的安定繁荣，士大夫们大都在口头上或赞许或追求隐逸山林，而在实际上由于儒家学说的入世性格和世俗欲利的诱惑，真能“小隐”者寥寥无几，大都将其作为一种精神解脱的法门予以向往。司空曙《闲园即事寄暕公》“欲就东林寄一身，尚怜儿女未成人。深山兰若何时到，羡与闲云作四邻”，孟郊《夏日谒智远禅师》“不得为弟子，名姓挂儒官”，白居易《萧相公宅遇自远禅师有感而赠》“宦途堪笑不胜悲，昨日荣华今日衰。转似秋蓬无定处，长于春梦几多时？半头白发惭萧相，满面红尘问远师。应是世间缘未尽，欲抛官去尚迟疑”，这些诗句都反映了这种对“小隐”身不能行而心向往之的矛盾心情，以至僧人灵澈有“相逢尽道休官去，林下何曾见一人”①的挖苦讽刺。

白居易的“中隐”观则是对这一矛盾的折中，其“丘樊太冷落”表示了对“小隐”山林的拒绝，代表了其人格中入世的一面，而“朝市太喧嚣”又表现出文人士子不愿随波逐流、同流合污的独立性格，这又与白居易笃信佛理的修养相关。他选择的“中隐”是一种位居官列而散澹闲逸，似出似处，非忙非闲，既可免冻馁之虞，又没有趋炎附势的烦

---

① 范摅：《云溪友议》卷中。

恼，这样一种“半隐居”的生存方式，“每夜坐禅观水月……身不出家心出家”①，有时又将这种“身不出家心出家”称为“在家出家”，其《在家出家》诗云：“衣食支分婚嫁毕，从今家事不相仍。夜眠身是投林鸟，朝饭心同乞食僧。清唳数声松下鹤，寒光一点竹间灯。中宵入定跏趺坐，女唤妻呼多不应。”在家参禅，于入世中出世，致身吉安于穷通丰约之间，这就是所谓的“中隐”。寄情于山林佛寺之内，徜徉于自然山水之间，是中隐之人于官场纠纷和世俗烦恼之外的一种精神调节，一种“在家出家”的生存方式：

野寺经三宿，都城复一还。家仍念婚嫁，身尚系官班。潇洒临秋水，沉吟晚下山。长闲犹未得，逐日且偷闲。（白居易：《宿天竺寺回》）

十载飘然绳检外，樽前自献自为酬。秋山春雨闲吟处，倚遍江南寺寺楼。（杜牧：《念昔游》其一）

野水纵横漱屋除，午窗残梦鸟相呼。春风日日吹香草，山北山南路欲无。（王安石：《悟真院》）

紫李黄瓜村路香，乌纱白葛道衣凉。闭门野寺松阴转，欹枕风轩客梦长。因病得闲殊不恶，安心是药更无方。道人不惜阶前水，借于匏樽自在尝。（苏轼：《病中游祖塔院》）

据日本谈海三船《唐大和尚东征传》载，鉴真大师出国期间（公元742年—公元753年），在南方曾多次为士大夫授菩萨戒，在始安郡都督冯古璞那里，一次就有“其所都督七十四州官人、选举试学人并集此州，随都督受菩萨戒人，其数无量”。说明自天宝年间起，类似于“在家出家”的士大夫生活方式，就已十分流行，并在唐宋时代成为士大夫阶层的一种普遍性的人格素养和一般化的心理调节模式。

文人与僧人、士大夫与佛教徒之间长期的精神性交流应酬，必然对佛理自身产生影响。如禅宗南派曹洞宗引玄学和儒家的“体用”范畴

① 白居易：《早服云母散》。

入佛，提出“君臣五位图”，分别从“正中偏”——从无限看有限，“偏中正”——从相对看绝对，“正中来”——体认无限、绝对、本体等的局限性，“偏中至”——领悟世相中的真如本体，“兼中到”——出世入世不相分离，实相显现于世相之中的体用观，① 以不同角度全面审视《坛经》“于六尘中不离不染，来去自由”的“般若三昧”。由马祖道一提出的“法身即同草木”的顿悟说，得到一种比较系统的体用理论的支持，由此显示出儒释道三元相融的迹象，开辟出“合心外之道”的宋学路径。“在家出家”的“中隐”观，有这样的佛学理论背景，实行起来自然更加心安理得、圆融无碍。唐宋时代发达的园林艺术及其相关意识就深受这一理论背景的影响。

魏晋南北朝时期是山水意识和园林艺术迅速觉醒和成长的时代。魏晋时期，社会动荡，政局变幻，命运无常，士大夫纷纷寄情于青山绿水之间，以获得精神的解脱。其中既有宗炳“山水以形媚道”的“畅神”体验，谢灵运“意惬理无违”的体道心境，也有陶渊明抽身政治，归隐田园，在荷锄种豆之中感受人生真意的心理解放。此时人们畅游的空间，尚以自然界的真山真水为主，以人工园林景观为辅。② 齐梁时期，士族养尊处优，生活雍容娴雅，身心病态懦弱，“他们并不愿冒风险到深山丛林中去寻幽觅奇，而是多在青山秀水、园林池沼中徜徉”③，人工园林开始大量出现。

唐代国力强盛，物质和文化资源远较前代丰富，其园林艺术接续前人，并融入了“象外之象”的“意境”情趣和“中隐”的价值观念，人们纷纷在园林艺术中追求以小见大的写意境界。如白居易在《太湖石记》中说，“三山五岳，百洞千壑，万缕簇缩，尽在其中。百仞一拳，千里一瞬，坐而得之”，颇得于翠竹黄花中感悟法身般若的意境情趣。

---

① 任继愈：《中国哲学发展史》(隋唐)，291～293 页，北京，人民出版社，1994。

② “谢灵运所游的山水胜景，深秀险绝，恣状各异，大多未经开发，亦未经人道。”(葛晓音：《山水田园诗派研究》，46 页，沈阳，辽宁大学出版社，1993)

③ 杜晓勤：《初盛唐诗歌的文化阐释》，84 页，北京，东方出版社，1997。

北宋李格非《洛阳名园记》说，唐贞观开元年间，公卿贵戚纷纷在东都洛阳营造园邸，总数已有一千多处，大多是在庄园别墅基础上发展起来的，在布局上园景与住宅分离，形成精雕细琢、错落有致的人文意境。白居易《池上篇》描述自己的宅园："地方十七亩，屋宇三之一，水五之一，竹九之一，而岛、树、桥、道间之……十亩之宅，五亩之园，有水一池，有竹千竿。勿谓土狭，勿谓地偏，足以容膝，足以息肩。有堂有亭，有桥有船……如蛙居坎，不知海宽，灵鹤怪石，紫菱白莲，皆吾所好，尽在我前。"充分体现了他"似出似处""非忙非闲"的"中隐"生存方式。这种由士大夫的山水意识凝结而来的园林意境，就低凿池，引水注沼，因高累土为山，廊亭依景而设，将大自然的山水美景吸纳进有限的宅园，在悉心营造的景致中感悟生命的情韵。《洛阳名园记》中所提出的"园圃之胜不能相兼者六"，即"宏大"与"幽邃""人力"与"苍古""泉水"与"眺望"三对很难兼顾的矛盾，并认为园林艺术的关键，在于"兼此六者"，就是从经验层面对这种园林意境的概括，而在其中起支配作用的，则为"象外之象"的"意境"追求和"在家出家"的"中隐"心态。

第三节　汇通之舞

1. 中外合璧。唐代的歌舞艺术，是当时中外文化交汇的主要领域。唐代初年，宫廷燕乐基本上沿用隋九部乐，至唐太宗时调整，设置为十部乐，其中第一部《燕乐伎》为歌功颂德的乐舞。第二部《清商伎》是中原传统乐舞，其余 8 种均系外来乐舞。《新唐书·礼乐志十一》记载：

《西凉伎》，有编钟、编磬，皆一；弹筝、搊筝、卧箜篌、竖箜篌、琵琶、五弦、笙、箫、觱篥、小觱篥、笛、腰鼓、齐鼓、檐鼓，皆一；铜钹二，贝一；白舞一人，方舞四人。

《天竺伎》，有铜鼓、羯鼓、都昙鼓、毛员鼓、觱篥、横笛、凤首箜篌、琵琶、五弦、贝，皆一；铜钹二；舞者二人。

《高丽伎》，有弹筝、掐筝、凤首箜篌、卧箜篌、琵琶，以蛇皮为槽，厚寸余，有鳞甲，楸木为面，象牙为捍拨，画国王形。又有五弦，义觜笛、笙、葫芦笙、箫、小觱篥、桃皮觱篥、腰鼓、齐鼓、檐鼓、龟头鼓、铁版、贝、大觱篥。胡旋舞，舞者立球上，旋转如风。

《龟兹伎》，有弹筝、竖箜篌、琵琶、五弦、横笛、笙、箫、觱篥、答腊鼓、毛员鼓、都昙鼓、侯提鼓、鸡娄鼓、腰鼓、齐鼓、檐鼓、贝，皆一；铜钹二；舞者四人。设五方师子，高丈余，饰以方色。每师子有十二人，画衣，执红拂，首加红袜，谓之师子郎。

《安国伎》，有竖箜篌、琵琶、五弦、横笛、箫、觱篥、答腊鼓、羯鼓、侯提鼓、腰鼓、鸡娄鼓，皆一；舞者二人。

《疏勒伎》，有竖箜篌、琵琶、五弦、箫、横笛、觱篥、答腊鼓、羯鼓、侯提鼓、腰鼓、鸡娄鼓，皆一。

《康国伎》，有正鼓、和鼓，皆一；笛、铜钹，皆二；舞者二人。工人之服皆从其国。

《高昌伎》，有竖箜篌、铜角，皆一；琵琶、五弦、横笛、箫、觱篥、答腊鼓、腰鼓、鸡娄鼓、羯鼓，皆二。工人布巾，袷袍，锦襟，金铜带，画绔。舞者二人，黄袍袖，练襦，五色绦带，金铜耳珰，赤靴。

唐帝国疆域辽阔，唐王室对外来文化不存偏见，洞开国家的文化艺术之门，并注重艺术的娱人功能，所以能对异域歌舞敞开百川归海般的襟怀予以吸纳："至唐，东夷有高丽、百济，北狄有鲜卑、吐谷浑、部落稽，南蛮有扶南、天竺、南诏、骠国，西戎有高昌、龟兹、疏勒、康国、安国，凡十四国之乐，而八国之伎，列于十部乐。"(《新唐书·礼乐志十二》)这是何等豁达、宽厚的文化胸襟！

从上述乐舞在乐器、服饰、编制、色彩等配置中所显示的特点，可以想象唐王室日常享用的燕乐充满了浓郁的异国色彩风情，可以说是外来歌舞文化的展示与欣赏。白居易《立部伎》诗中形容当时宫廷燕乐："鼓笛喧，舞双剑，跳七丸，袅巨索，掉长竿……击鼓吹笙和杂戏。"异域歌舞受到帝王的喜爱和提倡，"帝(玄宗)又好羯鼓，而宁王善吹横笛，达官大臣慕之，皆喜言音律。帝常称：'羯鼓，八音之领袖，诸乐不可方也。'盖本戎羯之乐，其音太簇一均，龟兹、高昌、疏勒、天竺部皆用之"(《新唐书·礼乐志十二》)，在帝王贵胄的带领下，唐代上层社会对外来歌舞竞相追求仿效，蔚然成风。譬如来源于高丽的"胡旋舞"，最初是一种立于球形物体上，"旋转如飞"的舞蹈，后来就演变为一种以旋转为主的舞蹈。杨玉环得宠，就与她擅长胡旋舞和弹奏琵琶有关；贵戚武延秀，本武则天侄孙，由于善于胡旋舞和突厥歌得到安乐公主的喜爱，遂结为夫妻；安禄山善舞胡旋，即使晚年体肥过人，但跳起胡旋舞来，则疾如飞鸟；御史大夫杨再思，于公卿宴乐时，也神情自若地跳起"高丽舞"(可能旋转速度不及"胡旋")。唐代王室成员自小就要接受歌舞训练，据《全唐文》载郑万均作《代国长公主碑》，武后宴于明堂，"圣上(玄宗)六岁，为楚王，舞《长命口》，口口年十二，为皇孙，作《安公子》，歧王年五岁，为卫王，弄《兰陵王》……公主年四岁，与寿昌公主对舞《西凉》"①。唐代上层社会的艺术修养和欣赏旨趣，颇受外来歌舞文化的影响。这对于隋唐时代以佛学为中心的外来文化，和以儒学为中心的本土文化之间的融合、创新和发展的"合法化"，提供了重要的社会文化氛围和政治环境条件。

2. 梵俗对转。隋唐时代是佛教本土化的关键时期，这不仅表现在佛学理论由南北朝时期的学派发展为隋唐时期的宗派，其核心命题从佛性演变为心性问题，为宋学的产生奠定了理论基础；而且还表现为佛教自身借助于艺术形式，向世俗宣传普及教义，以求扩大自身影响，稳固其赖以生存的社会基础。所谓"梵俗对转"是指在后一个普及过程中，出现了两个相互关联的现象，一是佛教自身愈来愈世俗化，二是世俗社会也愈来愈佛教化。

据杨衒之《洛阳伽蓝记》记载，北魏时期的佛教寺院，"至于大斋，常设女乐。歌声绕梁，舞袖徐转，丝管廖亮，谐妙如神……召诸音乐，逞伎寺内。奇禽怪兽，舞抃殿庭，飞空幻惑，世所未睹，异端奇

① 参见王克芬：《中国舞蹈发展史》，179～181页，上海，上海人民出版社，1989。

术，总萃其中。剥驴投井，植枣种瓜，须臾之间皆得食。士女观看，目乱睛迷”。歌舞音乐、杂技百戏已经在寺庙里演出，佛教自身的世俗化，已经有相当的影响。至唐代，这种世俗化已经发展为寺院自身的特色。敦煌莫高窟有一百四十多铺唐代经变画，上面画有伎乐，其中既有乐伎，还有舞伎，有的研究者推论其中有寺院艺僧演奏的状况。《旧唐书·僧玄奘传》“敕九部乐即京城诸寺幡盖众伎，送玄奘及所翻经像、诸高僧入住慈恩寺”，这里的“众伎”可能包括当时寺院内的艺僧。① 《续高僧传》卷三九《慧胄传》载“寺足净人，无可役者，乃选取二十头，令学鼓舞。每至节日，设乐像前，四远间观，以为欣庆……声伎之最，高于俗里”。既然有专业的音乐演出人员，说明唐代寺院已经是宗教宣传和娱乐欣赏合二为一的场所，其固定的名称为“戏场”。长安的慈恩寺内设有大戏场，青龙寺、荐福寺、永寿寺内设有小戏场，下自普通百姓上至万寿公主都可以到戏场看戏。② 戏场表演的内容，从敦煌写卷内所含的五百多首唐代“曲子词”——根据社会和民俗中广为流传的曲调所填的歌词——中推论，当时流行的舞曲歌辞如《破阵子》《菩萨蛮》《剑器词》《何满子》《杨柳枝》均在上演之列。

“俗讲”是佛教对世俗人士宣传佛经的一种讲唱形式，它自六朝至隋唐运用了转读、呗赞、唱导三种佛教伎艺以达到宣传目的。其中转读、呗赞用于诵读佛经，其音乐声调突出其宣唱仪式的庄严性；唱导用于宣扬教义，其音乐声调着重于大众化和普及性，故有一定的灵活性。《高僧传·唱导·论曰》：

唱导者，盖以宣唱法理，开导众心也。昔佛法初传，于时斋集，止宣唱佛名，依文致礼。至中宵疲极，事资启悟，乃别请宿德，升座说法。或杂序因缘，或旁引譬喻。其后庐山释慧远……弓为导首。先

① 白寿彝：《中国通史》，第六卷，上册，1092 页，上海，上海人民出版社，1997。

② 《资治通鉴》大中三年十二月“万寿公主适郑颢条”：“颢弟睟尝得危疾，上遣使视之。还，问(万寿)公主何在？曰在慈恩寺戏场。”

明三世因果，却辨一斋大意，后代传授，遂成永则……夫唱导所贵，其事四焉：谓声、辩、才、博。非声则无以警众，非辩则无以适时，非才则言无可采，非博则语无依据。至若响韵钟鼓，则四众惊心，声之为用也。辞吐后发，适会无差，辩之为用也。绮制雕华，文藻横逸，才之为用也。商榷经纶，采撮书史，博之为用也。若能善兹四事，而适以人时。如为出家五众，则须切语无常，苦陈忏悔。若为君王长者，则须兼引俗典，绮宗成辞。若为悠悠凡庶，则须指事造形，直谈闻见。若为山民野处，则须近局言辞，陈斥罪目。

“唱导”是一种根据不同场合、听众，灵活运用各种知识、技能和手段，使佛教教义为社会各个阶层所理解和接受的宣传手段。由于它固有的灵活性，使得唱导在其发展过程中不断地向地方化、民歌化的“媚俗”方向演变。在梁代，这种演变已经招致了“设乐以诱愚小，俳优以招远会”(《广弘明集·列代王臣滞惑篇》)的指责；至隋代，则形成“吴越志扬，俗好浮绮，致使音颂所尚，惟以纤婉为工；秦壤雍冀，音词雄远，至于咏歌所被，皆用深高为胜”(《续高僧传·杂科声德论》)的南北地域特色；到唐代，更“附会郑卫之声”(《宋高僧传·读诵篇》)，终于完成了“唱导”的世俗化过程。

唐代寺院戏场内上演节目的内容，已经与社会民俗融为一体，成为普通市民喜闻乐见的曲子歌舞表演。敦煌“讲经文”和“变文”里出现的曲目《曲江春》《杨柳》《落梅》《柘枝》《春莺》等，它们又都常见于唐诗之中。正由于此，我们才能理解戏场何以能有如此大的吸引力：

街东街西讲佛经，撞钟吹螺闹宫廷。广张罪福资诱胁，听众狎恰排浮萍。(韩愈：《华山女》)

有文溆僧者，公为聚众谈说，假托经论，所言无非淫秽鄙亵之事。不逞之徒，转相鼓扇扶树。愚夫冶妇，乐闻其说，听者填咽寺舍。(赵璘：《因话录》)

诸妓以出里艰难，每南街保唐寺有讲席，多以月之八日，相牵率听焉……故保唐寺每月八日士子极多，盖有期于诸妓也。(孙棨：《北

里志》)①

后世所谓“庙会”即出于此。至唐代，外来佛教文化已经融入本土世俗文化之中，成为后者机体中的有机成分。

佛教文化的世俗化，也造成了世俗文化的佛教化。佛教音乐或者“佛曲”本来为礼佛娱佛并具有娱乐功能的外来音乐文化，自其随佛教一起传入中国，就引起了中国歌舞音乐艺术的发展变化。《乐府诗集》卷六一《杂曲歌辞》认为，作为表达人生离别悲欢、忧思情怀的“杂曲”，就是“或缘于佛老，或出自夷虏”的曲辞，其中南齐王融的《法寿乐》就是礼佛的佛曲：“天长命自短，世促道悠悠。禅衢开远驾，爱海乱轻舟。累尘未曾极，积树岂能筹。尘埃何用洗，正水有清流。”唱出了南朝士子在佛学的影响下形成的人生感悟，标志着“佛曲”作为外来文化因子，已经在中国音乐中起到了能动的催化作用，本土音乐开始了同化佛曲的过程。王昆吾先生认为：

> 自佛曲这一音乐品种加入后，中国的佛教音乐遂有了一个完整的系统。用于佛经课诵和经文宣讲的呗赞音乐，用于教义宣传和俗讲的唱导音乐，用于佛教庆典和佛寺文艺活动的佛曲音乐，各以自己的独特功能向唐代社会渗透，影响到唐代音乐文化的各个方面。②

其中“唱导音乐”自身世俗化的过程，上面已经论述，而“呗赞音乐”和“佛曲音乐”，则对唐代世俗文化的佛教取向，产生了深远的影响。向达先生的《论唐代佛曲》中列举了见于《羯鼓录》《唐会要》和陈旸《乐书》的佛曲七十多种，指出文献所载的隋唐佛曲音乐，凡以国都命名者，均出自龟兹和于阗，其中的《于阗佛曲》加入了唐代十部伎，

---

① 以上论述，参见王克芬：《中国舞蹈发展史》，185页，上海，上海人民出版社，1989；王昆吾：《隋唐五代燕乐杂言歌辞研究》，第8章，北京，中华书局，1996。

② 王昆吾：《隋唐五代燕乐杂言歌辞研究》，388～389页，北京，中华书局，1996。

《龟兹佛曲》《急龟兹佛曲》为太乐署供奉曲，《龟兹大武》为“食曲”，《散天花》《西河师子》《龟兹乐》《胡僧破》为盛唐教坊曲目。七十多种佛曲名称，都是因为它们或者置于十部伎（如《天乐》《太平乐》），或者掌于太乐署而被今人知晓。由此可见佛教音乐对唐代宫廷燕乐的影响之深。

汤用彤先生指出，“汉晋之际，佛教来自西域，月氏、于阗、龟兹为其时重镇”，至唐代龟兹、于阗仍然为佛教文化传入的重要通道。① 龟兹本歌舞之乡，库车出土的唐代舍利子盒，绘有一群当时的“乐伎”“舞伎”歌舞演奏的生动情形。唐僧玄奘在《大唐西域记》中说龟兹乐在他经过的西域诸国最为盛行，“特善诸国”②。因而龟兹乐——佛教乐舞——在隋唐宫廷燕乐中占有重要地位。《旧唐书·音乐志二》里唐代“立部伎”的八部乐舞中，除《安乐》为北朝流传下来的“作羌胡状”的乐舞外，《太平乐》又称为“五方师子舞”，“出于西南夷天竺、师子（斯里兰卡）等国。缀毛为之，人居其中，像其俯仰训狎之容。二人持绳秉拂，为习弄之状。五师子各立其方色，百四十人歌《太平乐》，舞以足，持绳者服饰作昆仑象（东南亚诸岛国的有色人种）”，自《破阵乐》以下的六种乐舞，均为太宗以下诸位君主所创作，其内容无非是歌颂他们的文治武功和太平盛世，但是“皆擂大鼓，杂以龟兹之乐”；而“坐部伎”的六种乐舞中，自《长寿乐》以下五种，“皆用龟兹乐”。

既然上层社会如此钟爱、提倡“佛曲”，那么佛教乐舞在民间社会当然也会流行起来。值得注意的是，“佛曲”在民间的传播往往呈融会贯通的情形。作为佛教乐舞的“师子舞”，在齐梁时代就同中国的“凤凰”“西方老胡”发生了联系，③ 在唐初被改变为具有“中国特色”的“五

---

① 汤用彤：《隋唐佛教史稿》，3、71页，中华书局，1982。

② 以上论述参见王昆吾：《隋唐五代燕乐杂言歌辞研究》，388、398页，北京，中华书局，1996；王克芬：《中国舞蹈发展史》，177页，上海，上海人民出版社，1989；修海林：《古乐的沉浮》，81页，济南，山东文艺出版社，1989。

③ 周舍《上云乐》：“凤凰是老胡家鸡，狮子是老胡家狗。”转引自郭净：《中国面具文化》，148页，上海，上海人民出版社，1992。

方师子舞”，在中晚唐时代又同甘肃境内的“西凉伎”联系起来，用以表现安史之乱后陇右六州失陷于吐蕃八十余年，给当地人民带来的颠沛流离之苦。白居易《西凉伎》云：

西凉伎，西凉伎，假面胡人假狮子。刻木为头丝作尾，金镀眼睛银帖齿。奋迅毛衣摆双耳，如从流沙来万里。紫髯深目两胡儿，鼓舞跳梁前致辞。应似凉州未陷日，安西都护进来时。须臾云得新消息，安西路绝归不得。泣向狮子涕双垂，凉州陷没知不知？狮子回头向西望，哀吼一声观者悲……

此类源于西域“佛曲”，传入中土后又与当地乐舞混融形成新的舞种的情况，是比较普遍的。如唐初曾流行的“乞寒胡戏”，《旧唐书·西戎传》：“至十一月鼓舞乞寒，以水相泼，盛为戏乐。”这一源于中亚经龟兹传入的乐舞，至玄宗时被禁止，但是其中的舞蹈和乐曲如《钵头》《苏莫遮》《浑脱》等，却作为“佛曲”被保留下来，① 并经过改造加工，成为本土乐舞。杜佑《通典》卷一四六：“拨头出西域。胡人为猛兽所噬，其子求兽杀之，为此舞以象之。”《乐府杂录》载：“钵头，昔有人父为虎所伤，遂上山寻其父尸。山有八折，故曲八叠。戏者披发素衣，面作啼，盖遭丧之状也。”其原初面貌可能是一出曲调悲哀的悲剧，大概自唐玄宗时起，《钵头》成为“犹学容儿弄钵头”的喜剧，② 天宝十三年，太乐署公布更改的乐舞名称中，就有“沙陀调”《苏莫遮》改为《宇宙清》，“金风调”《苏莫遮》改为《感皇恩》③。而唐人段成式《酉阳杂俎》前集四则说龟兹《苏莫遮》舞“八月十五日行像及透索为戏”，说明佛曲《苏莫遮》或者转变为宫廷燕乐，或者转变为民间乐舞。至于《浑脱》，则与“剑舞”相融合，成就了唐代艺术的“剑舞气度”。

---

① 王昆吾：《隋唐五代燕乐杂言歌辞研究》，387 页，北京，中华书局，1996。
② 郭净：《中国面具文化》，160～161 页，上海，上海人民出版社，1992。
③ 白寿彝：《中国通史》，第六卷，上册，1100 页，上海，上海人民出版社，1997。

第四节　格律法度

传统文化生长发育到唐代，已基本成年定型，凝结为所谓的格律法度，以后再有进步，也只是在此基础上的延伸和在此框架内的填补，难以再有突破。格律法度的形成，主要是由于以佛教为中心的外来文化给传统文化发展所注入的动力，至中唐以后已经释放完毕，剩下的工作，主要是将它涵化吸收，成为传统文化的有机成分，这是宋学的基本历史使命。苏东坡在《书吴道子画后》中说："诗至于杜子美，文至于韩退之，书至于颜鲁公，画至于吴道子，而古今之变，天下之能事毕矣。"就包含有这层意思。

对于中国这样一个君主专制的文明古国，国势的强大，社会的繁荣，必然意味着思想控制的增强，伦理维系的强化。唐初考定"五经"，并向全国颁发，说明儒学的义理纲常，一直是传统文化的主流。张彦远《历代名画记》开篇就是"夫画者，成教化，助人伦，穷神变，测幽微，与六籍同功"，儒家政治功利主义的艺术教化思想跃然纸上，代表了唐代三元并存的文化政策中的"主流意识"。所谓"唐尚法"①，虽然是针对唐代书法而言，但也可以视为对唐代审美风尚中的另一面——儒学中以社会价值为标的，注重等级秩序和"民本"依托，因而在美学趣味中悲天悯人、雄浑沉郁，讲求形式规则和格律法度，以及"语不惊人死不休"这样一种精益求精的精神。日人遍照金刚《文镜密府论·南卷·论文意》："凡作诗之体，意是格，声是律。意高则格高，声辩则律清。格律全，然后始有调。"以杜诗为范本，这里的"格律全"，作为一种唐代诗学特征，就可以理解为以儒家等级义理和入世精神为底蕴，反映时代精神的意境（"格"）与遵循特定的秩序规范（"律"）的有机统一，其间体现的，就是一种积极进取、勇于创新，并有迹可循而成为后世样板的审美价值取向。

1. 雄浑杜诗。诗歌是唐代成就最高的艺术形式。无论是意气飞

---

① 梁巘：《评书帖》。

扬、恣肆纵横的李白诗歌，还是含蓄隽永、神韵超然的禅道诗歌，它们或者从“外扬”，或者从“内倾”表现诗人的主观情志，前者与万紫千红的盛唐气象相符，后者与隐逸山林的“中隐”理想相关，但都是诗人自我感受的流淌。真挚质朴、浑然天成，是王之涣、孟浩然、贺知章、王昌龄、王维、岑参、崔颢这批盛唐诗人共通特点，而雕琢辞句、堆垛故实与他们无缘。严羽《沧浪诗话·诗辨》云：“盛唐诸人惟在兴趣，羚羊挂角，无迹可寻，故其妙处，透彻玲珑，不可凑泊”，于“一挥成风斤”的思绪泉涌中成就“清水出芙蓉，天然去雕饰”①的美学理想。

盛中唐之交的诗人杜甫年幼时看过公孙大娘的剑器浑脱舞，后来又听到过李龟年的歌唱，欣赏过吴道子的绘画，是在感受盛唐文化的气氛里成长起来的儒家文士。十年困守长安的抑郁，安史之乱后终身的颠沛流离，使得杜诗具有了在博采众长之上的现实主义的“诗史”维度，以及博大如“安得广厦千万间，大庇天下寒士俱欢颜”般的悲悯情怀。而儒家“比兴”“讽谏”的诗歌指向，又通过“出师未捷身先死，长使英雄泪满襟”这样的喟叹吟唱中频频见出，这种历史—现实—情志交错迭见的社会关怀视野，使杜诗不同于“斗酒诗百篇”的天才迸发的难以仿效，却有“杜样”之称，即其自身有能为后人效法的客观尺度。苏轼说，“学诗当以子美为师，有规矩，故可学”②。钱锺书先生指出，“然世所谓‘杜样’者，乃指雄阔高浑，实大声弘”的联句，如杜甫《登高》之“万里悲秋长作客，百年多病独登台”，《别李剑州》之“路经滟滪双蓬鬓，天入沧浪一钓舟”等句，颇有“雄亮”气魄，分别为李义山《二月二日》之“万里忆归原亮井，三年从事亚夫营”，《安定城楼》之“永忆江湖归白发，欲回天地入扁舟”所仿效。杜诗的其他格律，如“韧瘦”“苍浑”等，也经常出现在唐宋以降的诗作中。③

---

① 李白：《古风》之三十五；《经乱离后天恩夜郎忆旧游书怀赠江夏韦太守叔云》。

② 颜中其：《苏轼论文艺》，161页，北京，北京出版社，1985。

③ 钱锺书：《杜甫七律及后人学杜》，载《钱锺书论学文选》，第5册，281～282页，广州，花城出版社，1990。

这首先是因为身处盛、中唐之交的杜甫，其诗歌能博采众长，乃盛唐诗风的集大成者，尤其是他的律诗，“少陵七律兼备众妙，衍其一绪，胥足名家。譬如中衢之尊，过者斟酌，多少不同，而各如其愿”①。其次是因为杜诗的价值取向。任半塘先生的《唐声诗》指出：“惟‘诵’之声无定调，为朗诵，为时言……诵欲有所讽谏，故吐词必近语言，以便当面晓悟。”②南朝律诗的形式美要素和儒家注重“比兴”“讽喻”的诗学传统，在唐代文化高度发展的基础上有机结合，于中唐以后凝结为比较侧重于诗歌自身的“可吟诵性”即传情表达功能，“宋人解释杜诗……‘游衍’‘辟易’‘精微’‘飞动’‘超逸’‘翦刷’，实皆以指吟声之妙造为近”③。杜甫于炼字声律、对仗工整的节奏和听觉美是十分注意的，其《遣闷戏呈路十九曹长》之“晚节渐于诗律细”，《江上值水如海势聊短述》之“为人性僻耽佳句”，《桥陵诗三十韵》之“遣辞必中律”，《敬赠郑谏议十韵》之“思飘云物动，律中鬼神惊”，《解闷》之“新诗改罢自长吟”等，都说明了杜诗精益求精的厚实功力，以及可以为后人仿效的字句声律路数，从而为近体律诗尤其是七律的最后完成抹上了浓墨重彩的一笔。其《登高》诗云：

风急天高猿啸哀，渚清沙白鸟飞回。
无边落木萧萧下，不尽长江滚滚来。
万里悲秋常作客，百年多病独登台。
艰难苦恨繁霜鬓，潦倒新停浊酒杯。

叠韵词（“艰难”“潦倒”“新停”）和叠音词（“萧萧”“滚滚”）与声律平仄巧妙搭配，令全诗回环往复，韵味无穷；将久客最易悲秋，多病独爱登台的人生感慨，国恨家难、壮志未酬的勇儒性格，发挥成“雄阔高浑，

---

① 钱锺书：《杜甫七律及后人学杜》，载《钱锺书论学文选》，第5册，281页，广州，花城出版社，1990。

② 任半塘：《唐声诗》，上册，15页，上海，上海古籍出版社，1982。

③ 同上书，17页。

实大声弘”的生命境界；此联对仗工整，收放自如，错落有致，严谨而趋于奔涌，有序而不失开放。胡应麟《诗薮》认为“一篇之中，句句皆律，一句之中，字字皆律”，却又“古今人必不敢道，决不能道者”，既在法度之中，却又超越于法度之上。在法度之中，使得“全篇可法”，超越法度之外，使其成为“旷代之作”。“江左宫商”与“河朔气质”①，南朝永明体的声律对偶美和唐代文化的博大气象，于此达到了一种既有章可循，又难以企及的境界，“杜样”之称，盖由于此。

2. 奇崛韩文。“文起八代之衰，道济天下之溺”②的韩愈古文，以“文以载道”的儒学复兴精神，高扬先秦儒家义理和修齐治平之道，在反对佛老的现实斗争中直抒胸臆，“惟陈言之务去”③，上承秦汉诸子古朴文风，锤炼出一种说理透彻、层层推进、气势雄浑、挥洒自如的散文风格，与注重律偶、辞繁意复、绮靡唯美的六朝骈体文形成鲜明对照。其《原道》云：

博爱之谓仁，行而宜之之谓义，由是而之焉之谓道，足乎己无待于外之谓德。仁与义为定名，道与德为虚位。故道有君子小人，而德有凶有吉。老子之小仁义，非毁之也，其见者小也。坐井而观天，曰天小也，非天小也。彼以煦煦为仁，孑孑为义，其小之也亦宜。其所谓道，道其所道，非吾所谓道也；其所谓德，德其所德，非吾所谓德也。凡吾所谓道德云者，合仁与义言之也，天下之公言也。老子之所谓道德云者，去仁与义言之也，一人之私言也。周道衰，孔子没，火于秦，黄老于汉，佛于晋魏梁隋之间，其言道德仁义者，不入于杨，则入于墨；不入于老，则入于佛……曰：“斯道也，何道也?”曰：“斯吾所谓道也，非向所谓老与佛之道也。”尧以是传之舜，舜以是传之

① 魏徵在《隋书·文学传论》中说：“江左宫商发越，贵于清绮；河朔词义贞刚，重乎气质。气质则理胜其词，清绮则文过其意，理深者便于时用，文华者宜于歌咏。此其南北词人得失之大较也。若能掇彼清音，简兹累句，各去其短，合其两长，则文质彬彬，尽善尽美矣。”

② 苏轼：《韩文公庙碑》。

③ 韩愈：《答李翊书》。

禹，禹以是传之汤，汤以是传之文武周公，文武周公传之孔子，孔子传之孟轲。轲之死，不得其传焉……然则如之何而可也？曰：不塞不流，不止不行。人其人，火其书，庐其居，明先王之道以道之，鳏寡孤独废疾者有养也，其亦庶乎其可也！

魏晋隋唐几百年间儒释道三元并立，使“道德”这一哲学范畴具有多元化（“虚位”）的含义，儒家伦理纲常和仁义礼乐出现了相应的边缘化趋势。韩愈这段议论，正本清源，开门见山，严格地赋予“道德”以“仁义”（“定名”）的含义，恢复了儒家“道德”范畴固有的伦理内涵。其以为天下国家振兴儒学为己任的精神气概，灌注于道统在握、气势雄浑、咄咄逼人而一泻千里的论述之中，既在持平论道而求“是”，又在刻意创新而求“异”①，具有一种发扬蹈厉而又深藏不露的奇崛壮美。苏洵《上欧阳内翰书》云：“韩子之文，如长江大河，浑浩流转，鱼鼋蛟龙，万怪惶惑；而抑遏蔽掩，不使自露；而人望见其渊然之光，苍然之色，亦自畏避不敢迫视。”

韩文鲜明的战斗气息和深切的现实关怀，使其文章中的人格气势并没有化为“无迹可寻”的“象外之象”，而是凝结为一种读书与修养、为人和为文互为表里的道德—文章风范。韩愈《答李翊书》说：“将蕲至于古之立言者，则无望其速成，无诱于势利。养其根而俟其实……行之乎仁义之途，游之乎诗书之源。无迷其途，无绝其源，终吾身而已矣。气，水也；言，浮物也。水大而物之浮者大小毕浮。气之与言犹是也：气盛，则言之长短与声之高下者皆宜。”读书修养如同培根养气，是一个长期的气质陶冶过程，“当其取于心而注于手也，汩汩然来矣”，作文立言则是修养到一定程度后得之于心而应之于手的自然流露，文章之“宜”在于终身性的文化气质修炼。这不仅开宋儒道德心性修炼之端倪，而且也为后世士子树立了一个做人和作文一体化的生存规范：“处心有道，行己有方，用则施诸人；舍则传诸其徒，垂诸文而为后世法。”刘熙载《艺概·文概》云：“八代之衰，其文内竭而外

① 参见韩愈：《答刘正夫书》。

侈；昌黎易之以万怪惶惑、抑遏蔽掩，在当时真为补虚消肿良剂。”与看重风花雪月的细腻感受，辞藻绮靡而内心空虚的骈体文风相较，韩愈古文中注重根实、有感而发的厚实功力，关怀现实、传播道统的历史使命感，以及深藏不露、绵密遒劲的奇崛之美，层层递进、滔滔不绝的行文方式，既天才迸发又有迹可循，确实开一代新文风而为后人视为法则。

3. 刚烈颜字。儒学的社会关怀性格注定它强调艺术的社会价值。东汉王充在《论衡》中强调“宣帝之时，画图汉列士。或不在于画上者，子孙耻之”的教化效果。佛学的像教理论也强调艺术的教化功能，吴道子的地狱变相图，就是要收到“见之而惧罪改业”(《唐朝名画录》)的现实功用。苏轼《书吴道子画后》云，“道子画人物，如以灯取影，逆来顺往，旁见侧出，横斜平直，各相乘除，得自然之数，不差分毫”，以写实笔调，奏教化之功；而李思训精工繁茂，绮丽端厚之青绿山水，“鸟兽、草木皆穷其态”(《唐朝名画录》)，以细密笔触和醒目色调，涂抹出现实的法度义理和承平气象，既迎合了宫廷贵族娴雅细腻、繁复考究、注重规则章法的欣赏品位，又与雄浑博大的盛唐审美风尚相符。这种既能与儒学学说接通又能满足统治者精神需求的写实、尚法的价值取向，自然受到权势阶层的青睐和鼓励，以至在北宋形成一种以宋徽宗和宣和画院为代表的院体风格。

将这种写实、尚法的美学风格发挥得最具时代色彩和个人性风格的，是颜真卿的楷书。书法艺术在唐初受唐太宗李世民偏爱提倡王羲之书法的影响。以欧(阳询)、虞(世南)、褚(遂良)、薛(稷)四大家为代表，他们在艺术上各有千秋，完成了初唐楷书的定型，但他们对合北碑豪峻和六朝流丽的隋碑形式并没有取得实质性突破，其书法的精神风范仍没有脱离“二王”和六朝书法藩篱，四大家是六朝书法和隋碑的继续和完善，而真正开启一代书风的，则是盛唐时代的颜真卿。颜真卿的书法与韩昌黎的古文有一个最为相似之处：它们都是勇儒风范的艺术结晶。作为北朝著名学者颜之推的后代，唐初儒学大师颜师古的五世重孙，颜真卿一直以其刚直不阿、大智大勇、慷慨赴死的旌节人格彪炳青史，以至人们一直无法将其书法与人格分开来看。欧阳修得其断碑题跋说“如忠臣烈士，道德君子，端严尊重，使人畏而爱之，虽其残阙不忍弃也”，又说颜真卿“忠义之节明若日月，而坚若金石，自可以先后传世无穷，不待其书，然后不朽”①。人们都注意到颜真卿书法到了老年更臻至化境，其代表作《大唐中兴颂》被评价为“及中兴以后笔力迥与前异，亦其所得者愈老也”②，反映了人们推崇颜字的观照角度。

颜真卿书法博采众家之长，并予以融会贯通。陆羽称他的字体得王羲之的筋骨心肺，其笔法还师承了唐代书法家张旭，并请教过僧人怀素。马宗霍《书林藻鉴》说，“逮颜鲁公出，纳古法于新意之中，生新法于古意之外，陶铸万象，隐括众长”，遂成一家风范。“我们可以看到其楷书，字形宽绰丰厚，拙笔中涵雄秀，横画细而竖笔粗，直画左右略向内弯成怀抱之势，撇捺粗壮，与横画形成鲜明对比……字行较满，章法布局茂密雄强，笔饱墨酣。”③既写出了他拱卫唐室、赴汤蹈火而求仁得仁的儒士气魄，又描绘出海纳百川、气吞万象而博大伟壮的盛唐气象；既似唐帝国的森严等级，又像龙门大卢舍那佛一般丰颐端丽。唐代审美风尚的格律法度，于此完成。

当后人说“学问有渊源，文章有法度。文有文法，诗有诗法，字有字法，凡世间一能一艺，无不有法”时④，在很大程度上是指大约形成于中唐之际的各种格律法度。叶燮《百家唐诗序》说：“贞元、元和之际(8 世纪末 9 世纪初——引者注)，后人称诗为‘中唐’。不知此‘中’者，乃古今百代之中，而非有唐之所独，后千百年无不是以为断。”中唐是历史进展的一个关节点，在这个阶段，以儒释道三元并立所代表的中外之间、民族之间的各种文化要素，由最初的矛盾对立而进入相互适应和磨合阶段并告一段落，进入了比较自觉地吸取异元文化中的因子而为我所用的阶段，奠定了传统文化发展的大致框架，如

---

① 欧阳修：《六一题跋》。

② 佚名：《宣和书谱》。

③ 杨海蛟：《书法艺术导论》，48 页，郑州，河南美术出版社，1992。

④ 揭曼硕：《诗法正宗》。

韩愈、李翱对佛学心性理论的吸收，佛教道教对儒家义理纲常的普遍认同等。正好处于这一关节点上的各个文化领域，也就具有了为后世法则（“无不是以为断”）的意义。譬如中唐禅宗名僧怀海以佛教戒律为基础，根据中国具体国情和佛教当时的处境，参照儒家上下有定、尊卑有分的礼义原则制定的《百丈清规》，不仅被中唐以后的佛教视为丛林制度的依据，而且也被宋儒视为书院学则的蓝本。柳宗元在评价《百丈清规》的《百丈碑铭》时说：“儒以礼立仁义，无之则坏；佛以律持定慧，去之则丧。”这种儒释间贯穿打通的涵化吸收，是“清规”能够对传统文教事业产生深远影响的内在原因。再如中国佛寺建筑结构特色——将主要建筑安置在南北中轴线上，由南而北为山门、天王殿、大雄宝殿、法堂、藏经楼等——的平面布局，已经基本形成。这种中轴对称、院落递进的建筑排列方式，突出了主殿（大雄宝殿）的尊贵地位，是中国宗法制度尊卑、内外、主从等差有别观念的体现。寺庙选址也多受东晋以来士大夫“畅神”“隐逸”山水意识的影响，十分注重自然山水景观与寺院建筑群落的有机融合，名山胜景往往与高僧古寺相互辉映，成为传统自然审美意识的不可分割的组成部分。

第五节　宋学趣味

1. 道统自觉。“宋学”是宋代文化的精英层面和意识形态的主流成分。与儒释道三元并立的唐代文化潮流不同，宋学是以天下国家为己任这一儒学主体意识在宋儒身上的时代自觉。张岂之等先生认为：“唐代佛教的禅宗南宗曾汲取儒学而战胜了儒学。宋代的理学（即宋学——引者注）则汲取佛道而战胜了佛道。”①从思想资源来说，宋学（其中有王安石的“新学”、张载的“关学”、二程的“洛学”和苏氏父子的“蜀学”等）是以儒学涵化佛道心性义理之学而蔚为大观的。佛道二学的精华，几乎被宋学吸收殆尽，使其成为既长于治世，又长于治心的“新儒学”。士大夫出入佛老，不再是仅仅为了心理平衡与自娱，而

① 蔡美彪等：《中国通史》（第七册），404页，北京，人民出版社，1983。

是站在儒家立场开拓学术疆域，并且这已经成为一种有意识的追求。

苏轼说王安石“少学孔孟，晚师瞿聃”，而苏辙则将相似的评价写在为其兄所撰的墓志铭中：“（苏轼）初好贾谊、陆蛰书，论古今治乱，不为空言。既而读《庄子》，喟然叹息曰：‘吾昔有见于中，口未能言；今见《庄子》，得吾心矣！’……后读释氏书，深悟实相，参之孔墨，博辩无碍，浩然不见其涯也。”①程颐为其兄程颢撰《明道先生行状》云：“先生为学……泛滥于诸家，出入于老释者几十年，返求诸《六经》而后得之。”《宋元学案·横渠学案》也说张载为学经历了一个接受范仲淹手书《中庸》而“志于道”，然后“已求诸释老，乃反求之《六经》”的过程。

但是宋儒的出入佛老，已经与唐代士大夫追求个人性自娱解脱不同，贯通其间的是对儒家“道统”的自觉。苏辙在《历代论四·梁武帝》中说“老、佛之道与吾道同而欲绝之，老、佛之教与吾教异而欲行之，皆失之矣”，全祖望在《横渠学案序录》中称出入佛老的“横渠先生勇于造道”，就是指的这种自觉。陈植锷先生指出：“宋儒对自家学问要求，不仅不以多读佛书为非，反而以熟谙释典为荣。作为典范，则是钻得进去又能跳得出来，即由佛籍禅理复归到儒家正统的立场上来，所谓出入于释、老，返求诸《六经》。但这一复归，对于儒家经典的理解，与原先已大不相同。”②这种站在儒家正统立场上出入佛老的文化自觉，使得宋儒自然而然地以百川归海的文化眼光对传统文化进行总结。南宋陈郁《藏一话腴》甲集卷上曰：“三代而降，典谟训诰之后，有董、贾、司马迁、扬雄、二班之文莫可继，曰：‘文止于汉。’八分、大隶之余，钟、卫、二王之书莫可肩，曰：‘书止于晋。’《三百篇》往矣，五字律兴焉。有杜工部出入古今，衣被天下，蔼然忠义之气，后之作者未之有加，曰：‘诗止于唐。’本朝文不如汉，书不如晋，诗不如唐，惟道学大明，自孟子而下，历汉、晋、唐皆未有，能为天地立心，为生民立极，为万世继绝学、开太平者也。”这里的“道学”已经与

---

① 苏辙：《亡兄子瞻端明墓志铭》。

② 陈植锷：《北宋文化史述论》，348页，北京，中国社会科学出版社，1992。

“汉文”“晋书”“唐诗”比肩而立，成为传统文化的一个有机成分，这是宋儒从文化史的角度对道统的自觉意识。

对于文化传统，宋儒强调的也是其中的道统意识，欧阳修说，“我所谓文，必与道俱”①，文以载道，道以文见，“有道有艺。有道而不艺，则物虽形于心，不形于手”②，传统文化是发挥道统意识、进行文化创新的基础和温床。苏轼《书吴道子画后》云：

> 智者创物，能者述焉，非一人而成也。君子之于学，百工之于技，自三代历汉至唐而备矣。故诗至于杜子美，文至于韩退之，书至于颜鲁公，画至于吴道子，而古今之变，天下之能事毕矣。

与陈郁将“汉文”“晋书”“唐诗”视为传统文化发展的极致一样，苏轼也认为唐代是三代以来传统文化发展之“备”“杜诗、韩文、颜书、左史，皆集大成者也”③，所以在“天下之能事毕矣”之后进行的文化创新，就不能离开前人所奠定的基础，紧接上述引文所说的“出新意于法度之中，寄妙理于豪放之外”，就不仅仅是对吴道子画的评价，而且也是对宋代文化精神的概括：以儒学“道统”为基础，将包括“法度”“妙理”在内的前人之“创物”，同自身的“新意”“豪放”等个人性、时代性特征有机地结合起来进行文化创新。

2. 主体自觉。苏轼在《〈居士集〉序》中说：“宋兴七十余年，民不知兵，富而教之，至天圣、景祐极矣，而斯文终有愧于古。士亦因陋守旧，论卑而气弱。自欧阳子出，天下争自濯磨，以通经学古为高，以救时行道为贤，以犯颜纳谏为忠，长育成就，至嘉祐末，号称多士，欧阳子之功为多。”北宋建国在公元 960 年，嘉祐末年为 1063 年，在这一百余年间，士大夫的文化气质发生了巨大的变化，宋儒的主体意识空前的自觉。尽管苏轼将这种转变归结为欧阳修及其领导的古文

---

① 苏轼：《颍州祭欧阳文忠公夫人文》。

② 苏轼：《书李伯时〈山庄图〉》。

③ 颜中其：《苏轼论文艺》，160 页，北京，北京出版社，1985。

运动不确，有因果倒置的嫌疑，但这种转变本身却是不争的事实。

钱穆先生指出："宋朝的时代，在太平景况下，一天一天的严重，而一种自觉的精神，亦终于在士大夫社会中渐渐萌茁。所谓'自觉精神'者，正是那辈读书人渐渐从自己内心深处涌现出一种感觉，觉到他们应该起来担负着天下的重任。（自注：并不是望进士及第和做官）范仲淹为秀才时，便以天下为己任。他提出两句最有名的口号来，说：'士当先天下之忧而忧，后天下之乐而乐。'这是那时士大夫社会中一种自觉精神之最好的榜样。"①除了儒学吸取佛道并取而代之的历史机遇，直接促使了士大夫主体精神的自觉，宋代特殊的文化政策也是一个重要的社会历史条件。

黄仁宇先生认为，宋代的社会改革是企图以现代金融管制方式管理国家、提供军备，以应付北方民族的威胁。尽管这一设想因超前而失败，但却给宋代社会带来了一种"新气象"，即比较务实而不大注重思想控制，"对意识形态全不关心"②。同时，由于北方少数民族的威胁和自己所开的"陈桥兵变"的先例，使宋王朝统治阶层在加强军备的同时又要防止武人篡政，故优待士大夫的"右文"政策成为宋代文化的另一特色③。"太祖有誓约，藏之太庙，云：'不杀大臣及言事官。'"④程颐曾将"百年无内乱"和"百年未尝诛杀大臣"作为"本朝有超越古今者五事"中的两项⑤。苏轼《上神宗皇帝书》："历观秦汉以及五代，谏争而死，盖数百人。而自建隆（赵匡胤即位第一年公元 960 年所用的年号——引者注）以来，未尝罪一言者，纵有薄责，旋即超升……不问尊卑，言及乘舆，则天子改容；事关廊庙，则宰相待罪。"宋代无疑是中国文化史上最有言论自由的朝代之一，一百年来没有因为"言论

---

① 钱穆：《国史大纲》，下册，558 页，北京，商务印书馆，1996。

② 黄仁宇：《中国大历史》，128～129 页，北京，生活·读书·新知三联书店，1997。

③ 《续资治通鉴长编》卷二二一载文彦博言："祖宗法制具在……为与士大夫治天下。"

④ 钱穆：《国史大纲》，下册，540 页，北京，商务印书馆，1996。

⑤ 《河南程氏遗书》卷一五。

罪”而诛杀一人，在中国历史上可谓绝无仅有。既然言路广开又无性命之虞，甚至因此还可能被提升，这种宽松的政治空气无疑推动了士大夫主体意识的觉醒。郑樵《通志·氏族略》有“自五季以来，取士不问家世，婚姻不问阀阅”的说法，北宋科举实行弥封、誊录、锁院、别头等法规，强化了考试的客观性，并加大录取名额，宋太宗在位22年，仅进士一科取人近万名，平均每年450余人，而唐朝290年间取进士总数不过6000多人。这些客观的社会历史条件使北宋成为文化人才最为密集的时代，金铮先生指出：

> 仅以仁宗前后几十年时间论，其出类拔萃、彪炳史册者不下数十人。如范仲淹、欧阳修、韩琦、富弼、包拯、司马光、王安石、苏轼、苏辙、晏殊、宋祁、曾巩、柳永、黄庭坚、秦观、周敦颐、邵雍、张载、程颢、程颐、蔡襄、李公麟、苏颂、沈括……他们尽管出身、贫富、专长各有不同，但全部都是科举出身……科举制以“机会均等”的方式为他们提供了公平进取的可能性，因而优秀者大量涌现，表现出极大的才能和创造性。①

顾炎武《日知录·宋世风俗》条云：“宋自仁宗在位四十余年，虽所用或非其人，而风俗醇厚，好尚端方，论世之士，谓之君子道长。”所谓“君子道长”当有两方面的含义，一是指大量脱颖而出的人才在各个文化领域所表现出的才能和创造性，二是指士大夫使命意识的增强。《宋史·范仲淹传》载范氏主持应天府学政时，“每感激论天下事，奋不顾身，一时士大夫矫厉尚风节，自仲淹倡之”。苏辙《亡兄子瞻端明墓志铭》：“（其母）太夫人尝读《东汉史》，至《范滂传》，慨然叹息。公（苏轼）侍侧，曰：‘轼若为滂，夫人亦许之否乎？’太夫人曰：‘汝能为滂，吾顾不能为滂母耶？’公亦奋厉有当世志。”这种渗入士大夫群体中的使命意识，在宽松的政治氛围里，很自然地就转化为“道尊于势”的文化主体精神。

---

① 金铮：《科举制度与中国文化》，110～111页，上海，上海人民出版社，1990。

儒家文化中原本就有“天下有道则仕，无道则隐”“道不行，乘桴浮于海”(《论语·公冶长》)，“穷则独善其身，达则兼济天下”(《孟子·尽心上》)的两面性格。魏晋至唐，可以说是将“独善其身”“乘桴浮于海”的“隐”的一面给大大地理论化、现实化了，由此形成了“儒门淡泊，收拾不住，皆归释氏”的文化格局。宋代儒学理论的勃兴，必然在儒家文化用世淑世、积极进取的基本性格层面得以张扬的同时，使《孟子·尽心上》所说“乐其道而忘人之势”的重道轻势思想也得到体现。史载北宋胡瑗在太学为诸生讲《周易》至《小畜》，解释为“以刚止君”，并以赵普不顾太祖反对，三次推荐同一个人为谏官，最后“上乃大悟，卒用其人”的事例说明之；① 程颐在《上太皇太后书》中说，“召而不往，惟子思、孟轲则可。盖二人者，处宾师之位，不往所以规其君也”；王安石与程颐两人都做过经筵官，“有趣的是，两人上任伊始，提出的第一个问题便是必须坐着讲课，通过与皇帝迭为宾主的办法，体现儒家道重于势的精神”②。

综上所述，宋儒的“道统自觉”和“主体自觉”，作为考察宋代审美风尚的一个基本出发点，反映了处于以儒学涵化佛道的文化转型期，由宋代科举制和在自由宽松的文化环境中形成的官僚士大夫阶层，在宋代文化发展中所具有的时代特色。正是这种综合性、总结性和超越性的主体精神气质，将中国传统文化推向了它的峰巅，并使它具有浓郁的“文人”色彩。这种色彩主要表现在“诗文说理”和“词画寄情”两个方面。

3. 诗文说理。在宋人眼里，唐代文化的各个领域，都具有不可逾越的文化“范型”意义，因而他们所做的工作，主要就是将自己所关注的“义理”精神和主体气质通过各种文化艺术形式表现出来。黄庭坚《与王复观书》云：“好作奇语，自是文章病，但当以理为主，理得而辞顺，文章自然出群拔萃。”突出文章的说理议论功能，在宋初科举改

---

① 《麈史》，卷上，《忠谠》。

② 陈植锷：《北宋文化史述论》，300～301 页，北京，中国社会科学出版社，1992。本节有关论述对该书多有借鉴，特此说明。

革给文风带来的变化中已经十分明显。

何怀宏先生认为，包括史学、经义、子学在内的“经学”，以及包括诗赋在内的“文学”，是古代科举考试的两项主要内容，“唐至宋初一段似以文学为主，表里皆文学；宋元以后渐渐是以经学为主”①。这种转变主要与宋初的儒学义理和入世精神勃兴的文化转型相表里。康有为《请废八股试帖楷法，试士改用策论折》说：“王安石之以经义试士也，盖鉴于诗赋之浮华寡实，帖括之迂腐无用，故欲借先圣深博之经文，令学者发精微之大义，以为诸经包括人天，兼该治教，经世宰物，利用前民，苟能发明其大义微言，自可深信其通经致用。”王安石《可以与，可以无与，与伤惠；可以死，可以无死，死伤勇》一文，据说是一篇为学子垂范的经义说理之文：

> 世之论者曰：“惠者轻与，勇者轻死，临财而不訾，临难而不避者，圣人之所取而君子之所行也。”吾曰：“不然，惠者重与，勇者重死。临财而不訾，临难而不避者，圣人之所疾而小人之所行也。”故所谓君子之行者有二焉：其未发也慎而已矣；其既发也义而已矣。慎待义而后决，义待直而后动，盖不苟而已也……
>
> 传曰：“义者天下之制也。”制行而不以义，虽出乎圣人所不能，亦归于小人而已矣。季路之为人可谓贤也，而孔子曰：“由也，好勇过我，无所取材。”……孔子之无取于材也。勇过于义，孔子不取，则惠之过于义亦可知也。孟子曰：“可以与，可以无与，与伤惠；可以死，可以无死，死伤勇。”盖君子之动必于义无所疑而后发，苟有疑焉，斯无动也……

文章通篇围绕“惠”“勇”等行为规范必须以“义”为节制的中心思想，阐述了儒家重生、重义、慎行的理性主义的入世精神。全篇骈散结合，铿锵有力，词语简洁，含义明了，直抒胸臆，批评流俗，立意

---

① 何怀宏：《选举社会及其终结》，167、168页，北京，生活·读书·新知三联书店，1998。

与行文达到有机的统一，具有一股超凡脱俗的人文逻辑力量。这种体现了时代精神的思维及其行文风格，通过科举制度的推动，必然给宋代士子文人以深刻影响。

这种突出主观说理的文风也体现在其他散文体裁中。如宋人的游记文字，一反唐人寓情于景的手法，以好发议论为特征。范仲淹的《岳阳楼记》开篇极写洞庭湖浩瀚之气势："予观夫巴陵胜状，在洞庭一湖。衔远山，吞长江，浩浩汤汤，横无际涯；朝晖夕阴，气象万千。此则岳阳楼之大观也。"接着借观楼景描述"悲""喜"两种不同的心态，然后笔锋一转，抒发忧国忧民之思："居庙堂之高，则忧其民；处江湖之远，则忧其君。是进亦忧，退亦忧。然则何时而乐耶？其必曰'先天下之忧而忧，后天下之乐而乐！"在洞庭水天一色的大气势的衬托下，士大夫用世济民的情怀也得以提升超越，显得博大浩瀚，令人感慨不已，遂成千古名篇名句。苏轼的《石钟山记》则以作者不囿于前人成说，亲自前往实地调查的经过为内容，阐明"事不目见耳闻而臆断，其有无可乎"这样一个道理。

宋文的议论性，不仅在《上仁宗皇帝言事书》(王安石)、《万言书上仁宗皇帝》(僧契嵩)、《为家君应诏上英宗皇帝书》(程颐)、《上神宗皇帝书》(苏轼)等洋洋万言的政论文字里得到体现，也集中表现在大量因读史而有心得的读书笔记中。这些笔记的作者有意识地从现实需要出发，或者对历史经验进行梳理总结，或者对前人的著述进行整理批评，有感而发，针对性强，所以在短小的篇幅中常常有超越前人的见解。如苏轼《答刘沔都曹书》就是针对萧统的《文选》提出了"拙于文而陋于识"的不同评价，对"世以为工"的传统看法提出了质疑。而王安石《读孟尝君传》更显示出一种超群的历史见识：

世皆称孟尝君能得士，士以故归之，而卒赖其力以脱于虎豹之秦。嗟乎！孟尝君特鸡鸣狗盗之雄耳，岂足以言得士？不然，擅齐之强，得一士焉，宜可以南面而制秦，尚何取鸡鸣狗盗之力哉？夫鸡鸣狗盗之出其门，此士之所以不至也。

这篇不到百字的短文，将“鸡鸣狗盗”之徒与“士”——宋儒心目中的士大夫形象——严格地区分开来，在历史的批判中展示出宋儒以天下国家为己任的博大胸襟。

宋学代表了一代文化的转型，其精神气质自然也会渗透到宋诗之中，形成后者的时代特征。叶维廉先生根据宋儒“文以载道”之说，将宋儒在诗与道关系上的态度，分为三类：一是以周敦颐为代表的要求注重诗中所载的道德思想，“认为文学仅是道载之外饰”；二是以二程为代表的“文学有碍于道之获得而应被委弃”；三是以苏轼为代表的认为文学本身就是道的实现，创作过程就是道的形成过程。① 这三类态度无论其间有多大的差异，有一点却是共同的，即都将儒家之“道”视为诗的价值准则。后世对宋诗的指责，如“多议论”“言理不言情”“以文作诗”“俚俗而不典雅”②，就是指由于宋学重“道”而说理，在诗学风格上偏爱古体，追求平淡、清晰，而摆脱了宋初的西昆体的晦涩绮丽形成的新诗风。其中有“以诗人比兴之体，发圣人之义理之秘”③的理学诗，如邵雍《观物咏》“一气才分，两仪已备。圆者为天，方者为地。变化生成，动植类起。人在其间，最贵最灵”，颇合周敦颐《太极图说》里的宇宙生成论本意；还有以梅尧臣《东溪》中“老树著花无丑枝”一句为代表的“古淡”风格；当然也包括对“理趣”即诗中哲理的追求，有“不识庐山真面目，只缘身在此山中”（苏轼：《题西林壁》），“问渠哪得清如许？为有源头活水来”（朱熹：《观书有感》），“千门万户曈曈日，总把新桃换旧符”（王安石：《元日》），“春色满园关不住，一枝红杏出墙来”（叶绍翁：《游园不值》）等，都是脍炙人口的七绝佳句；巧妙借用佛道意象，追求悟道之“禅趣”的诗句也给人以耳目清新之感：

---

① 叶维廉：《中国诗学》，102页，北京，生活·读书·新知三联书店，1992。

② 参见刘大杰：《中国文学发展史》，中册，665页，上海，上海古籍出版社，1982。

③ 真秀德：《咏古诗序》。

若言琴上有琴声，放在匣中何不鸣？若言声在指头上，何不于君指上听？（苏轼：《琴》）

春来何处不归鸿，非复羸牛踏旧踪。但愿老师心似月，谁家瓮里不相逢？（苏轼：《次韵法芝举旧诗一首》）

芭蕉心尽展新枝，新卷新心暗已随。愿学新心养新德，旋随新叶起新知。（张载：《芭蕉》）

唐诗已达到诗歌的最高峰。王安石说："世间好语言，已被老杜道尽；世间俗言语，已被乐天道尽。"①宋诗创作的"法式"，已不可能跃出唐人藩篱。清人翁方纲《石洲诗话》卷四云："若夫宋诗，则迟更二三百年，天地之精英，风月之态度，山川之气象，物类之神致，俱已为唐贤占尽，即有能者，不过次第翻新，无中生有，而其精诣，则固别有在者。宋人之学，全在研理日精，观书日富，因而论事日密。"这就指出宋诗的创新性，在于避开唐诗的法式和意境，充分发挥宋学的"强项"——"研理"和"论事"与宋诗的结合上。至于借用传统文化资源方面，则是欧阳修、苏轼之后的江西派黄庭坚所谓"点铁成金"之"换骨法"和"脱胎法"，即融合佛道，在传统意象中求新意。叶维廉先生说："这个比喻的含义是理想的诗人还具有能把文字转化为诗的魔力，即使其魔力来自长期的浸淫与磨炼。这解释了为何黄庭坚及江西派诗人一方面注重格律法度（有如形式主义者），一方面又能信任禅悟的原因。"②宋诗创作的尴尬——一方面要面对"盛唐诸公"所留下的格律、法度、意境、"诗眼"，使诗歌创作成为一种既有前人法度可循，又有前人尺度可量的"程式化"过程；另一方面又要超越（包括宋诗对古体诗的提倡）这些本身难以甚至不可逾越的山峰——和遗憾，即在于此。

4．词画寄情。作为文体概念的唐、宋词的"词"，其比较贴切的称呼应为"曲子词"。后者既是"词"的最早的名称，如五代人孙光宪《北

① 胡仔：《陈辅之诗话》，载《苕溪渔隐丛话前集》卷十四引。

② 叶维廉：《中国诗学》，105页，北京，生活·读书·新知三联书店，1992。

梦琐言》云，“晋相和凝，少年时好为曲子词”，又是对“词”自身合“词”与“曲”为一体这一特征的概括，刘熙载《艺概·词曲》云，“词即曲之词，曲即词之曲”，是一种用于歌舞演唱的依曲调格式填写的歌词。由于唐代大量西域音乐的输入，使早期的“凉州曲”“塞上曲”等以绝句形式填写的民间曲子词，转变为按“词牌”(曲谱)填写的“长短句”，如《苏幕遮》《菩萨蛮》等。从唐代的“曲子词”到宋代文人抒怀寄情、孤芳自赏的新文体——宋词的产生，其间经历了一个由“雅化”而词、曲逐渐分流的过程。俞平伯先生在《词曲同异浅说》中指出：“最初之词、曲虽同为口语体，同趋于文，而后来雅俗之正变似相反也。换言之，即词的雅化甚早，而白话反成别体；曲之雅化较迟，固以渐趋繁缛，仍以白话为正格。”

“宋词”与“元曲”的雅俗分流是由于文人的介入，“词虽出于北里，早入文人之手，其貌犹袭倡风，其衷已杂诗心……曲则直至今日犹未脱歌场舞榭之生涯”①。由于文人创作的介入而有“诗余”之称。宋翔凤《乐府余论》曰：“谓之诗余者，以调起于唐人绝句。如太白之《清平调》，即以被之乐府。太白《忆秦娥》《菩萨蛮》皆绝句之变格，为小令之权舆。‘旗亭画壁赌唱’，皆七言绝句。后至十国时，遂竞为长短句。自一字、两字至七字，以抑扬高下其声，而乐府之体一变，则词实诗之余。”说明文人创作介入曲子词，在盛、中唐时已十分普遍。在传统诗词发展史上传为佳话的“旗亭画壁赌唱”(见薛用弱：《集异记》卷二)，就发生于唐开元年间。由绝句到长短句的演变，是便于“抑扬高下其声”的演唱，所以“诗余”之说不无理由。这一演变过程也是曲与词的相互适应过程，运用了“减字”“偷声”“摊破”等手法。杨荫浏先生说：

减字是减少歌句字数，在音乐上，是以多音配一字，将某些字的节拍拖长；偷声是增加歌句字数，在音乐上，是分割少数的音，用以

① 参见俞平伯：《论诗词曲杂著》，转引自张惠民：《宋代词学审美理想》，42页，北京，人民文学出版社，1995。

配合多数的字，使每个字的音，相应缩短；摊破是在歌句间插进歌句，在音乐上是增加新的乐句或扩展原有乐句。这些手法结合起来，可以引起极大的变化。这种变化，在宋代，早已在经常运用之中。歌词形式的变化，正体现着音乐艺术形式之发展。①

宋词的形成，是在音乐与歌词相互适应变化过程中实现的。这一过程，自唐代开始，到宋代已经趋于成熟。如王维《送元二使安西》："渭城朝雨浥轻尘，客舍青青柳色新。劝君更尽一杯酒，西出阳关无故人。"此诗入乐后名《渭城曲》，歌词随乐曲作相应调整，有多种唱法，其中一种为："渭城朝雨，渭城朝雨浥轻尘，浥轻尘。客舍青青，客舍青青柳色新，柳色新。劝君更尽，劝君更尽一杯酒，一杯酒。西出阳关，西出阳关无故人，无故人。"将原绝句中的某一部分反复唱颂，相叠成音，使其与曲调相匹配。方成培《香研居词尘》卷一说："唐人所歌，多五七言绝句，必杂以散声，然后可比之管弦，如《阳关》诗，必至三叠而后成音，此自然之理。后来遂谱其散声，以字句实之，而长短句兴焉。"就是说，相叠后所成之音，只是诗的变体，诗还是诗，只有到曲调的"散声"都以"字句实之"，即歌词与曲调都遵照一定的格式法度融为一体时，"长短句"即词这一文体才算正式出现。如宋仁宗时的柳永《望海潮》一词：

东南形胜，三吴都会，钱塘自古繁华。烟柳画桥，风帘翠幕，参差十万人家。云树绕堤沙，怒涛卷霜雪，天堑无涯。市列珠玑，户盈罗绮竞豪奢。　　重湖叠巘清嘉，有三秋桂子，十里荷花。羌管弄晴，菱歌泛夜，嬉嬉钓叟莲娃。千骑拥高牙。乘醉听箫鼓，吟赏烟霞。异日图将好景，归去凤池夸。

曲子词的雅化，自唐末五代以来已十分明显。士大夫将其花前月下公私宴间的文人雅趣写进曲子词中，使其成为娱宾遣兴的"诗客曲

① 杨荫浏：《中国古代音乐史稿》，上册，287页，北京，人民音乐出版社，1981。

子词”“其衷已杂诗心”，形式也逐渐典雅精粹。柳永的《望海潮》，长短参差，妩媚错落，将钱塘湖光山色之美与杭州繁华承平景象描绘得有声有色，音律格调考究，语言辞藻华美，风格婉约清丽，标志着长于表达词人个人性的离愁别绪、人生遭际、流连风月的宋词，已经成熟。李清照《词论》云：“乐府声诗并著，最盛于唐……逮至本朝，礼乐文武大备。又涵养百余年，始有柳屯田永者，变旧声作新声，出《乐章集》，大得声称于世。”作为由“旧声”而出的“新声”，即在唐人的格律法式之上开凿出来的另一个深邃丰富的精神世界，宋词已经成为中国士大夫阶层审美意识中一个不可或缺的层面。

北宋立国一百年间，宽松的政治环境和承平的社会环境，陆续有所谓的“荆公新学”“庆历新政”和词曲“新声”等政治和文化现象出现，士大夫们不仅可以在诗文领域内充分发展自身的理性思考和理想追求，而且也可以在词画领域内充分寄托自身的情感和忧思，显示出宋儒精神世界的多元性和多层面。欧阳修《归田录》卷二记录钱惟演一天中的读书生活：“钱思公虽生长富贵，而少所嗜好。西洛时，尝语僚属言：‘平生惟好读书，坐则读经史，卧则读小说，上厕则阅小词，盖未尝顷刻释卷也。’”“经史”“小说”和“小词”(曲词)同时并存，可以视为宋儒文化人格丰富多样的写照。在宋词“婉约”与“豪放”复调式的双重变奏中，我们可以窥见其绚丽多彩的多层面的精神追求。苏东坡一曲豪气冲天的“大江东去”，使词从“樽前”和“花间”走向开阔意境，具有诗意般“向上一路”的威武雄壮，但这并不妨碍其表达“天涯何处无芳草”的豁达与从容，“多情却被无情恼”的凄清与婉丽，“十年生死两茫茫”的追思与伤感，世事炎凉的况味，人生际遇的品酌，都在“但愿人长久，千里共婵娟”这一清旷苍丽的颂祷中，生成铁板大汉身上的柔情衷肠。于国破山河碎之中品尝人生孤独的李清照，感叹“海棠依旧”“应是绿肥红瘦”的生命凄苦，在“一种相思，两处闲愁”中“寻寻觅觅，冷冷清清，凄凄惨惨戚戚”，以一柔弱的女性之躯，寻觅着精神的支点，承担起生命的绝望和孤独，却又抒发出“东山高蹈，虽卿相不足为荣。安石需起，要苏天下苍生”的傲岸气质和济世情怀。其《乌江》诗云“生当作人杰，死亦为鬼雄。至今思项羽，不肯过江东”，更是一派不让须眉的志士气魄。从易安词中升华而出的，是一种卓尔不群、摧之弥坚、以刚济柔、绵里裹针的女性气质；这种精神世界双重变奏，在辛弃疾那里汇合为一种厚重深远的忧患意识和雄视古今的承当人格：

何处望神州？满眼风光北固楼。千古兴亡多少事，悠悠，不尽长江滚滚流。　　年少万兜鍪，坐断东南战未休。天下英雄谁敌手？曹刘。生子当如孙仲谋。(《南乡子·登京口北固亭有怀》)

经历了靖康国耻的精神洗礼，宋词变浅酌低唱为慷慨悲歌。宋末林景熙说："悲凉于残山剩水，豪放于明月清风。酒酣耳热，往往自为而歌之。"①作为于尊王攘夷抗金复国的时代背景中形成的壮美词风，辛词将"平生塞北江南"的悲壮豪情化为绵厚恢宏的内蕴，不得不在"醉里挑灯看剑，梦回吹角连营""无人会，登临意"的现实激愤中，咀嚼"欲说还休"的人生无奈之况味。寄寓于宋词之中的，是宋代士大夫多层面复合型的人格色彩和审美追求。

与宋词相映成趣的，是宋代的文人画。文人画已经不再仅仅侧重于追求"象外之象"的高妙意境，其水墨趣味中开始透露出具有独立意识的自我展示。郭若虚《图画见闻志·论气韵非师》云："窃观自古奇迹，多是轩冕才贤，岩穴上士，依仁游艺，探赜钩深，高雅之情，一寄于画。人品既已高矣，气韵不得不高，气韵既已高矣，生动不得不至。"将南朝谢赫的"气韵生动"同"人品"的高低结合在一起，使文人画的精神底蕴更为厚重，这种厚重不仅表现为黄休复的"逸格"成为文人画的首要标准，山水画家宋迪(复古)的八景——平沙落雁、远浦帆归、山市晴岚、江山暮雪、洞庭秋月、潇湘夜雨、烟寺晚钟、渔村落照——的提出，而且更为明显地体现在文人"墨戏"意趣的出现。潘天寿先生指出：

---

① 林景熙：《霁山集》卷五《胡汲古乐府序》。

吾国绘画，虽自顾恺之之白描人物，宋陆探微之一笔画，唐王维之破墨，王洽之泼墨，从事水墨与简笔以来，已开文人墨戏之先绪……至宋初，吾国绘画，文学化达于高潮，向为画室画工之绘画，已转入文人手中而为文人之余事；兼以当时禅理学之因缘，士大夫禅僧等，多倾向于幽微简远之情趣，大适合于水墨简笔之绘画以为消遣。故神宗、哲宗间，文同、苏轼、米芾等出以游戏之态度，草草之笔墨，纯任天真，不假修饰，以发其所向；取意气神韵之所到，而成所谓墨戏画者。其画材多为简笔水墨之林木窠石，梅兰竹菊，以及简笔水墨之山水人物等，已开明清写意派之先声。梅竹二者，尤为当时所盛行。作梅竹时，不曰画梅画竹，而曰写梅写竹。盖梅兰竹菊等，为植物中清品，不可假丹铅以求形似，须以文人之灵趣，学养，品格，注之笔端，随意写出，以表作者高尚纯洁之感情思想。①

比兴言志说是传统审美风尚中固有的资源。中国绘画发展至北宋时代，这一资源发生了一个影响颇为深远的转化，士大夫开始比较自觉地从梅兰竹菊的“墨戏”画中，追求自身独立品格的表达，这既是宋儒主体自觉和精神世界丰富的结果，又是东晋以来的山水花鸟画题材在长期的绘画实践中形成特定的寓意象征即梅兰竹菊与文人的独立意识相联系的产物，而苏轼有关墨竹的欣赏与创作的议论，则集中体现了这一点。米芾《画史》说：“苏子瞻作墨竹，从地一直起至顶。余问：‘何不逐节分?’曰：‘竹生时何尝逐节生。’”这种从地至顶一笔而上，然后再“点缀成节”②的画竹笔法，正是苏轼、文同等人通过“墨戏”的形式，“以表作者高尚纯洁之感情思想”的途径。墨竹在苏轼心目中，是“得志，遂茂而不骄；不得志，瘁瘦而不辱。群居不倚，独立不惧”③这样一种人格风范的象征，寓人格风范于特定的绘画意象之中，

① 潘天寿：《中国绘画史》，148页，上海，上海人民美术出版社，1983。

② 元代画竹名家柯九思《题苏轼墨竹图》中语，见宗典编：《柯九思史料》，上海，上海人民美术出版社，1963。

③ 苏轼：《墨君堂记》。

就是苏轼所谓的“有常理”。其《净因画院记》云：“与可(文同)之于竹石、枯木，真可谓得其理者矣。如是而生，如是而死，如是而挛拳瘠蹙，如是而条达遂茂……合于天造，厌于人意，盖达士之所寓也欤!”“得其理”即将自身的独立意识寓于“天造”之物、使其与人格风范相对应的创作过程，即所谓的“画竹必先得成竹于胸中”：“竹之始生，一寸之萌耳，而节叶具焉。自蜩腹蛇蚹以至于剑拔十寻者，生而有之也。今画者乃节节而为之，叶叶而累之，岂复有竹乎！故画竹必先得成竹于胸，执笔熟视，乃见其所欲画者，急起从之，振笔直逐，以追其所见，如兔起鹘落，少纵则逝矣。”①胸中之“成竹”与生而“节叶具”的自然之竹间的内在关联，在于二者都具有拔地而起而非“节节为之”这样一种不屈不挠的独立精神，这就是苏轼墨竹笔法的用意所在。正是在这个意义上，《宣和画谱·墨竹多出于词人墨卿之作》云：“故有以淡墨挥扫，整整斜斜，不专于形似，而独得于象外者，往往不出于画史，而多出于词人墨卿之所作，盖胸中所得，故已吞云梦之八九，而文章翰墨，形容所不逮，故一寄于毫楮，则拂云而高寒，傲雪而玉立，与夫招月吟风之状，虽执热而使人亟挟纩也。”文人画与专业画家作品之间的区别，在于前者乃士大夫的寄情之作，是宋儒人格独立的自觉意识的产物。

① 苏轼：《文与可画筼筜谷偃竹记》。

第九章　新旧嬗递

元明清三朝是中国传统社会及其文化自峰巅下落衰退，最后由现代社会及其文化取而代之的时期。在这个历史背景之下，华夏民族审美风尚不可避免地受到来自两个方面的影响。首先是士大夫的精英文化走过了自身发展的黄金时代，进入了文化专制主义时期，思想创新所必需的自由空间受到极大的限制，士大夫的审美情趣和精英文化资源中“内倾”的一面进一步演化；其次是唐宋以来民间社会和商品经济的发展，使得审美风尚中的市民趣味愈益明显，民间文化与精英文化发生交互影响，由此引起了元明清三朝的审美风尚出现了一系列新的动向，诸如明清文人画对雄奇丑怪风格的追求，以戏曲、小说为代表的新的艺术形式的出现等。审美文化中传统的延续、裂变和新的艺术形式的产生，不仅形成了这一历史阶段特有的审美风尚，而且也为文化的现代转型铺垫了基础，提供了传统审美文化的基础和资源。

第一节　士风演变

唐宋以后传统文化的衰落，突出地表现在传统文化的载体——儒士或士大夫阶层——的文化创新领域和生存环境的急剧萎缩和恶化上。生活在这三朝中的士子，不是屈从于民族歧视之中，就是挣扎在特务控制之下，不仅思想受到科举体制的束缚，甚至还要担心因为自己的言论和文字活动随时可能招致的杀身之祸，思想文化领域出现了许多不能为和不敢为的禁区。这样的文化背景，无疑对文化发展起了一种遏制的副作用。它迫使传统文化或者从新的领域中汲取资源，或者创建新的文艺形式，或者赋予传统形式以新的意义。

1. 元曲之兴。建立元朝的蒙古族虽是征战能手，但于文治却一窍不通。自1234年蒙古灭金，直到1314年(延祐元年)才首次开科取士，其间整整80年科举停废，无疑阻塞了传统儒生修、齐、治、平的人生道路，摧毁了传统文化与国家体制之间的整合关系。元末加入朱元璋起义队伍的儒生徐一夔在《送齐彦德岁贡举序》中说："当国者类皆西北右族(蒙古、色目)，所用不过门第、胥吏、技艺、杂流之等而已。自余所见，科目之行历五六年，吾邑仅得一人……皓首穷经，不免有不遇时之叹。"作为文化载体的知识分子群体在元代被排斥在统治阶层之外，"台、省要官皆北人(蒙古、色目)为之，汉人南人其得为者，万无一二，不过州县卑秩，盖仅有而绝无者也"①。文化优势一旦被剥夺殆尽，士子儒生便一无所长，他们既无官做，又无历代所具有的免除杂役的特权，便群体性地沦为"老九"，所谓"七匠八娼九儒十丐"，成为当时社会上最为人所不齿的阶层之一。这些被阻隔在统治体制之外、社会地位一落千丈的知识分子，既无力也无心于"诗客曲子词"中遣兴自娱，用字雅正、音律协调、雕琢刻画的宋词所赖以存在的社会条件不复存在。元代的知识分子生活在社会底层，浸润于民间文化资源之中，精英文化与民间文化实行了一种特殊历史条件下的合流，元曲的出现，就是这种合流的结果。

王国维《宋元戏曲考·元剧之文章》云："元曲分三种，杂剧之外尚有小令、套数。小令只用一曲，与宋词略同；套数则合一宫调中诸曲为一套，与杂剧之一折略同。但杂剧以代言为事，而套数则以自叙为事。"以"自叙为事"的"小令"和"套数"，是在民间小调的基础上，以宋词为参照进行的去旧翻新，一种被后世称为"散曲"的新体裁便慢慢地继宋词之后产生。由于文人的介入，散曲文白相间，雅俗结合，形式灵活，成为元明时期文人抒发其主观情志的一种文学形式。马致远小令《四块玉》第一首《天台路》：

① 叶子奇：《草木子·克谨篇》。

采药童，乘鸾客，怨感刘郎下天台。春风再到人何在？桃花又不见开，命薄的穷秀才，谁叫你回去来。

传说东汉末年刘晨、阮肇入天台山采药，遇二仙女，结为夫妻，共居半年后归乡，子孙已历七世。（此事见《太平广记》卷六一《神仙传》引南朝宋刘义庆《幽明记》）马致远借这个流传甚广的传说，抒发出元代知识分子怨愤无奈和心灰意冷的心境。“乘鸾客”弃仙山美景于不顾，下山回家，“春风再到人何在”，除了“亲旧零落，屋邑改异，无复相识”①，又得到什么？“命薄的穷秀才”既是夫子自况，又是元代儒士的写照。“回去来”化用陶潜《归去来兮辞》语句，令人将陶潜弃官归家尚可怡然自得，同元代士子无所逃于黑暗天地之间的境遇相比较，至悲至切之情跃然纸上。脍炙人口的小令《天净沙·秋思》，更是这种枯心愁肠的意象化：

枯藤老树昏鸦，小桥流水人家，古道西风瘦马。夕阳西下，断肠人在天涯。

周德清《中原音韵》称这首小令为“秋思之祖”。秋思的萧条、寂寞、悲凉，在一系列秋景意象的衬托下，凸显了“断肠人”天涯无路、无所皈依的生命苦恼，更加鲜明地映衬出那个时代所特有的人生焦虑。

“套数”在散曲中是指按约定俗成的演唱习惯编排而成的成套曲牌，演唱时采用的“宫调诸曲”有一定的先后顺序。由于其篇幅较大，便于抒发比较复杂的心绪。马致远〔双调〕《夜行船·秋思》是这类作品的代表作：

百岁光阴一梦蝶，重回首往事堪嗟。今日春来，明朝花谢。急罚盏夜阑灯灭。〔乔木查〕想秦宫汉阙，都作了衰草牛羊野。不恁么渔樵

① 参见《太平广记》中引《神仙传》。

没话说。纵荒坟横断碑，不辨龙蛇。〔庆宣和〕投至狐踪与兔穴，多少豪杰。鼎足虽坚半腰里折。魏耶？晋耶？〔落梅风〕天叫你富，莫太奢。没多时好天良夜。富家儿更做道你心似铁，争辜负了锦堂春月。〔风入松〕眼前红日又西斜，疾似下坡车。不争镜里添白雪，上床与鞋履相别。莫笑巢鸠计拙，葫芦提一向装呆。〔拨不断〕利名竭，是非绝。红尘不向门前惹，绿树偏宜屋角遮，青山正补墙头缺；更那堪竹篱茅舍。〔离亭宴煞〕蛩吟罢一觉才宁贴，鸡鸣时万事无休歇。何年是彻？看密匝匝蚁排兵，乱纷纷蜂酿蜜，急攘攘蝇争血。裴公绿野堂，陶令白莲社，爱秋来时那些：和露摘黄花，带霜分紫蟹，煮酒烧红叶。想人生有限杯，浑几个重阳节？人问我顽童记者：便北海探吾来，道东篱醉了也。

这个“套数”借用了传统诗词中旷达超然、人生苦短、及时行乐的意境资源，但是却透出唐宋诗词中所没有的愤世嫉俗和冷嘲热讽，不仅仅是超然于功名利禄的世俗追求之外，而且还多了一分特殊历史条件下的文化上的隔膜、局外人的冷峻、绝望者的义愤和批判者的蔑视，即一种边缘化旁观者的叛逆心态。这种心态使元代知识群体情感上不再与上层社会有任何瓜葛，道义上不再和当权派有任何承当，所以其人生价值的表露，完全是自我感受的倾诉。这一特殊的创作心态在此之前从未发生，于此之后也未能出现（满清王朝接受并利用汉文化），是历史的特例。对于生存于一个“文以载道”的文化传统中的文人学士来说，是很难接受这一现实的，同时也是后人得以理解元人的观照点。王国维说，“此二体（指上引马致远的“小令”和“套数”）虽与元杂剧无涉，可知元人之于曲，天实纵之，非后世所能望其项背也”“惟意境则为元人所独擅”①，当于此方面去理解。

元当局崇尚武力，对于汉文化只是一味地从狭隘的民族心理出发加以拒斥，所以它只能控制元代知识群体的利禄前程，降低他们的社会地位，却无法形成文化专制的思想控制格局。蒙古王公贵族奢靡的

① 王国维：《宋元戏曲考·元剧之文章》。

生活需要，元大都的国际地位和地理环境，又使元代的商品经济继唐宋之后迅速发展。元人黄文中《大都赋》云："华区锦市，聚四海之珍异；歌棚舞榭，造九州之浓芳。"元人李宥孙《大都赋》云："凿会通之河，而川陕豪商、吴楚大贾，飞帆一苇，径抵辇下。"四通八达的商品经济必然培养出疏离于贵族文化和精英文化的市民趣味，以及满足这种趣味的文化市场机制。在唐代的戏场、乐棚基础上发展起来的"瓦子""勾栏"，作为一种固定的文艺表演场所，以及其中从事戏曲文艺表演的专业人员，都在宋代的基础之上进一步发展，因而建立于金院本和诸宫调基础上的"元杂剧"，以及基于浙江温州一带的地方剧发展而成的"南戏"，在元代开始盛行。这种民间文化的市场机制，和以此为中心的民间文化的源头活水，培育了以关汉卿为代表的一批杂剧作家。王国维说：

元初名臣中有作小令套数者，惟杂剧之作者大抵布衣，否则为省掾令史之属。蒙古色目人中，亦有作小令套数者，而作杂剧者则惟汉人。盖自金末，重吏自掾史出身者，其任用反优于科目。至蒙古灭金，而科目之废垂八十年，为自有科目来未有之事。故文章之士非刀笔吏无以进身，则杂剧家之多为掾史，固自不足怪也……元初之废科目却为杂剧发达之因。盖自唐宋以来，士之竞于科目者，已非一朝一夕之事，一旦废之，彼其才力无所用，而一于词曲发之……此种人士一旦失所业，固不能为学术上之事，而高文典册又非其所素习也，适杂剧之新体出，遂多从事于此，而又有一二天才出于其间，充其才力，而元剧之作遂为千古独绝之文字。①

国家不幸诗家幸。王国维将"杂剧发达之因"归结为元初废科举，致使士子将其才力用于杂剧创作之中，即精英文化与民间文化的合流融会，从而将杂剧创作推上了历史所可能达到的高度，是有依据的。作为生活于社会底层而无望于改变自身命运的平民化了的知识群体，

---

① 王国维：《宋元戏曲考·元剧之时地》。

历史虽然没有给他们提供跻身仕宦之途的机会，却让其中的一部分长期地浸润于商业性的市民文化之中，接受后者的价值观念和文化趣味的熏陶。市民文化趋利享乐的本性虽然与传统主流文化的超越性视野相背离，但一般不足以形成公开与传统对抗的力量，往往以亵渎神圣、玩世不恭、狂放不羁和插科打诨的“反讽”形态出现，而风流或色情则是这种形态的主要表现，元代书市里具有文化修养的才子文人则喜欢以此作为表达他们消极反抗情绪的突破口。关汉卿的“套数”《一枝花·不伏老》云：

攀出墙朵朵花，折临路枝枝柳。花攀红蕊嫩，柳折翠条柔。浪子风流。凭着我折柳攀花手，直煞得花残柳败休。半生来折柳攀花，一世里眠花卧柳……〔尾〕我是个蒸不烂、煮不熟、捶不匾、炒不爆、响珰一粒铜豌豆，恁子弟每谁教你钻入他锄不断、斫不下、解不开、顿不脱、慢腾腾千层锦套头？我玩的是梁园月，饮的是东京酒，赏的是洛阳花，攀的是章台柳。我也会围棋、会蹴鞠、会打围、会插科、会歌舞、会吹弹、会咽作、会吟诗、会双陆。你便是落了我牙、歪了我嘴、瘸了我腿、折了我手，天赐予我这几般儿歹症候，尚兀自不肯休。则除是阎王亲自唤，神鬼自来勾。三魂归地府，七魄丧冥幽。天哪，那其间才不向烟花路儿上走。

通篇以“折柳攀花”“眠花卧柳”和“烟花路儿上走”这类与妓院、狎客相关的语词相始终，并以专门钻“锦套头”的“铜豌豆”（元代妓院中对老狎客的切口）自况，表示要将这种“歹症候”坚持到生命的终了，体现出一种正话反说的反讽意识，充分反映了失去传统意义上的理想追求和道义精神的“书会才人”——元代市民社会中出入于勾栏行院的知识者——的人生体验：他们在绝望之余没有走向消沉和堕落，而是从市民文化中找到了自身的生存价值，能够以民间化了的文化良知和生命感悟来判断是非曲直，以一种颇有平常心的“自然”眼光来打量现实世界。“元曲之佳处何在？一言以蔽之，曰：自然而已矣。古今之大文学无不以自然胜，而莫著于元曲。盖元剧之作者，其人均非有名位学问也，其作剧也，非有藏之名山、传之后人之意也，彼以意兴之所至为之，以自娱娱人关目之，拙劣所不问也，思想之鄙陋所不讳也，人物之矛盾所不顾也，彼但摹写其胸中之感想与时代之情状，而真挚之理与秀杰之气时流露于其间。故谓元曲为中国最自然之文学无不可也。”①元杂剧作者的创作心态，完全摆脱了自身的名位学问的羁绊，也不再以道统代言人自居，甚至作品本身的质量，也完全以“自娱娱人”的市民文化价值为转移。正是这种放达舒展的精神状态，元杂剧作者完成了创作视野由“自叙”向“代言”的转移，将“其胸中之感想与时代之情状”，通过剧中人物之口和盘托出，文化的“精英”视野与“民间”视野得到一种历史的融会。关汉卿《窦娥冤》第四折：

〔梅花酒〕你道是咱不该“这招供状写的明白”，本一点孝顺的心怀，倒作了惹祸的胚胎。我只道官吏每还覆勘，怎将咱屈斩在长街！第一要素旗枪鲜血洒，第二要三尺雪将死尸埋，第三要三年旱示天灾。咱誓愿委实大。〔收江南〕呀，这的是衙门自古向南开，就中无个不冤哉！痛杀我骄姿弱体闭泉台，早三年以外，则落得悠悠流恨似长淮。〔鸳鸯煞尾〕从今后把金牌势剑从头摆，将滥官污吏都杀坏，与天子分忧，万民除害。嘱付你爹爹，收养我奶奶。可怜他无妇无儿，谁管顾年衰迈！再将那文卷舒开，屈死的于伏罪名改。

在惩恶扬善、黑白分明的道德控诉中，民间的苦情和文士的悲愤，通过明晰流畅的口语化文字喷涌而出。尽管借用了“与天子分忧，万民除害”之类的道德承当和批判资源，但由于羼入了“将滥官污吏都杀坏”之类无所顾忌、直抒胸臆的平民语言，净化了传统文化批判意识里的迂阔和矫情，透出一股“真挚之理与秀杰之气”，成为“中国最自然之文学”。新视野、新语言、新形式和新境界，使元曲成为继唐诗宋词之后的千古绝唱。

2. 个性抗争。著名美国中国学学者孔飞力(Philip A. Kuhn)认

① 王国维：《宋元戏曲考·元剧之文章》。

为，中国的君主专制政体的运作，是通过以帝王为代表的“专制权力”和以官僚体制为代表的“常规权力”这样两个相辅相成的权力系统之间的相互消长和排斥进行的，“其中一种权力的增长膨胀意味着另一种权力的萎缩削弱”①。明清两朝的政治指针，在传统政权张力的天平上，则明显地向君主专制权力一方倾斜。首先是明初相权遭废，传统政体中“君权、相权，互为节制”②的格局被打破。其次是廷杖制度的设置，不惜以酷刑对付士大夫，后者的生命尊严都丧失殆尽，思想的尊严从何谈起？再次就是明清两代频仍不息的文字狱，标志着君主的权力可以随意地从士大夫的文字和艺术创造成果中寻找由头，通过血腥的杀戮来维持王权的绝对权威。最后就是以朱熹列定的“四书”和八股文为科举取士的内容和形式，给知识群体的文化创新带来极大束缚。当专制王权的权威需要借助对政权组成主体的士大夫的肉体进行消灭和思想进行控制方得以维持时，此种政体传统的内在合理性已经基本丧失了。

与这种政治和文化专制主义格局相对应，则是明清时代的商品经济和市民文化在元代基础上的进一步发展。明中叶即正德、嘉靖以后，社会风气“靡然向奢，以俭为鄙”③，从上至下都赶时髦、求享受，赌博、娼妓、男宠等不良现象泛滥，拜金主义盛行，“金令司天，钱神卓地”④，传统礼教和社会秩序遭到破坏，吴中一带“缙绅士夫多以货殖为急”⑤，妇女越出“闺范”的限制，走出闺门，以扩大自身的生活空间，张岱《陶庵梦忆》卷六描写绍兴灯景时说：“城中妇女多相率步行，往闹处看灯；否则，大家小户杂坐门前，吃瓜子、糖豆、看往来士女，午夜方散。”审美风尚也开始追求感官刺激，奢靡成风，违禁逾制，求新求变。与此种社会风气的转向相适应，学界宗王阳明“致良知”之说，强调良知的独立思考和能动性，并将其作为道德和真

① 孔飞力：《叫魂》，247页，上海，上海三联书店，1999。

② 钱穆：《国史大纲》，下册，688页，北京，商务印书馆，1996。

③ 顾炎武：《肇域志·山西二》。

④ 顾炎武：《天下郡国利病书·凤宁徽》引《歙志·风土论》。

⑤ 黄省曾：《吴风录》。

理的标准。从心学一支又衍生出泰州学派的王艮、王畿异端思想和李贽、徐渭、汤显祖、袁宏道等人鼓吹个性的论说，与社会风气转向遥相呼应，对"人欲""天理"做出别开生面的解释，倡童心、性灵之说，表现出与专制主义的主流文化不相适应的异化感受，张扬人的欲望和个体感性的真实合理，因而风靡天下。《明史·儒林传序》："嘉隆之后，笃信程朱，不迁异说者，无复几人矣。"

李贽发展了王艮的"百姓日用即道"的观点，认为"吃饭穿衣，即是人伦物理"(《焚书·答邓石阳书》)，自私是人的天性："夫私者，人之心也，人必有私，而后其心乃见，若无私，则无心矣。如服田者，私有秋之获，而后治田必力；居家私积仓之获，而后治家必力；为学者私进取之获，而后举业之治也必力。此自然之理，必致之符，非可以架空而臆说也。"(《藏书·德业儒臣后论》)这是对商品经济运行脉搏和市民社会价值观念的深切把握和体认，反映出这些边缘化士大夫的异端思想，已经游离于正统主流意识之外，开始对情感、欲望、才智、自由等个性化价值寄于莫大的关注，其审美趣味具有一种由雅而俗、由群而我的流变。这些士大夫从生存方式到思想情感都与传统向度和主流标准格格不入，因而与现实的礼法制度、社会习俗发生了强烈的冲撞："呜呼！卓吾产于专制之国，而弗生于立宪之邦，言论思想，不获自由，横死囹圄，见排俗学，不免长夜漫漫之感，然亦止能自悲其身世之不幸而已矣，复何言哉！复何言哉！"(《吴虞文录·明李卓吾别传》)虽然说的是李贽，但已经勾勒出那个时代特有的悲剧色彩。

李贽提倡"绝假纯真"的"童心"，主张率性而行，鄙视虚伪的假道学，"平生痛恶伪学……(有人)执经请问，辄奋袖曰：'此时不如携歌姬舞女，浅酌低唱。'诸生有挟妓女者，见之，或破颜微笑，曰：'也强似与道学先生作伴。'"①袁中道《李温陵传》形容李贽的狂放："言有触而必吐，意无往而不伸，排拓胜己，跌宕王公。"袁宏道描写徐渭晚年的狂态："晚年愤益深，佯狂益甚。显者至门，或拒不纳。时携钱

① 《列朝诗集小传·卓吾先生李贽》。

至酒肆，呼下吏与饮。或自持斧击破其头，血流披面，头骨皆折，揉之有声或以利锥锥其两耳，深入寸余，竟不得死。”“狂”是以弱小之一己与权势和传统抗争而不得已为之的形式，其文化创新资源就是以俗抗雅，以我傲群，让诗文从“道”和“雅”的传统羁绊中解放出来，尽量贴近生活，直抒胸臆。李贽《系中八绝》其七《不是好汉》：“志士不忘在沟壑，勇士不忘丧其元，我今不死更何待，愿早一命归黄泉。”徐渭题画诗《雪竹》其三：“画成雪竹太萧骚，掩节埋清折好梢。独有一般差似我，积高千丈恨难消。”袁宏道《戏题斋壁》：“一作刀笔吏，通身埋故纸。鞭笞惨容颜，簿领枯心髓。奔走疲牛马，跪拜羞奴婢。复衣炎日中，赤面霜风里。心若捕鼠猫，身似近膻蚁。举眼尽无欢，垂头私自鄙。”先驱者的孤寂，化作诗歌中与生存环境相异化的凄苦和悲凉的意象，这已经不是官场失意的嗟叹，道统不行的惋惜，而是找不到人生意义和自我归宿的迷惘与哀号。在国祚更替，江山易代的明清之际，这种人生的迷惘更平添了一股丧家亡国的无奈，结晶为张岱小品文中梦幻般真幻无常的感受。其《西湖梦寻·自序》云：

余生不辰，阔别西湖二十八载，然西湖无日不入吾梦中，而梦中之西湖，未尝一日别余也。前甲午、丁酉，两至西湖，如涌金门商氏之楼外楼，祁氏之偶居，钱氏、余氏之别墅，及余家之寄园，一带湖庄，仅存瓦砾。则是余梦中所有者，反为西湖所无。及至断桥一望，凡昔日之弱柳夭桃、歌楼舞榭，如洪水淹没，百不存一矣。余乃急急走避，谓余为西湖而来，今所见若此，反不若保我梦中之西湖，尚得完全无恙也。因想余梦与李供奉异。供奉之梦天姥也，如神女名姝，梦所未见，其梦也幻。余之梦西湖也，如家园眷属，梦所固有，其梦也真。今余僦居他氏已二三十载，梦中犹在故居……

这种迷惘和无常的人生感悟体现于绘画领域，就是促动了文人画笔墨趣味完全走向独立，并更加突出了士大夫的自主的人格意识。徐渭以其泼墨大写意的酣畅墨趣，以草书笔法写意花卉，墨荷、墨菊、墨梅、墨竹、墨芍药、墨牡丹、墨古藤等，抒发其抑郁、苦闷的心绪。他说："牡丹为富贵花，主光彩夺目，故昔人多以钩染烘托见长。今以泼墨为之，虽有生意，终不是此画真面目。盖余本窭人，性与梅竹宜，至荣华富丽，风若马牛，弗相似也。"①徐渭用瘦笔、破笔、燥笔、断笔涂抹风竹、雨竹、雪竹、雪梅、雪中芭蕉等，表现了自我在逆境中挣扎，其《画百花卷与史甥，题曰漱老谑墨》云："世间无事无三昧，老来戏谑涂花卉，藤长刺阔臂几枯，三合茅柴不成醉。葫芦依样不胜楷，能如造化绝安排，不求形似求生韵，根拨皆吾五指栽。胡为乎，区区枝剪而叶裁？君莫猜，墨色淋漓雨拨开。"这种上承传统的"以形写神"说，以笔墨写意而非写形的趋势，经明代画坛巨擘董其昌的提炼，成就出一种画分南北宗的笔墨表现理论，"以境之奇怪论，则画不如山水；以笔墨之精妙论，则山水决不如画"②，笔墨直接相关于主观情志而与"丘壑"分家，成为明清文人画家的共识。在以八大山人、石涛等人为代表的明遗民画家那里，这种与社会对抗的异化情绪发展为"宁拙毋巧，宁丑毋媚，宁支离毋轻滑，宁直率毋安排"③的画风。清人陈鼎《八大山人传》记载八大山人作画的情形：

人爱其笔墨，多置酒招之。预设墨汁数升，纸若干幅于座右。(八大)醉后见之，则欣然泼墨。广幅间，或洒以敝帚，涂以败冠，盈纸肮脏，不可以目。然后捉笔渲染，或成山林，或成丘壑，花鸟竹石，无不入妙。如爱书，则攘臂搦管，狂叫大呼，洋洋洒洒，数十幅立就。

竟然以敝帚、败冠为笔，于狂呼大叫中作画，个中发泄的是何样沉重哀鸣，何等的傲岸不驯。这种透过怪诞的花鸟山石表现出来的沉重和哀鸣，在石涛那里会聚成一种迹化于山川大海的雄强气势，"我受之

① 《虚斋名画录·徐渭题花卉》，李来源、林木：《中国古代画论发展史实》，204页，上海，上海人民美术出版社，1997。

② 李来源、林木编：《中国古代画论发展史实》，215～216页。

③ 傅山：《霜红龛集·作字示儿孙·附跋》。

也，山即海也，海即山也。山海而知我受也，皆在人一笔一墨之风流也”①。以笔墨抒发不见容又不屈服于世俗社会的独立气质，表现异乎寻常的个体抗争性感受，成为明清以降文人画的血脉。郑燮《板桥题画·千磨万击还坚劲》：“咬定青山不放松，立根原在破岩中。千磨万击还坚劲，任尔东西南北风。”与其说是郑板桥兰竹的气势，不如说是中国文人的傲骨。

第二节　雅俗融会

如果说诗文书画是士子文人游娱嬉戏的领域，主要表现的是传统知识分子群体自身的情感与追求的话，那么明清的小说与戏曲，则是精英—民间趣味的融合，文人—市民视野的交汇，其结果，就是出现了一种拓展了的文化视野，一种综合性的人文趣味，以及与这种视野和趣味相适应的叙事方式和艺术美形式。明清的章回小说、拟话本小说和传奇剧本，就是这种融合交汇的集中体现。

1. 小说世界。这里的章回小说和拟话本小说主要是指明清时期的长篇小说和短篇小说，其代表作有：《三国演义》《水浒传》《西游记》《金瓶梅》《红楼梦》《喻世明言》《警世通言》《醒世恒言》等，它们的起点是宋元话本小说。

话本小说是“平民底小说”（鲁迅先生语），是唐宋以来文化市场上的“说话”艺人或书会才人创作的市民文学。他们所见所闻和描写对象都是下层市民社会中的人物和生活，反映的也是市民的价值和趣味——一种与传统价值观相疏离的新型生命样态。如元人话本小说《柳耆卿诗酒玩江楼记》，用市侩的眼光重塑风流才子柳永，说后者看上了歌伎周月仙，因周另有相好而不能如愿，于是柳便唆使一个船夫强奸了周，并以此相要挟，最终达到了目的。其间透露出一股对传统

---

① 石涛：《画语录·海涛章第十三》。

礼法玩世不恭的市民式狡狯与反讽。①

明清章回小说和拟话本小说，可以看作是文人士子在话本文学的基础上，通过自身的创作实践而产生的一种新的文学样式，在这种积极的参与过程中，精英文化完成了对民间文化的又一次整合与梳理。明清时代著名评点家金圣叹、毛宗岗、张竹坡、脂砚斋等人的积极介入，使小说的创作和阅读过程成为一个由作者、评点家和读者组成的复调式的意义开放体系，从而形成了一个价值多元、情趣盎然的文化世界，民族审美风尚又多了一道新景观。李贽《焚书·童心说》云：

天下之至文，未有不出于童心者也。苟童心常存，则道理不行，闻见不立，无时不文，无人不文，无一样创制体格文字而非文者。诗何必古选？文何必先秦？降而为六朝，变而为近体，又变而为传奇，变而为院本，为杂剧，为《西厢曲》，为《水浒传》，为今之举子业，皆古今至文，不可得而时势先后论也。故吾因是而有感于童心者之自文也，更说甚么"六经"，更说甚么《语》《孟》乎？

李贽以其异端的文化视野和异化于晚明社会的心理感受，把握到文化发展的历史脉搏，肯定了创作资源来自民间且独立于"六经"《论语》《孟子》的传统体系之外的杂剧和小说的价值，标志着传统士大夫文化视野的转移——对民间文化的认可、接纳与超越，并试图在超越中完成对人生、历史和社会的具有某种近代意味的人文性阐释。

金圣叹《第五才子书施耐庵水浒传》序三云："天下之文章，无有出《水浒》右者；天下格物君子，无有出施耐庵先生右者……若诚以吾读《水浒》之法读之，正可谓庄生之文精严，《史记》之文亦精严。不宁

① 巴赫金认为，市民式的"狂欢节语言的一切形式的象征都充溢着更替和更新的激情，充溢着对占统治地位的真理和权力的可笑相对性的意识。这种语言所遵循和使用的是独特的'逆向''反向'和'颠倒'的逻辑，是上下不断换位如('车轮')、面部和屁股不断换位的逻辑，是各种形式的戏仿和滑稽改编、戏弄、贬低、亵渎、打诨式的加冕和废黜"。(《巴赫金文论选》，106页，北京，中国社会科学出版社，1996)。

惟是而已。盖天下之书诚欲藏之名山，传之后人，即无有不精严者。何谓之精严？字有字法，句有句法，章有章法，部有部法是也……夫固以为《水浒》之文精严，读之即得读一切书之法也。汝真能善得此法……便以之遍读天下之书，其易果如破竹也者，夫而后叹施耐庵《水浒传》真为文章之总持。"以"读一切书之法""遍读天下之书"，认为《水浒传》总持历代文章"精严"之大成，其间表达的是试图对传统文化作一次偏离主流意识的人文性总结的文化旨趣，而这种总结的基本着眼点，就是明清小说的创作和阅读。金圣叹将《水浒传》《西厢记》《庄子》《离骚》《史记》《杜诗》列为"六才子书"，李渔将《三国演义》《水浒传》《西游记》《金瓶梅》称为"宇内四大奇书"，就是这种人文性总结和阐释实践的反映，它大体包括正统整合、雅化世俗和个性表现这样三个层面。

(1)正统整合。所谓正统整合，是指作为创作主体的文人试图将宋元话本中反映的市民意识及其价值取向，纳入传统的道德善恶评价体系之中，赋予其惩恶扬善的教化功能，反映出传统知识分子人格素养中正统化的一面。譬如元代《三国志平话》的开始，有一段司马仲相阴间断案的引子，以韩信为曹操，彭越为刘备，英布为孙权，汉高祖为汉献帝，为报刘邦杀害韩、彭、英三位功臣的前世冤狱，演出曹、刘、孙三家分裂汉室的后世因果，其开篇有诗云："江东吾土蜀地川，曹操英勇占中原。不是三人分天下，来报高祖斩首冤。"将汉末三国鼎立的历史，以佛教因果报应的民间信仰解说之，本是"书会才人"扩大市场效应、追求商品价值的一种叙述策略，但是在元末明初文人罗贯中的笔下，这种善恶因果报应观念不再是该书的主线索，而突出了以曹操为代表的奸诈、凶险、贪婪、狡猾的一方，与以刘备、诸葛亮为代表的仁君贤相的一方，着力刻画二者之间的善恶对立，将"桃园结义"的民间义气，纳入爱民如子、知人善任和"鞠躬尽瘁，死而后已"等理想模式中，穿插进忠心耿耿的关羽，疾恶如仇的张飞，英勇善战的赵云、马超等人物形象，在巧妙的情节和叙事安排中，民间的善恶情感和正统的价值观念完成了一种整合，而以古典文学名著的身份嵌入民族文化机体之中。蒋大器在《〈三国志通俗演义〉序》中说："夫史，非独纪历代之事，盖欲昭往昔之盛衰，鉴君臣之善恶，裁政事之得失，观人才之吉凶，知邦家之休戚，以至寒暑灾祥，褒贬予夺，无一而不笔之者，有义存焉。”“经”与“史”是传统文化的两个相辅相成的方面，前者是记载圣人论说道义法则的经典，后者则是运用这些法则臧否人物、评价历史因而化民成俗的记载。赋予小说以“史”的惩恶扬善功能和道义承当价值，反映出传统文人试图将小说正统化，以便在传统主流文化中占有一席之地的努力。所以说《三国演义》“可谓羽翼信史而不违者矣”“孰为稗官小说不足为世道重轻哉”。① 冯梦龙《〈警世通言〉叙》云：

> 野史尽真乎？曰：不必也。尽赝乎？曰：不必也。然则去其赝而存其真乎？曰：不必也。《六经》《语》《孟》谭者纷如，归于令人为忠臣，为孝子，为贤牧，为良友，为义夫，为节妇，为树德之士，为积善之家，如是而已矣，经书著其理，史传著其事，其揆一也。理著而世不皆切磋之彦，事述而世不皆博雅之儒。于是乎村夫稚子，里妇估儿，以甲是乙非为喜怒，以前因后果为劝惩，以道听途说为学问。而通俗演义一种，遂足以佐经书史传之穷……人不必有其事，事不必丽其人。其真者可以补金匮石室之遗，而赝者亦必有一番激扬劝善，悲歌感慨之意。事真而理不赝，即事赝而理亦真，不害于风化，不谬于圣贤，不戾于诗书经史，若此者其可废乎！

认为“通俗演义”即小说，不仅不与主流价值相悖反，反而因为小说中文化含量的提高，具有补充“金匮石室”的正史记载之不足，以及“激扬劝善，悲歌感慨”之社会效益，“遂足以佐经书史传之穷”，其合理性是不言而喻的，因而完全有理由进入传统文化中的教化系统。

士大夫在小说中对世俗价值的净化，有其对历史必然性的意识。在《〈古今小说〉叙》(即《喻世明言》的初版)中，冯梦龙肯定“通俗小说”的社会价值，在于“虽小诵《孝经》《论语》，其感人未必如是之捷且深

---

① 张尚德：《〈三国志通俗演义〉引》。

也”的惩劝功能，这既是其深入明代“说话人”表演现场，耳濡目染、切身体验的结果(“试令说话人当场描写，可喜可愕，可悲可涕，可歌可舞……怯者勇，淫者贞，薄者敦，顽钝者汗下”)，也是“天下之文心少而里耳多”，即市民文化的社会需求这一社会风气和文化转型使然。这就是为什么在其小说中敢于为商人正名，“我做生意的，青青白白之人”①，并喊出“天地若无情，不生一切物，一切物无情，不能环相生”②这样时代强音的冯梦龙，要力争在传统文化领域里为小说辟出一席之地——处身于商品价值解构传统价值的明末社会中，试图以自身的文化良知为世俗社会树立一道价值防线。冯梦龙《〈醒世恒言〉叙》云：

> 六经国史而外，凡著述皆小说也。而尚理或病于艰深，修辞或伤于藻绘，则不足以触里耳而振恒心。此《醒世恒言》四十种，所以继《(喻世)明言》《(警世)通言》而刻也。“明”者，取其可以导愚也；“通”者，取其可以适俗也；“恒”则习之而不厌，传之而可久。三刻殊名，其义一耳……岂非醒者恒而醉者暂乎？由此推之，惕孺为醒，下石为醉；却嘑为醒，食嗟为醉；剖玉为醒，题石为醉。又推之，忠孝为醒，而悖逆为醉；节俭为醒，而淫荡为醉；耳和目章，口顺心贞为醒，而即聋从昧，与顽用嚚为醉。人之恒心，亦可思矣……自昔浊乱之世，谓之天醉。天不自醉人醉之，天不自醒人醒之。以醒天之权与人，而以醒人之权与言。言恒而人亦恒，人恒而天亦得其恒，万世太平之福，其可量乎……崇儒之代，不废二教，亦谓导愚适俗，或有藉焉。以二教为儒之辅可也，以《明言》《通言》《恒言》为六经国史之辅，不亦可乎！

这段文字可以视为冯梦龙创作“三言”的宗旨。在众人皆醉的末世，作为浸润于传统教育、有着深厚文化优越感的士大夫，试图保持清醒的

① 《卖油郎独占花魁》中小商贩秦重语。

② 冯梦龙：《情史序》。

头脑，通过“足以触里耳而振恒心”的小说创作，为价值失落的世俗社会提供一套做人的基本准则，画出一条人格的基本底线，从而流露出一种强烈的文化批判意识和发自文化良知的社会责任感。从这个角度理解以小说“为六经国史之辅”这类试图将小说正统化、主流化的语言，就不应当仅仅简单地归结为“时代局限”等这类笼统甚至似是而非的评价，而应当理解其中超越世俗、超越时代的价值视野，以及高于、大于、超越于传统教化眼界的人文关怀和文化忧虑，体验徜徉于其中的“补天”式的悲剧情怀。

因此，所谓的“正统整合”不再是简单地向传统的复归和认同，而是一种出自传统而又高于传统、来自民间而又超越民间的复调式文化审视，这就使得明清小说中的叙述主体——以正统主流自居的“说话者”——能够游离于传统价值的说教者的角色之外，进入形上价值层次，形成由参与者到旁观者的层次转换，由说教者到审视者的视点扫描。譬如冯梦龙在“三言”中塑造了一批“清官”形象。如《滕大尹鬼断家私》中的滕大尹，一方面，认真断疑案，得到百姓的好评；另一方面，却又利用职权中饱私囊。《乔太守乱点鸳鸯谱》中的乔太守，作为应当遵循礼教的官吏，却判经过“父母之命，媒妁之言”的婚姻无效，而肯定私自结合的婚姻为合法；《单府郎全州佳婿》中的“风流司户”单飞英，《王娇鸾百年长恨》中的察院樊祉，前者置传统礼法中的等级和贞节观念于不顾，毅然娶妓女邢春娘为妻，后者“深惜娇鸾之才，而恨周廷章之薄幸”，不追究男女私情之违礼，却对风流韵事中的薄情郎大为不满，在公堂上打得这位薄情郎“血肉交飞，顷刻之间化为肉酱”。这些理性与金钱、礼法与情感、传统与现实之间的矛盾冲突，在晚明社会的现实之中往往是不可调和的对抗，却在作品之中得到一种近似荒诞的喜剧式解决。

这种现实与理想之间的强烈反差，“逼迫”读者不得不在喜剧的娱悦之中，进入悲剧的形上思考，感受到人生固有的悖论。再譬如被郑振铎先生指称为由毛宗岗“自作而托名于”金圣叹的序言，① 其中的卷

① 郑振铎：《三国演义的演化》，载《中国文学研究》，上册，北京，作家出版社，1957。

首词“滚滚长江东逝水，浪花淘尽英雄……古今多少事，都付笑谈中”，开卷语“话说天下大势，分久必合，合久必分”，以及毛宗岗将卷末《古风》后两句“鼎足三分已成梦，一统乾坤归晋朝”，改为“鼎足三分已成梦，后人凭吊空牢骚”。这样一来，《三国演义》中的正文叙事，与首尾照应的局外人的冷眼旁观，形成了形下之现实与形上之理性的二层视野，二者相互审视，相互支撑，一股沧桑而悲凉的人生感悟油然而生。正如毛宗岗在其《第一才子书》的评点中所指出的那样，以“梦”“空”对应卷首词中的思古幽情，是“绝妙章法”。这种妙处就在于形下娱悦与形上感悟之间的价值张力。

(2)雅化世俗。所谓雅化世俗，包括净化与升华两个方面。前者是指在明清小说创作中，有意识地对诸如《柳耆卿诗酒玩江楼记》那样的庸俗趣味，以及对由于文化水准和品位的局限而在故事的行文、情节等方面留下的“硬伤”的删除。如出自说书人或书会才人之手的元代《三国志平话》，文字粗简，语义不畅，人名地名尚在约定俗成之中，极不规范，像张角为“张觉”，华容为“滑容”，街亭为“皆庭”等，再如书中曹操、“曹公”杂称，刘备称诸葛亮为“师父”，诸如此类，不一而足；所叙情节也偏重于世俗而有违于正史，如刘备落草，张飞杀狗等。① 而在罗贯中的《三国演义》中，这些硬伤基本都得以消除或改进。

所谓升华是指在文人的小说创作中，一方面，对世俗价值有所肯定；另一方面，又对这些世俗价值进行了文化性的扩充与提升，从而扩充和加深了它们自身的文化含义。譬如成书于明中叶的《西游记》，早在宋代就有了话本《大唐三藏取经诗话》，元代又有了《西游记杂剧》，前者已经出现了“猴行者”和“深沙神”，后者则除了“猴行者”已经变成了“孙悟空”，“深沙神”已经变成了“沙僧”之外，“猪八戒”“红孩儿”“铁扇公主”等人物和情节已经具备。明初编纂的《永乐大典》中有一则标题为《西游记》、篇幅为一千多字的“魏徵梦斩泾河龙”的故

① 参见刘大杰：《中国文学发展史》，下册，1021页，上海，上海古籍出版社，1982。

事，和今存《西游记》第十回的情节十分接近。这些都为吴承恩创作《西游记》铺垫了深厚的基础。

吴承恩在科举上很不得意，曾长期流寓南京，赖卖文和朋友的接济为生。直到六十岁时，一度任长兴县丞，因不善于逢迎上司，不久便弃职返乡，八十多岁才去世。这样的人生经历和个性气质，决定了他晚年居家创作《西游记》时，必然要以其对现实政治和社会的愤懑及其人生理想为尺度，对当时民间流传的取经故事进行改造、提炼和充实，淡化话本中浓厚的宗教色彩，突出和强化其中原有的反抗性和批判性成分。“原来被颂扬的主人公唐僧相对地受到批判和嘲讽，退居较次要的地位，而反抗统治、扫荡妖魔的孙悟空，则以体现当时人民的理想的英雄，成为书中真正的主人。另外，作者在赋予众多人物——包括神佛与妖魔——以鲜明生动的艺术形象的同时，又概括了一定的社会历史的特征内容。在情节穿插、场面描写上随处展开对社会现实的揭露、批判和嘲笑，并且杂以诙谐和滑稽，引人深思，富有风趣。作者还就原来故事的骨架，巧妙地集结和组织了许许多多人所熟知的其他民间神话传说的人物和故事进去，环绕着中心，自成其完整的体系。其中有佛教的故事，有道教的故事，也有普通民间故事。”①经过如此地升华和雅化处理后，民间价值上升为普遍性的文化价值，民间趣味转化为具有精品意味的艺术魅力，民间话本也就随之跻身于民族文化的经典之列。而吴承恩自身的文化良知，包括佛道在内的深厚的传统文化修养，敏锐而独到的艺术气质，则有着至关重要的作用。

再如《水浒传》，其基本的故事情节曾长期在民间流传，元话本和杂剧都曾进行过初步的整理。《水浒传》的创作突出了传统社会中重复出现的“官逼民反”这一特异现象，及其相关的民间价值倾向。其塑造的人物形象如林冲、宋江等，或者是主流体制内的官吏，柴进、卢俊义等，或者是社会中的达官贵人、上层人物，总之一百单八将无一不

---

① 吴祖缃：《中国小说研究论集·关于〈西游记〉》，北京，北京大学出版社，1998。

是被“逼上梁山”的。清初杰出的评点家金圣叹敏锐地抓住这一问题进行发挥，他在第一回回首总评中劈头指出：“一部大书七十回，将写一百八人也，乃开书未写一百八人，而先写高俅者，盖不写高俅便写一百八人，则乱自下生也，不写一百八人，先写高俅，则是乱自上作也。”提出“乱自下生”和“乱自上作”两个对立的范畴，直接触及了传统社会发展的内在脉搏，一下子就将读者的思绪从著述的叙事手法引向对历史治乱原因的思考。在第二回回首总评中又感叹道：“嗟乎！才调，皆朝廷之才调也，气力，皆疆场之气力也。逼不得已而尽入于水泊，是谁之过也?”提醒读者将阅读时的注意力放在思考“谁之过”，即深层次的价值评价上面。在第五十一回回首总评中，金圣叹又如是地引导读者：“夫一高俅乃有百高廉，而一高廉各有百殷直阁，然则少亦不下千殷直阁矣。是千殷直阁者，每一人又各自养其狐群狗党二三百人，然则普天之下，其又复有宁宇乎哉！”这般明快、犀利的语言，具有极强的历史时空穿透力，放在任何时候，都不会失去其中所固有的历史理性批判价值，都能领会到其中所蕴含的呼天抢地的人文关怀。在第五十一回的夹批里又接着追问道：“高俅无所不为犹可限也。高俅之伯叔兄弟无所不为胡可限也；高俅之伯叔兄弟无所不为犹可限也，高俅之伯叔兄弟又有亲戚又复无所不为胡可限也；高俅伯叔兄弟之亲戚又当各有其狐狗奔走之徒，又当各各无所不为胡可限也。嗟乎！天下者朝廷之天下也，百姓者朝廷之赤子也，今也纵不可限之虎狼，张不可限之馋吻，夺不可限之几肉，填不可限之溪壑，而欲民之不畔国之不亡，胡可得也。”经过这样的阐述与发挥，“官逼民反”与“逼上梁山”，作为贯穿《水浒传》的主题，就不再仅仅是现象的描述，情节的安排，性格的塑造和审美的愉悦，而是一种综合了民间、精英和传统的多元化的历史视野，它源于三者又超越于三者，成为一种独特的历史理性眼光，具有恒久的文化魅力。

(3)个性表现。所谓个性表现，是指一种在阅读明清小说时特有的阅读趣味，以及在这种阅读趣味中形成的寄托了文人个性魅力的精彩纷呈的精神世界，以至成为中国文人的一种文化生存方式。

从话本到小说，经历了正统整合、雅化世俗等文化环节的提炼，使这种文化性的传播和接受方式由“说书”——群体趣味性的娱乐，到“阅读”——个体精神性的想象，从瓦子、勾栏里的市民趣味，上升为通过文字叙述和个性化阅读而展示出多重精神层面的开放性的文化世界。特别是明清时代涌现出的一批小说评点家，在评点小说时所创造出来的个性化理解和文化性阐释，更使得明清小说阅读成为一个多元化个性相互撞击缠结因而五彩缤纷的意义世界。明万历袁无厓刻本《出像评点忠义水浒全传·发凡》云：

书尚评点，以能通作者之意，开览者之心也。得则如着毛点睛，毕露神采；失则如批颊涂面，污辱本来，非可苟而已矣。今于一部之旨趣，一回之警策，一句一字之精神，无不拈出，使人知此为稗家史笔，有关于世道，有益于文章……如按曲谱而中节，针铜人而中穴，笔头有舌有眼，使人可见可闻，斯评点所最贵者耳。

这就是明清小说评点家的特异之处：上“通作者之意”，下“开览者之心”，将自己独特的阅读体验和见解批注于小说的文本中，形成在作品与读者之间的另一种个性化的文本和参照体系。自明末清初的金圣叹评点《水浒传》《西厢记》，到18世纪下半叶开始流行的《脂砚斋重评石头记》，这种包含着评点文本的小说阅读方式，一直主宰着明清小说的阅读主流，使得这一过程成为作者、评点者和读者三种“视野”相互交接、启发和融通的“散点透视”，因而具有无限的意义开放性和复调特征。中国文人的灯下披阅，不再被“文以载道”的沉重所充斥，却由此而开凿出一股股个性化理解的源头活水，滋润着阅读者的精神田地。

譬如《西厢记》第四本第一折描述“小红娘成(张生、莺莺)好事”，最为道学冬烘先生不满，而金圣叹却在该折的折首总评中抓住《史记·屈原贾生列传》“《国风》好色而不淫”这句话中“好色”和“不淫”两个概念之间字面上的矛盾，对“思无邪”“发乎情，止乎礼义”的儒家文化观点进行了尖锐地批判：“好色与淫相去则又有几何也耶……好色必如之何者谓之‘好色’，好色又必如之何者谓之‘淫’？好色又如之何谓之赖有礼得以不至于淫而遂不妨其好色？夫好色而曰吾不淫，是必其未尝好色者也。好色而曰吾大畏乎礼而不敢淫而犹敢好色，则吾不知礼之为礼将何等也。好色而大畏乎礼而犹敢好色而独不敢淫，则吾不知淫之为淫必何等也……人未有不好色者也，人好色未有不淫者也，人淫未有不以好色自解者也。此其事，内关性情，外关风化，其伏至细，其发至巨，故吾得因论《西厢》之次而欲一问之：夫好色与淫相去则真有几何也耶？”如此严密的逻辑设问，层层推进，咄咄逼人而滴水不漏，将儒家文化价值观内含的天理与人欲之间的对立完全暴露于光天化日之下。行云流水一般的二难反诘问句，诙谐而不失庄严，说理而不失风趣，读者的思绪与此种文字相遇，不得不被其逻辑力量所裹挟而折服，有了这样的逻辑铺垫再来阅读作品，定能生出别开生面的体验与感悟。

形成于明清文士群体的创作、评点和阅读过程中的极具文化批判力的多元文化世界，在《红楼梦》中得到一种恢宏的终结性体现：通过贾府败落及其人物命运遭际的主线索描述，揭示出传统文化及其所由派生出来的传统社会，无法回避自身最终“落了片白茫茫大地真干净”的悲剧性结局。传统文化的合理性，在贾宝玉“无材可去补苍天”以及在探春生逢末世无力“补天”的人生悲剧中，在贾宝玉和林黛玉爱情纠葛的“情”“理”冲突的悲剧中，在大观园内众多女子的悲剧性命运中，① 都失去了存在的依据。而最先读出《红楼梦》中蕴含的悲剧性本质的，是清末的王国维。

王国维于1904年发表的《〈红楼梦〉评论》，开始摆脱评点家的散点透视的观照方式，引入叔本华的悲剧主义的价值观，认为《红楼梦》的价值就在于写出了贾宝玉经受“生活之欲”的历练而最终获得解脱的过程，其悲剧性在于“彼示人生之最大之不幸，非例外之事，而人生所固有故也”，所以“《红楼梦》一书与一切喜剧相反，彻头彻尾之悲剧也”。这里的“悲剧”“喜剧”不仅仅是指剧情的悲喜，而是指审美风尚的时代转型。《〈红楼梦〉评论》第三章《〈红楼梦〉之美学上之价值》云：

---

① 参见张俊：《清代小说史》，372、377页，杭州，浙江古籍出版社，1997。

吾国人之精神，世间的也，乐天的也。故代表其精神之戏曲小说，无往而不著此乐天之色彩：始于悲者终于欢，始于离者终于合，始于困者终于亨。非是而欲厌阅者之心，难矣！若《牡丹亭》之返魂，《长生殿》之重圆，其最著之一例也。《西厢记》以惊梦终也，未成之作也。此书若成，吾乌知其不为《续西厢》之浅陋也。有《水浒传》矣，曷为而又有《荡寇志》？有《桃花扇》矣，曷为而又有《南桃花扇》？有《红楼梦》矣，彼《红楼复梦》《补红楼梦》《续红楼梦》者曷为而作也？

王国维突出《红楼梦》自身的悲剧性质与传统审美风尚的喜剧性质的对立，其眼界已经远远超越了小说评点家就小说本身进行发挥和解释的起点，而引入了世界性眼光，认为各民族文化之间有着可以把握的统一性——世界各大宗教的“宗旨”、古希腊柏拉图和德意志叔本华哲学的“最高之理想”，都可以归结为“解脱”。而传统审美风尚的“世间”性和“乐天”性，以及由此而在清代派生出来的考证“此书作者为谁”，即以“考证之眼”解读《红楼梦》的阅读方式，都有碍于同上述的世界眼光接榫。因此，王国维才强调，“要之，解脱之足以为伦理学上最高之理想与否，实存于解脱之可能与否”，而拘泥于世间和乐天趣味的传统审美风尚，作为“普通之论难，则固如楚楚蜉蝣，不足以撼十围之大树也，今使解脱之事终不可能”，所以他强调美学的全人类性质，强调“美术之大有造于人生，而《红楼梦》自足为我国美术上之唯一大著述”，其原因即在于此。

王国维的《〈红楼梦〉评论》有不少误读和牵强附会之处，如过分拘泥于叔本华的“生活之欲”及其“解脱”为解释《红楼梦》的依据，认为“所谓‘玉’者不过‘生活之欲’之代表而已”，等等。但是，“这种‘误读’后面有着对现代批评新思维的渴求……有意与传统批评的妙悟式或考证式的路数拉开距离，把作品纯粹看作代表作家人生体验的一种符号系统和象征系统，运用推理分析，从中读解普遍的人生价值与审美价值”①。不仅如此，《红楼梦》写作中所透露出来的悲剧意识和王国维的《〈红楼梦〉评论》是一种象征和界标，既标志着由明清小说的写作、评点和阅读构成的文化世界的解体，又象征着民族审美风尚走出其传统形态，在吸取西方审美资源，经受传统社会变革的历史趋势下，正在向现代形态转化。

2. 戏曲春秋。作为一种综合性的艺术门类，戏曲在明清时期走向了它的全盛阶段：首先是明清传奇的兴起，接着是清代地方戏的兴盛，然后是以京剧为代表的各大剧种的形成。

自明中叶的嘉靖年起，由宋元南戏基础上发展起来的“传奇”(或“明清传奇”)这一戏曲体裁，汇集南曲以及其他声腔在各地流行而勃兴。这些声腔剧种见于记载的有海盐腔、余姚腔、弋阳腔、昆山腔、青阳腔、徽州腔、四平腔、杭州腔等十余种。当时的各种传奇剧本，如明初就颇有名气的《琵琶记》《荆钗记》《白兔记》《拜月亭》《杀狗记》等，就是用这些声腔演唱的。其中以弋阳、余姚、海盐、昆山四大声腔影响最著。徐渭《南词叙录》说：“今唱家称弋阳腔，则出于江西，两京、湖南、闽广用之。称余姚腔者，出于会稽，常、润、池、太、扬、徐用之。称海盐腔者，嘉、湖、温、台用之。惟昆山腔止行于吴中。”在传奇流行的过程中，弋阳腔和昆山腔愈演愈盛，成为从明万历年间至清初康熙年间主宰全国城乡戏曲舞台的声腔剧种。

此时戏曲的艺术形式已经基本成熟，以最为完善的昆山腔为例，其角色分工在明末清初已发展到十多个，有所谓的“江湖十二角色”之说，适于演出内容复杂、角色众多的全本戏；唱、念、做、舞(打)等表演手段全面运用，有机结合，并形成了基本的程式；其音乐集南北曲之大成，每套曲子既可以同时运用几个宫调，又能在结构上协调一致，且板式变化多样；将管乐、弦乐和打击乐三者合为一体，等等。明中叶以来长期的社会稳定，使得观赏戏曲成为当时城乡各地各阶层的一种娱乐时尚，其规模远远超过宋元时期的瓦子勾栏。城乡文化市

---

① 温儒敏：《王国维文学批评的现代性》，王晓明：《二十世纪中国文学史论》，上册，北京，东方出版中心，1997。

场的繁荣支持了众多较大规模的职业性民间戏班，活跃于民间的庙会以及贵族、官僚和富豪的堂会之中。

由于服务对象不同，剧种的流行范围也有所区别。善于吸收地方民间小调和方言土语的弋阳腔，以一人干唱为主，众人以高八度的“高腔”伴唱即“帮腔”为辅，不被管弦，以锣鼓击节，演唱时不拘宫调，不受曲牌顺序的限制，自由组合，可长可短，因而深受广大农村和中小城镇群众的欢迎；昆山腔的曲调优美高雅，演唱考究细腻，①乐队配置齐备，② 所以比较适合士大夫的欣赏口味而活跃于大都市。从业人员的社会地位和物质待遇也有所提高。明代陆容《菽园杂记》载：“嘉兴之海盐，绍兴之余姚，宁波之慈溪，台州之黄岩，温州之永嘉，皆有习为倡优者，名曰‘戏文弟子’。虽良家子，亦不耻为之。”清代张宸《平圃杂记》记载康熙二年北京梨园封赏时说：“梨园封赏，初止青蚨(钱)一二百，今则千文以为常矣，大老(有钱人)至有纹银一两者。”

清王朝自1644年建立至1911年被推翻，这二百多年时间以1840年为界，分为前后两期，前期为清代地方戏的兴起和繁盛时期。据《中国大百科全书·戏曲曲艺卷》之《中国戏曲剧种表》统计，在全部三百一十七种剧种中，形成于清代的汉族地方戏曲的剧种就有近二百种。至乾隆、道光年间，在地方戏曲的基础上形成了五大声腔系统，即高腔(弋阳腔的发展)、昆腔(昆山腔或昆剧)、弦索(由民歌俗曲的说唱发展而来)、梆子腔(秦腔)、皮簧(西皮腔、二簧腔的组合)，迄今流传下来的形态完整的大剧种，如京剧、昆剧、汉剧、川剧、晋剧、豫剧、赣剧等，就是在五大声腔基础上，于这一时期融会发展起

---

① 昆山腔在演唱时对咬字有这些规定，“正五音”：喉、舌、齿、牙、唇五个发音部位要求精确；“清四呼”：分清开、齐、嘬、合四种口型；“明四声”：辨明平上去入四种声调；讲究收音归韵。(杨世祥：《中国戏曲简史》，256页，北京，文化艺术出版社，1989)

② 管乐器有笛、箫、大小唢呐、笙；弦乐器有琵琶、三弦、月琴；打击乐器有鼓板、大锣、小锣、汤锣、云锣、齐钹、小钹、堂鼓。如此复杂的乐队配置，不适合走乡串村的演出。参见杨世祥：《中国戏曲简史》，256页。

来的。此外，柳子戏、丝弦戏、眉户戏、曲剧、花鼓戏、采茶戏、秧歌戏等，或者在民间说唱艺术基础上，或者在民间歌舞基础上，也逐渐发展起来。造成戏曲如此繁荣发展的势头，其中的原因何在？

(1)雅俗共赏。明清时期之所以成为中国戏曲发展的黄金时代，其中原因是多方面的，但主要原因有二：一是社会需求的增长；二是文人参与创作和进行理论反思。这与明清小说繁荣的社会背景，大体相似。

明清二代，尤其是明中叶降至清道光的三百余年间，尽管出现了较大的社会变动，但承平和安定仍是主流，传统社会仍然按照其既定的惯性和轨道在运行着，城市和商品经济的规模，市民阶层的人数，营业性的剧场(戏楼、茶园)都在持续扩大和增加。商路的畅通和人口的流动，促进了戏曲文化的跨地域交流。“无徽不成镇”(《民国歙县志·风俗》)，清代的徽商、晋商和各地商人四处经商，在促进了当地经济发展的同时，还常常约请家乡戏班到其寓所会馆里演戏，或者投资昆曲，附庸风雅。据李斗《扬州画舫录》卷五《新城北录下》载，“昆腔之胜，始于商人徐尚志征苏州名优为‘老徐班’”，随后扬州盐商竞相仿效，“大洪班”“德音班”“春台班”等相继组建，著名的昆剧扬州“七大内班”即基于此。乾隆六次南巡，盐商备演大戏供其观赏。嘉庆十三年，扬州新城大树巷一带，总商余晟瑞在其闲园内开设戏馆，城内苏唱街为优伶旅居之地，其上的“老郎堂”，为梨园总局所在地。扬州成了昆剧的第二故乡。① 在此种风气之下，士大夫以能清唱昆曲为时髦，富商大贾也附庸风雅，以致出现了一批“票友”式的人物。据张岱《陶庵梦忆·金山夜戏》自述，张岱曾于中秋之夜“移舟过金山寺，已二鼓矣。经龙王堂，入大殿，皆漆静。林下漏月光，疏疏如残雪。余呼小傒携戏具，盛张灯火大殿中，唱韩蕲王金山及长江大战诸剧，锣鼓喧阗。一寺人皆起看。有老僧以手背采眼翳，翕然张口，呵欠与笑嚏俱至。徐定睛，视为何许人，以何事何时至，皆不敢问。剧完，

---

① 王振忠：《明清徽商与淮扬社会变迁》，129、130页，北京，生活·读书·新知三联书店，1996。

将曙，解缆过江”。这是富家子弟的“票戏”，以自演自娱的方式过戏瘾，有的还因此成为戏曲方面的“专家”：

程志辂，字载勋，家巨富，好词曲。所录工尺曲谱十数橱，大半为世上不传之本。反名优至扬，无不争欲识。有生曲不谙工尺者，就而问之……纳山胡翁，尝入城订老徐班下乡演关神戏。班头以其村人也，绐之曰：“吾此班每日必食火腿及松果茶，戏价非每本三百金不可。”胡公一一允之。班人无已，随之入山。翁故善词曲，尤精于琵琶。于是每日以三百金置戏台上，火腿松果茶之外，无他物。日演《琵琶记》全部。错一工尺，则翁拍界尺叱之，班人乃大惭；又西乡陈集尝演戏，班人始亦轻之，既而笙中簧坏，吹不能声，甚窘。詹政者，山中隐君子也，闻而笑之，取笙为点之，音响如故，班人乃大骇。詹徐徐言数日所唱曲，某字错，某调乱，群优皆汗下无地。①

此为戏曲发展的外部社会条件。

明清传奇的作者有姓名可考者七百多人，作品有一千七百多种。其中不少为科场失意的文人，在职的官吏，更有汤显祖、洪昇、孔尚任、李渔这样的戏剧文学家，甚至还出现了昆山派、吴江派和临川派的剧作流派。文人士子参与传奇剧本的创作，无疑有利于提高剧本的文学素质和思想内容，特别是《牡丹亭》《长生殿》《桃花扇》这些优秀作品，无论是结构布局和情节安排，还是人物刻画和社会关怀，抑或是人性扫描和人文感悟，都达到了很高的水准；还出现了李贽、金圣叹、李渔这样的戏曲理论家，对于戏曲自身的发展起了重要的指导作用。譬如李渔通过切身的戏曲实践，指出戏曲与文学之间的区别，认为“传奇不比文章，文章做与读书人看，故不怪其深，戏文做与读书人与不读书人同看，又与不读书之妇人小儿同看，故贵浅不贵深”“诗文之词采，贵典雅而贱粗俗，宜蕴藉而忌分明；词曲则不然，话则本之街谈巷议，事则取其直说明言。凡传奇而有令人费解，或初阅不见

① 李斗：《扬州画舫录》卷五《新城北录下》。

其佳、深思而后得其意之所在者，便非绝妙好词”。① 意识到戏曲必须雅俗共赏，才会具有广大的观众基础。针对传奇剧本在长期发展过程中积累起来的篇幅冗长、词曲雅奥，内容曲折离奇而头绪太多等脱离大众的弱点，提出剧本结构必须“立主脑(角)”“减头绪”“脱窠臼”，戏曲语言必须“贵浅显”“重机趣”“贵洁净”，使其具有一个基本的故事情节，既通俗易懂，又新奇引人，这样才能争取到观众，占领文化市场。

这是戏曲发展的内部条件。

在戏曲发展的外部社会条件基础上，正是有了这类既来源于实践经验，又出自文化修养的清醒的理论反思的卓识，以及由于文人参与剧本创作而保证了自身必要的文化品位，才使得戏曲这一与广大群众是否认可，同各社会阶层的审美趣味是否吻合，能否在文化市场中占有相当份额等这些因素性命攸关的艺术样式，得以及时矫正其发展过程中形式主义、过于雅化或世俗化等难以事先预见的偏向，保持住明清戏曲始终面向中下层群众的基本价值取向，走向了自身的繁荣。

譬如京剧的发展和兴盛，乃至成为“国剧”，就是在坚持这一基本价值取向的基础之上，博采众长而后来居上的。京剧继承了宋元以降积累起来的大批剧本，并注意筛选、加工出其中为广大观众所喜闻乐见者，所以其剧目的内容十分贴近民族心理及其审美的一般水准，并注意反映广大群众的心声。陶君起先生的《京剧史话》将其内容归结为十大类型：①表现反抗侵略、英勇杀敌的，如《挑滑车》《八大锤》《李陵碑》《战太平》等；②以反抗权势和除暴安良为题材的，如《贾家坡》《打登州》《打渔杀家》等；③表现妇女坚贞不屈、反抗传统礼教或暴政的，如《宇宙锋》《三击掌》《六月雪》等；④表现舍己救人、不畏权势、秉公办事的品质，反映出民间理想的，如《搜孤救孤》《法场换子》《四进士》《铡美案》《十五贯》等；⑤以军国大事和历史人物为背景的，如《空城计》《群英会》《完璧归赵》等；⑥反映统治阶层内部矛盾，具有社会批判意味的，如《打严嵩》《二进宫》《失印救火》等；⑦神话戏，如

① 李渔：《闲情偶寄·词曲部上·结构第一》。

《水帘洞》《白蛇传》《泗洲城》《宝莲灯》等；⑧生活小戏，如《小放牛》《小上坟》等；⑨讽刺戏，如《连升店》《打面缸》《打沙锅》等；⑩表现悲欢离合的爱情戏，如《春秋配》《梅玉配》《花田错》等。[①] 可以看出，这些剧目所反映的，是以民间文化趣味为基点，但又不失于艺术品位和价值追求的综合性大众化的文化导向。在京剧的表演和欣赏中，高台教化和休闲娱乐、知识传授和人文浸润、理想追求和世俗情趣等因素交相辉映，编织成一幅雅俗共赏而又精彩纷呈的民间文化的精神图谱。

彭隆兴先生在《中国戏曲史话》里将京剧兴盛的原因，归结为能够与广大人民群众保持联系：它博采昆、弋、徽、梆等剧种的特长，保存其中的民间风格而集大成；广泛地从民间说唱艺术、地方戏和昆曲中移植符合人民愿望的剧目；进京的徽戏，以自身善于表演武戏的优长，涵化昆曲优美的舞蹈身段，吸收山陕梆子的大锣大钹的打击节奏，增强了京剧的综合表现力；京剧剧本通俗易懂，唱词多为民间常用的七字句或十字句，过去所谓“昆腔雅，梆子俗，皮簧（京剧）雅俗共赏”，就点出了京剧语言的特征；唱腔高亢爽朗，情节紧凑鲜明，能紧紧吸引观众等。[②] 说明京剧的博采众长而后来居上，就在于始终以大众审美趣味为基点的不断创新，因而真正达到雅俗共赏，赢得了广大观众。这一点在京剧艺术大师梅兰芳身上表现得更为突出。

徐城北先生在《梅兰芳与二十世纪》中指出，“京剧作为一种舞台艺术，最重要的社会关系就是观众”，而梅兰芳就非常注意同“全社会”建立并保持着“广阔”而“立体”的联系。如新闻界，梅首次赴上海演出，立即拜访了《时报》的狄平子、《申报》的史量才和《新闻报》的汪汉溪。在与新闻界建立良好关系的同时，还与沪上文化名人吴昌硕、况夔生、朱古薇、赵竹君等订交，并且很早就与企业、金融界建立联系，曾亲赴南通，与张謇先生结下忘年交。不仅如此，在梅的身边还有一批以知识分子为主体的、颇有艺术造诣的朋友，如日本留学生冯

---

① 参见彭隆兴：《中国戏曲史话》，210～211 页，北京，知识出版社，1985。

② 同上书，211～212 页。

幼伟、吴震修等，其中最为著名的就是京剧理论家齐如山先生。后者以其深厚的中西文化艺术修养，为梅派艺术走面向大众的艺术提高道路，起到了至关重要的作用：

> 某日，梅与谭鑫培合演《汾河湾》，当谭饰的薛仁贵在窑外独唱西皮导板转原板再转流水时，梅仍按照老规矩去做——自进窑起，用椅子抵住窑门，一直背向观众而坐。在这段唱词有几句能得“好儿”，那是为“叫天儿”的歌唱艺术喝彩，柳迎春绝不能乱动去夺老谭的戏！然而台下却有齐如山认为传统处理方法不对，他觉得柳迎春应该有所反应，而且反应应该随着演唱的深入不断加大！因为薛仁贵在窑外所述之事，与柳未来的命运紧密相关……于是，他回家给梅写信，把自己认为柳迎春应当如何一点点地加大反应，都设想为具体的形体动作。梅接读后觉得有理……在下次与谭合演《汾河湾》时，便按齐如山所提示的做了。谁知这一来，观众认为既新鲜而又合乎情理，于是在那些唱腔难于得几“好儿”的间隙也叫起“好儿”来！这种情形又被再度来到台下的齐如山所发觉，他一高兴，于是以后每看梅一剧便要致梅一信，以便开诚布公地提出改革……这样经过了半年多，双方渴望见面的心情越来越强烈，齐如山终于应邀到梅宅造访，并从此与梅身边的其他朋友一道，辅助梅在时装戏、古装戏、新编历史戏和昆曲四个方面做出了自己的贡献。①

梅兰芳的社会联系及其与齐如山的关系说明，京剧艺术之所以到梅兰芳所处的时代还能保持一段旺盛的发展势头，与梅派艺术与社会各界建立的广泛联系，以及艺术表演者、精英文化、大众文化在梅兰芳周围形成一种“合力”，从而使京剧艺术在自身演变过程中得出的既要面向中下层社会群众，又要注意自身的文化导向这一根本发展策略得到更为鲜明而切合时代的体现直接相关。

---

① 徐城北：《梅兰芳与二十世纪》，20～22页，北京，生活·读书·新知三联书店，1990。

(2)虚拟之美。中国的戏曲艺术，作为传统文化中的重要组成部分，在其发展兴盛过程中，除了其外部原因和内部原因，还遵循着自身最为内在的艺术和美学的规律。李渔《闲情偶寄·词曲部·填词余论》云："(金)圣叹之评《西厢》，可谓晰毛辨发，穷幽晰微，无复有遗义于其间矣。然以余论之，圣叹所评，乃文人把玩之《西厢》，非优人搬弄之《西厢》也。文字之三昧，圣叹已得之，优人搬弄之三昧，圣叹犹有待焉。"这里提出的"文人把玩"的"文字之三昧"和"优人搬弄"的"优人之三昧"，是将小说阅读和戏曲观赏分为两个不同的审美领域，并已经具有二者分别服从不同的美学规律的意识。

戏曲是一种综合性的艺术，其构成因素，除了上面所讲的文学性之外，还在于将音乐、歌唱、舞蹈、雕塑、绘画等艺术门类中的形式美要素提炼出来，按照舞台表演的要求加以重新熔铸。其中最主要的，就是戏曲的音乐歌舞特征。王国维说："我国戏剧，汉魏以来，与百戏合。至唐而分为歌舞戏及滑稽戏两种。宋时滑稽戏尤盛，又渐藉歌舞以缘饰故事。""戏曲者，谓以歌舞以演故事也。""必合言语、动作、歌唱以演一故事，而后戏剧之意义始全。"①中国戏曲理论家齐如山先生在《中国剧之组织》一文中指出："中国剧即古时歌舞，但古时歌舞简单，戏剧则较复杂多矣。中国剧乃由古时歌舞嬗变而来，故可以歌舞二字概之。"京剧艺术大师梅兰芳在《舞台生活四十年》中认为，戏曲"是建筑在歌舞上面的。一切动作和歌唱，都要配合场面上的节奏而形成自己的一种规律"。据此，蓝凡先生将中国戏曲表现性的音乐歌舞特征归结为"音舞性"：

> 所谓音舞性，实质上是指戏曲表现形式上的音乐性格和舞蹈性格，即音乐的旋律节奏和舞蹈的动律意蕴，使中国戏曲的整个表现形式，如舞台语言、剧本结构、唱腔处置、舞台时空表现、演员舞台表演等，都沉浸在音乐和舞蹈的精神状态之中，因而带上了浓重的音乐特性和舞蹈特性。②

---

① 王国维：《宋元戏曲考》，载《戏曲考源》。

② 蓝凡：《中西戏剧比较论稿》，11页，上海，学林出版社，1992。

不仅从戏曲表演的角度突出了戏曲的音乐歌舞特征，而且还强调了这种特征所据以表现的时空——戏曲舞台。也就是说，中国戏曲的音乐歌舞特征是在舞台空间上逐渐展开的一种艺术时间的表现过程，正是这种舞台化了的艺术时空，成为理解中国戏曲音舞性格的关键。阿甲先生在《戏曲表演规律再探》里，对旧时舞台上供演员出入标有“出将”和“入相”的两扇门，作过如是的描述：“这两扇大门，并不是戏剧情境里的大门，是一种角色出入的抽象渠道：从神仙升降、从鬼怪出没、从五湖四海、从南北东西、从崇山峻岭、从小桥流水、从花园亭台、从街头巷尾、从前厅后院、从楼上楼下、从破屋残窑……总之，这两道门，是天上人间一切事物活动往来出入之处。荡荡千军不嫌挤，姗姗小姐不嫌空。它是世界戏剧舞台来来去去最畅通、最自由的舞台形式。记得读《古文观止》里李白写的一篇文章《春夜宴桃李园序》，开头那句说：‘夫天地者万物之逆旅，光阴者百代之过客……’这里关系到对时间、空间的感想。我想借此为戏曲舞台写照：‘无穷物化时空过，不断人流上下场。’”阿甲先生在这里不仅是对于中国戏曲舞台的艺术描述，而且还将人生世相作了一种舞台化了的美学观照——在舞台时空中流过的，是一种经过抽象化处理了的世间万象之流，它是由本体而“出”，再“入”于本体的艺术循环。

中国哲学中有“有无相生”、形上之“道”与形下之“器”相互对应的宇宙发生见解，有“大江东去”“逝者如斯”的悲凉感受传统。在文化发展的长河中，这些资源又被整合成艺术欣赏中追求言外之意、形外之神、象外之象、韵外之致的审美趣味，“弃我去者，昨日之日不可留，乱我心者，今日之日多烦忧”，现实生活和世俗烦恼，在生命之“道”和时空本相的映衬下，生发出多层面的人生感悟。中国戏曲舞台则将这种趣味和感悟点化为一种可见的“出”“入”的流动。徐城北先生指出：“前台是‘有’，后台是‘无’。前台应有尽有了——有人物、有事件、有时间、有地点、有行动、有感情、有性格、有声色、有光彩，几乎拥有了一切。后台什么都‘无’——没有前台具有特定意义的任何一样。”于是，“出将”和“入相”作为沟通“有”“无”两个世界之间的抽象通道，就具有它所特有的舞台美学意义："是为了更好、更从容去构成'有无相生'和'虚实相间'"，并认为这是"最普遍、最基本的规律所在"。① "有无相生"的哲学命题，经过戏曲舞台的"出""入"的中介，转化为戏曲表演艺术上的"虚实相间"问题。这也许是中国戏曲长期坚持大众趣味基础上的文化导向，而出现的舞台美学结晶？

"虚实相间"或"虚拟化"，是许多老一辈戏曲理论家的共识。阿甲先生于1959年在《关于戏曲舞台艺术的一些探索》一文里将"实具和虚拟"作为戏曲舞台的规律之一；焦菊隐先生1963年发表《中国戏曲艺术特征的探索》一文，将"程式化""虚拟化"和"节奏化"视为中国戏曲艺术表演的三种相互联系的手法特征；1983年，张庚先生在《中国戏曲》一文里提出，"综合性""虚拟性"和"程式性"是中国戏曲的三项特征，虚拟性首先表现为对舞台时间和空间处理的灵活性。② 在前人研究的基础上，蓝凡先生进一步认为"虚拟性"是"中国戏曲艺术的表现性美学追求在舞台上的性格体现"，这里的"表现性"就是指由于中国戏曲表演的歌舞特征，决定了它的舞台"动作在一定程度上的变形而达到高度的美化"，即不求逼真而是在"变形"之"美"的基础上追求情感的抒发，这就是所谓的"虚拟表演"，它包括两个层次：

对于角色（表演者）来说，必须是将他想象之中的对象（门、窗、山坡、河水）——意象，外化为一种形体动作，并力图通过这种形体动作，进行一次观照式的显像，将对象表现出来。而对于审美主体（观众）来说，即首先是从角色的外化动作上，通过反观审美的方式，还原角色的意象，从而感知这想象之中的对象。③

其实，作为唱、念、做、打四位一体的综合性表演艺术，戏曲通

① 徐城北：《京剧与中国文化》，250～252页，北京，人民出版社，1999。

② 以上引文转引自徐城北：《京剧与中国文化》，190～192页，北京，人民出版社，1999。

③ 蓝凡：《中西戏剧比较论稿》，26页，上海，学林出版社，1992。

过变形之美而求情的“虚拟表演”，应当贯穿于整个舞台的表演之中，而不应当局限于形体动作。譬如，京剧《林冲夜奔》一剧，从头至尾只有林冲一个人物，舞台上什么景也不用，但是伴随演员的演唱、舞蹈，各式各样的、带有主观色彩的自然景观也就“出来”了。当演员唱到“昏惨惨云迷雾罩，疎剌剌风吹叶落，震山林声声虎啸，绕溪涧哀哀猿叫！俺啊，吓得俺魂散魄消。似龙驹奔槽，唉百、百忙中走不出山前古道！……”唱词本身未必有多优美，但是结合演员的身段舞蹈和最后一句“唉百、百忙中”的叠字，就会觉得意境纷呈、美妙难言。① 这说明，通过演员的想象—表演和观众的观照—显像而完成的“虚拟表演”，是贯穿整个戏曲的表演—欣赏过程的中心线索，它将中国美学的“以形写神”、即形达意的神髓灵活而大胆地运用于舞台的歌舞表演之中，追求的是脱离了形似但又能够为大众理解的“象外之旨”，即通过舞台“出将”“入相”的中介，与现实拉开了距离而抽象美化了的人间世相，所以就给予演员和观众的想象力以任何其他类型的舞台艺术都难以与之比肩的自由度和空间，赋予表演和观赏双方浓郁的个性化的创造性色彩。

齐如山先生于 1962 年逝世之前一个月完成的《国剧艺术汇考·前言》中，将“国剧(京剧)原理”归纳为“有声必歌”“无动不舞”“不许真物器上台”和“不许写实”，就是从戏曲表演美学的角度对中国戏曲“虚拟化”的一个总结。后二者，属于戏曲表演的一般原则，即“一切像真的东西在台上不许应用”“一点像真的动作不许有”；而前二者，则分别在该书第 5 章和第 4 章提出“四级歌唱”和“四种舞蹈”来说明。所谓“四级歌唱”是指京剧的歌唱，不仅包括有乐器伴唱者，也包括“念引子”“念诗”“叫板”和一切“话白”，甚至还包括“因笑、哭、嗔、怒、忧、惧、悔、恨、叹，以致咳嗽等，发出来的声音，都须有歌的意义”，即服从剧情和人物情感的需要而将其声音变形夸张以美化之。所谓“四种舞蹈”，是指演员不仅可以随音乐而舞，把音乐中的意义形容出来，而且还可以用舞蹈表现剧中人物的心情、做事的动作，以及

① 参见徐城北：《京剧与中国文化》，260 页，北京，人民出版社，1999。

用舞蹈“形容”唱词的意义。① 充分说明抽象美化的虚拟性，是贯穿戏曲舞台唱、念、做、打各个表演环节的基本美学要素。

第三节　民艺世界

这里的“民艺”是指民间艺术。作为民族文学艺术金字塔的底层构造，它与精英化或者意识形态化了的文学艺术相比较，有着自身的特殊性质。苏联学者 M. 巴赫金在《〈弗郎索瓦·拉伯雷的创作与中世纪和文艺复兴时代的民间文化〉导言》中指出，在欧洲中世纪和文艺复兴时代，存在着一种“同教会和封建中世纪的官方和严肃（在音调和气氛上）文化相抗衡”的“民间诙谐文化”，后者可以暂时超越日常的和官方的生活规范和制度，直接“同人类存在的最高目的”——死亡和再生、交替和更新等生命的本真状态相联系，反映出民间社会中“一种共同的对待世界的诙谐态度”，它表现于民间节庆活动的各种“广场表演”，各种诙谐性的语言作品和“广场语言”之中。

中国传统的民间文艺最为根本的性质就是同民间生活主体——农民及其生存方式和文化传统的血肉联系，因而渗透着他们祖祖辈辈对生活价值和生命自由的理解与思考。生活性、民俗性和实用性，是理解民间文艺与政治化、精英化了的文学艺术之间相互区别的基本着眼点。在政治格局和意识形态不断变动、士大夫的生存环境也相应置换的同时，民间文艺却由于民间生活形态的相对稳定和长期延续而保持着自身的发展惯性和节奏，反映着民间社会的爱与憎，对生命欲望的追求，以及对生活理想的理解。

1. 社火之光。“社”在古代是指土地崇拜的场所，随着时间的推移，“社”逐渐演变成各种民间社会团体（血缘集团：家族、宗族；地域集团：村、乡、镇等）的通称，由这些团体举办的各种庆典娱乐性活动，称之为“社火”。宋人范成大《上元纪吴中节物俳偕体三十二韵》云：“轻薄行歌过，癫狂社舞呈。”自注：“民间鼓乐谓之社火，不可悉

① 《齐如山全集》，6 册，台北，联经出版事业公司，1979。

记，大抵以滑稽取笑。”说明社火活动也是一种通过民间“广场”性活动体现出来的“对待世界的诙谐态度”，是在节气变更时节通过祭祀娱神活动（如民间的“庙会”等）达到祈年禳灾、融洽关系、娱乐消闲的目的。明人王稚登《吴社编》记载：“里社之设，所以祈年谷，祓灾祲，洽党闾，乐太平而已。吴风淫靡，喜讹尚怪，轻人道而重鬼神，舍医药而崇巫觋……每春夏之交，妄言降神，于是游手逐末之赖不逞之徒，张皇其事……金钱玉帛川委云输，百戏罗列，威仪杂遝，滋奸佞之行，长争斗之风，决奢淫之渐。”这种活动随着时间的推移，逐渐沉淀为民间习俗，地方官府自然也就参与其间。清人李斗《扬州画舫录》卷九《小秦淮录》载：“立春前一日，太守迎春于城东蕃釐观，令官妓扮社火，春梦婆一，春姐二，春吏一，皂隶二，春官一。”明人田汝成《西湖游览志余·熙朝乐事》云：“立春之仪……前期十日，县官都委坊甲，整办什物，选集优人、戏子、小妓装扮社火，如昭君出塞、学士登瀛、张仙打弹、西施采莲之类，种种变态，竞巧争华，教习数日，谓之演春。至日，郡守率僚属往迎，前列社火，殿以春牛，士女纵观，阗塞市街。”说明社火从开始时的民间节庆活动，在传统文化道德教化之风的浸润之下，逐渐接受主流意识影响，被整合进地方制度性的教化—娱乐体系之中而变形。但是社火的主要内涵仍然是民间节庆活动时以歌舞杂戏形式表演的酬神祀鬼，老百姓以此为由头而与鬼同乐。如宋人孟元老《东京梦华录》记载，州西灌口二郎神生日，“其社火呈于露台之上……自早呈拽为戏，如上竿、趯弄、跳索、相扑、鼓板、小唱、斗鸡、说诨话、杂扮、商谜、合笙、乔筋骨、乔相扑、浪子、杂剧、叫果子、学像生、掉刀装鬼、研鼓牌棒、道术之类，色色有之，至暮呈拽不尽”。（《东京梦华录·六月六日崔府君生日二十四日神保观神生日》）

到了明清之际，这种社区间的民间酬神活动已经极具地域性特征，成为地域文化中不可或缺的人文景观。张岱《陶庵梦忆·金山竞渡》记载了当时江浙一带划龙船的习俗：

看西湖竞渡十二三次，己巳竞渡于秦淮，辛未竞渡于无锡，壬午竞渡于瓜洲，于金山寺。西湖竞渡，以看竞渡之人胜，无锡亦如之。秦淮有灯船无龙船，龙船无瓜洲比，而看龙船亦无金山寺比。瓜州龙船一二十只，刻画龙头尾，取其怒；旁坐二十人持大楫，取其悍；中用彩篷，前后经幢绣伞，取其绚；撞钲挝鼓，取其节；艄后列军器一架，取其锷；龙头上一人足倒竖，掂掇其上，取其危；龙尾挂一小儿，取其险。自五月初一至十五，日日画地而出。五日出金山，镇江亦出。惊湍跳沫，群龙格斗，偶堕洄涡，则百蚨捷捽，蟠委出之。金山上人团簇，隔江望之，蚁附蜂顿，蠢蠢欲动。晚则万艓齐开，两岸沓沓然而沸。

宋元以降，杂剧、南戏和传奇逐渐盛行普及，从而影响民间社火，使其向“社戏”——民间社团组织的具有酬神祀鬼性质的戏剧表演活动——形式发展。从社火到社戏，首先意味着演出和欣赏规模的扩大。如清人顾陆《清嘉录》记载清代苏州地区春季演出春台戏的盛况：“于田间空旷之地，高搭戏台，哄动远近，男妇群聚往观，举国若狂。”但凡读过鲁迅先生的《社戏》《无常》《女吊》等文章的人，都不会忘记其中对绍兴社戏的生动描述。社戏是真正群众性的集会活动。社戏的演员很多都是来自本村本社的普通群众，村社中有培训业余演员的传统，一有社戏演出，全村人一起出动，演出、组织、接待，各负其责。社戏具有实用、娱乐的多重功能。蔡丰明先生在《江南民间社戏·绪论》中分析为什么农村是社戏的主要市场，农民是社戏的主要观众的原因时指出：一是由于传统农作方式靠天吃饭，因此祈年的宗教活动就特别多，导致社戏在农村中的盛行；二是农村人口分散，文化落后，农民很少有机会享受文化娱乐，故社戏这种大众化的娱乐方式十分受农民欢迎。① 此外，民间的庙会集市，是农村自然经济重要的流通性补充，同时也是传统文化市场的重要组成部分。因而民间的社戏活动，兼具祭祀、流通和娱乐等多种文化功能，是传统自然生态机体中的有机组成部分。

---

① 蔡丰明：《江南民间社戏》，10页，上海，百家出版社，1995。

2. 乐舞灯彩。这里的“乐舞”，是指以“龙舞”“狮舞”“秧歌”等为代表的民间歌舞；这里的“灯彩”是指供观赏或装饰的民间节庆灯具艺术。观舞赏灯，是传统民俗庆典的重要组成部分。如果说在“社火”表演中，“祈年禳灾”是其中的主要心态的话，“喜庆吉祥”则是观舞赏灯时的追求。

龙是传统文化中重要的象征符号，故很早就被民间视为一种祥瑞之兽。至少在汉代“百戏”中就有所谓“鱼龙曼延”的节目。《汉书·西域传赞》颜师古注中有“舍利之兽”化作“比目鱼”，然后“化成黄龙八丈，出水敖戏于庭，炫耀日光”的记载，已经将“龙舞”和赏灯联系在一起。“龙舞”是最具民族特征的民间舞蹈，在几千年的流传过程中分化为“布龙”“百叶龙”“段龙”“草龙”“板凳龙”等不同材料制成的龙形，舞动时讲求舞者们的动作协调，配合默契。清人姚思勤《龙灯》诗云：

灯街人似海，夭矫烛龙蟠。雷虓千声鼓，流珠一颗丹。
擎天朱鬣怒，照夜火鳞乾。衔曜终飞去，休同曼衍看。

“烛龙”即龙灯。人山人海，龙灯飞舞，一派歌舞升平、万民欢乐的气象。

“狮舞”据说起源于“师子国”(今斯里兰卡)，随佛教一起传入中国。它随佛教的兴盛而融入民族舞蹈之中。北魏佛像出行，即有作为前导的“辟邪狮子”开路。此后狮子也被视为祥瑞之兽，狮舞就成了节日庆典中不可或缺的舞蹈节目。清人李声振《百戏竹枝词》咏《狮子滚绣球》题解：“以羊毛饰为狮形，人被之，滚球跳舞。”诗云：“毛羽狻猊(狮子)碧间金，绣球落处舞嶙峋。方山寄语休心悸，皮相原来不吼人。”狮舞逐渐发展分化为腾挪翻滚、身手不凡的“武狮”，眉目乖巧、妩媚逗人的“文狮”，提线操纵的“线狮”，口吐火焰的“火狮”等。南方狮舞讲求技法功夫，北方狮舞追求威武雄壮。江苏的九狮，江西的手摇狮，安徽的青狮，福建的抽狮，湖南的武打狮，四川的高台狮，河北的双狮，北京的单狮等，将民族狮舞装扮得生气勃勃、精彩纷呈，人们在其中寄托着美好的愿望，感受着生命的节奏。

“秧歌”也是民间节日庆典中常见的舞蹈，分“跷秧歌”和“地秧歌”。前者即常说的“(踩)高跷”，表演者须双脚踩在两根跷棍上进行表演。秧歌舞蹈一般有类似于戏曲的类型化装，伴以程式化的舞蹈造型，共同构成秧歌舞蹈的整体意蕴，契合民族审美的传统习惯。秧歌舞蹈的构图“与民间年画、剪纸、刺绣、雕刻等纹样同形同构一脉相传，体现了中国传统美学的审美品格。秧歌场图讲究理蕴寓意，重视布局构成，跑场路线迹象、图式之虚实疏密、线形曲直既是宇宙象数之表征，又合阴阳辩证的形式法度，也是人生祈愿的流露”①。正因为秧歌具有的大众化、民族性的艺术特色，所以在民间社会具有极大的吸引力。清人柯煜《燕九竹枝词》云：“秧歌小队闹春阳，毂击肩摩不暇狂。人说太平行乐地，更须千步筑球场。”一个小小的秧歌队，竟然引来了大批观众，以致非得在开阔的广场上才能进行演出，充分显示出民间艺术所特有的生动通俗、意蕴丰富、形象感人和贴近生活的艺术表现力。

灯彩艺术由于自身具有较强的观赏性，所以它既可以同民间喜庆舞蹈一起渲染节庆氛围，也具有独立的艺术价值。赏灯是中国传统民俗的“重头戏”，并在自身的发展过程中形成了地域性特色。张岱《陶庵梦忆·绍兴灯景》说：

绍兴灯景为海内所夸者无他，竹贱、灯贱、烛贱。贱，故家家可为之；贱，故家家以不能为灯为耻。故自庄逵以至穷檐曲巷，无不灯、无不棚者。棚以二竿竹搭过桥，中横一竹，挂雪灯一，灯球六。大街以百计，小巷以十计。从巷口回视巷内，复迭堆垛，鲜妍飘洒，亦足动人。十字街搭木棚，挂大灯一，俗曰“呆灯”，画《四书》《千家诗》故事，或写灯谜，环立猜射之。庵堂寺观以木架作灯柱及门额，写“庆享元宵”“与民同乐”等字。佛前红纸荷花琉璃百盏，以佛图灯带间之，熊熊煜煜。庙门前高台，鼓吹五夜。市廛如横街轩亭，会稽县西桥，闾里相约，故盛其灯，更于其地斗狮子灯，鼓吹弹唱，施放烟

---

① 潘鲁生：《民艺学论纲》，187页，北京，北京工艺美术出版社，1998。

火，挤挤杂杂。小街曲巷有空地，则跳大头和尚，锣鼓声错，处处有人团簇看之。

这段引文将我们带入明末绍兴地区的观灯习俗，令人顿生无限感慨、神往之念。当我们观赏着哈尔滨的“冰灯”，塔尔寺的“酥油花灯”，海南的“放风灯”，广东、陕西的“放天灯”，四川自贡的“恐龙灯会”，山西的“煤海之光”……从一派喜庆吉祥氛围中领略到灯彩艺术的传统气息时，我们也就领略到了民间艺术的永恒魅力，触及了传统文化生生不息的生命脉搏。

结　语　凤凰涅槃

1840年的鸦片战争，拉开了中国传统审美风尚现代转型的序幕。这一转型围绕的核心问题，是现代国民意识的觉醒，其间不仅包含有个性的自由，而且还有民族的独立，二者在中国近现代历史语境中形成了一种启蒙与救亡相互纠结的内在紧张。鲁迅在《伤逝》和《娜拉走后怎样》中既肯定婚姻自主和个性解放的必要性，又强调经济解放和社会解放是个性自由的必要条件，就是对这一内在紧张的经典描述。如何处理现代启蒙思潮中固有的“民族性”与“个体性”之间的矛盾，一直是审美风尚现代转型中的基本问题。从转型自身看，这一基本问题集中在文化生产机制的产业化和文化价值指向的革命性，这样两个相辅相成的层面上；而回顾审美风尚现代转型的历程，则发现其间经历了两次凤凰涅槃般的新生。

1. 文化生产机制的产业化。西方的坚船利炮，不仅促使传统自然经济解体，而且也带来了文化生产的产业化机制，催生出现代意义上的影剧娱乐业和新闻出版业。这些以赢利为目的的文化产业，率先在上海、广州等开埠较早的城市形成，并从沿海向内地渗透。它们将文化作为商品进行生产，促进了大众化、都市化、休闲化的现代文化消费方式，塑造出具有现代性特征的审美风尚。1874年，上海市民最早欣赏到了“西人影戏”即幻灯：“西人影戏，台前张白布大幔一，以水湿之。中藏灯匣，匣面置洋画，更换叠画，光射布上，则山水、树木、楼阁、人物、鸟兽、鱼虫，光怪陆离，诸状毕现。其最初目者为洋房被火，帆船遇风……其他如泰西各国征战事及诸名胜，均有图画，恍疑身历其境，颇有可观。”①城市娱乐业的兴起向世人展示出一

① 葛元煦：《沪游杂记》，2页、34页，上海，上海书店，2006。

个“光怪陆离”的西方世界，并推动时尚消费的盛行。19世纪末，越来越多的时尚性消费品，如香水、墨镜、怀表、时装等进入中国百姓的日常生活，在影响大众习俗和审美心理的同时也渗入到官方领域。李鸿章在天津水师学堂成立了西乐队，1883年10月25日《申报》报道，天津水师学堂西乐队为集资赈灾到上海演出，在报上刊登广告，共演奏乐曲8套，其中有《妈妈好糊涂》等著名乐章；19世纪末20世纪初，照相业已在沿海城市普及，照张相片留影自娱或赠送亲友已十分流行。而慈禧太后在1903—1908年的6年间，就拍摄了786张相片，可为当时中国的“头号影迷”；1895年电影问世，1896年8月11日的上海《申报》就刊登了一则在徐园“又一村”放映“西洋影戏”的广告。1908年西班牙人雷马斯在上海建造了中国第一家商业性影院——虹口大戏院，标志着电影开始成为中国娱乐业的新宠；继晚清谴责小说后，在清末民初的上海、天津等沿海城市，鸳鸯蝴蝶派的文学作品风行一时。据统计，由于这类小说适应了当时市民阶层和新式知识分子的审美需求，以休闲、游戏为宗旨，20世纪初上海就有113家杂志和49家报纸登载鸳鸯蝴蝶派作家的作品，如以刊载“哀情”(凄美哀婉的男女恋情)和社会小说著称的《礼拜六》周刊，1914年创刊时第1期的销量即达2万份，可见当时社会审美趋向之一斑。

2. 文化价值指向的革命性。鸦片战争以降，中国文化进入了历史转型期。围绕着救国难、纾民困这一时代中轴，思想先驱、志士仁人前赴后继，在中国社会的大舞台上导演了“洋务运动”“戊戌变法”“辛亥革命”“五四运动”等一幕幕可歌可泣的历史剧目，思索和探寻着各式各样救国救民的真理，提出并实验着五花八门的社会改造理想和方案。然而日本帝国主义的悍然入侵，彻底终结了中国文化的多元化生态格局和发展条件，严峻的民族国家生存危机，催迫着民族主义和激进主义的思想观念及其行动方案从多样性的文化格局中脱颖而出，逐渐成为时代的主旋律。其中最引人注目的，就是1921年成立的中国共产党，吸收和改造了孙中山的新三民主义，提出了打倒帝国主义和军阀统治的国民革命纲领。在激愤的民族主义时代氛围中，这一纲领成为引领时代潮流的核心价值观念，民族民主革命的文化政治主张于

20 世纪 20 年代末、30 年代初的国难时节顺理成章地成为中国文化界“左翼”大潮的精神向导，并逐渐在抗日战争的烽火中汇聚成民族的、科学的和大众的新民主主义文化。

爱国主义的革命情结，注定是中国现代审美风尚的基本品格。譬如民族电影业的发展，就与爱国主义息息相关。20 世纪 20 年代中后期是中国民族电影业发展的黄金时期，1925 年仅上海一地，就有 140 余家电影公司开业，1928 年至 1929 年两年间，国产长故事片就达到 203 部(1923 年仅有 3 部)，如此快速地发展，其直接动力当然是新兴电影产业所蕴含的巨大的商业利润。1924 年 7 月 1 日，《申报》刊载了《中华电影有限股份公司筹备处招股通告》，该通告强调投资电影业在利润上“更为优厚”，可以与“钢铁煤油诸大实业并驾齐驱”。然而民族资本也清醒地意识到，如此丰厚的利润，其获取的主渠道在于同外资竞争的市场份额，该通告认为，由于中国电影在制片、销售和消费诸环节上均为外商把持，“以致各戏院所演各片多由欧美租购而来，实为每年输出一大漏卮，且欧美影片上演中国事迹者，每捏造事实任意诽谤，关系中国前途匪浅，同人为国家计，为实业计，为权利计不得不急起直追。”民族资本投资电影业的初衷当然在利润，但在策略上都是打民族牌，尤其是充分利用国民意识中的耻辱感受。1922 年 2 月 24 日《申报》刊登的明星公司的招股启示，强调要“替中国人争一点体面”。1924 年 1 月 26 日《申报》刊登的明星公司的筹备通告，认为发展电影事业在于发挥其重要的教育作用，“以免除种种弊端，可与欧美各国并驾齐驱，不致利权外溢”。1922 年 8 月 22 日的《申报》刊登了一篇题为《改良中国电影之先声发起者实为实业家与资本家》的文章，干脆将电影与“国民性”直接挂钩，认为“现在上海各影戏院映演之影片，来自外国，且长剧中所演我国风俗民性，不能吻合，且难免有侮辱之处……凡我国人士曾见此种影片，无不认为耻辱，于是欲驰函责问外国影片者有之，或欲联络同志，在本国创设影片公司，自行表演各种义侠尚武之故事，以扬国光，使外人见之，亦知我之国民性，与其他外国所不及之行为”①。1932 年的“一·二八抗战”，全面地改变了中国电影界、电影市场和观众的心理状况，迫使民族电影思维方式和经营策略由此前的多元化转向民族主义和爱国主义的一元化，20 世纪 20 年代大行其道的鸳鸯蝴蝶派等休闲娱乐类型影片受到极大影响，销量锐减。联华影业公司于“一·二八抗战”前夕拍摄了上海第一部反对日本侵略题材的故事片《共赴国难》，让电影呐喊出民族革命的时代最强音，引起社会各界的普遍关注，也受到广大电影观众的欢迎。而当时上海的明星电影公司投巨资拍摄的鸳鸯蝴蝶派代表作《啼笑因缘》却在“一·二八抗战”后上映而导致票房惨败，辉煌一时的明星公司顿时陷入经济危机。公司负责人郑正秋、周剑云和张石川很快意识到，值此国难深重之秋，必须转换经营策略，主动邀请夏衍、钱杏邨、郑伯奇三位中共党员和著名导演洪深一起组建明星公司的“编剧委员会”，负责拍摄影片的题材。“联华”、“天一”这样的大公司也接踵其后，邀请杨翰笙、田汉、孙师毅、聂耳等共产党员加盟，就此拉开了中国电影史上的“左翼”电影的序幕。这种电影公司主动与“左联”文化人士相结合，上海的现代文化产业主动转向抗日救国题材影片的拍摄，其根本原因在于民族危机的严重局势。1933 年郑正秋发表《如何走上前进之路》，文章说：“中国正在存亡继绝之交的时候，摆在我们面前的只有两条路，一条是越走越光明的生路；一条是越走越窄的死路。走生路是向时代前进的，走死路是背时代后退的。电影负着时代前驱的责任。当然不能再开倒车。我希望中国电影界叫出‘三反主义’的口号来，做一个共同前进的目标，替中国电影开辟出一条生路，也就是替大众开辟一条生路。什么叫‘三反主义’呢？就是—反帝—反资—反封建。”②郑正秋是民族电影业的奠基者，中国第一代电影导演，也是当时上海滩上娱乐文化产业中炙手可热的人物，由他喊出“三反主义”这

① 转引自秦喜清：《欧美电影与西方早期电影》(1920—1930)，2、30 页，北京，中国电影出版社，2008。

② 《明星月报》1933 年 5 月第 1 卷第 1 期。转引自张巍主编：《中国电影专业史研究·电影编剧卷》，57 页，北京，中国电影出版社，2006。

一民族民主革命的口号，折射出中国现代审美风尚中所蕴含的浓郁的民族主义和爱国主义的价值倾向，注定了现代审美风尚中固有的革命性品格。正是在这个意义上，在回顾20世纪的百年文化发展历程时，谢冕指出："中国的近、现代就充斥着这样的悲哀，文学就不断地描写和传达这样的悲哀。这就是中国百年文学发展的大背景。所以，我愿据此推断，忧患是它永久的主题，悲哀是它基本的情调。"①

3. 两次凤凰涅槃般的新生。如果把文化价值指向的革命性理解为中国近代以降审美风尚转型的永久主题和基本情调，那么就可以说，正是在这种特定的主题和情调中，传统审美风尚获得了第一次凤凰涅槃般的新生，形成一种围绕着宏大革命叙事的"沉重而严肃"的审美方式，"中国怒吼的声音，哀痛的心情，于是得到了尽情的表达，这是中国百年的大幸"②，于高歌猛进、壮怀激烈的豪迈激情中，凝聚着中华民族百年奋斗的历史坐标和伟岸形象。然而，瞄准现实政治危机的独断的现实功利性，又使得这种审美风尚的精神内涵越来越贫乏，这种一元化的贫乏"不但体现在人们对眼前现实的感知和理解上，也不但体现在人们对历史变迁的体认和把握上，它更体现在人们对'人'的基本境遇的理解上，对整个世界和宇宙的意义的领悟上。"③在这种功利至上的审美视野中，人的基本生存状态和权益是不屑一顾的。"尊群体而斥个性""重功利而轻审美""扬理念而抑性情"的狭隘，④ 逐渐使这一"大幸"转化为不幸，在市场经济的权钱交易的浊流中，这一狭隘和偏激更是被演绎得无以复加。

构建以人为本的和谐社会，实现全民族的科学发展，为华夏审美风尚的第二次涅槃般的新生创造了社会条件。扬弃第一次新生过程中

---

① 谢冕：《辉煌而悲壮的历程》，载《百年文学总系·总序一》，2、3页，济南，山东教育出版社，1998。

② 同上书，3页。

③ 王晓明：《序》，王晓明主编：《二十世纪中国文学史论》(第一卷)，7页，上海，东方出版中心，1997。

④ 谢冕：《辉煌而悲壮的历程》，载《百年文学总系·总序一》，6页，济南，山东教育出版社，1998。

的偏颇与狭隘，这一次新生将以去同求和、和谐并生、以和为美的精神境界，在广泛吸取世界先进文化的基础上，实现传统审美风尚精神资源的创造性转化，构建出引领时代精神的中国现代审美风尚。在社会主义的宪政框架内，在民主法制建设的过程中，塑造中国公民的现代国民意识，以完成近代以来思想先驱和革命志士未竟的事业，全面推进中国文化的现代转型。正在创造中华民族伟大复兴历史的当代中国，正如梁启超《少年中国说》所言，犹如“红日初升，其道大光。河出伏流，一泻汪洋。潜龙腾渊，鳞爪飞扬。乳虎啸谷，百兽震惶。鹰隼试翼，风尘吸张。奇花初胎，矞矞皇皇。干将发硎，有作其芒。天戴其苍，地履其黄。纵有千古，横有八荒。前途似海，来日方长。美哉我少年中国，与天不老，壮哉我少年中国，与国无疆。”

图书在版编目(CIP)数据

华夏审美风尚史. 序卷，腾龙起凤／许明主编.—北京：北京师范大学出版社，2016.1

(华夏审美风尚史)

ISBN 978-7-303-19560-2

Ⅰ. ①华… Ⅱ. ①许… Ⅲ. ①美学史－中国
Ⅳ. ① B83-092

中国版本图书馆 CIP 数据核字（2015）第 242547 号

营 销 中 心 电 话 010-58805072 58807651
北师大出版社学术著作与大众读物分社 http://xueda.bnup.com

TENGLONGQIFENG

出版发行：北京师范大学出版社 www.bnup.com
北京市海淀区新街口外大街 19 号
邮政编码：100875

印　　刷：北京京师印务有限公司
装　　订：北京利丰雅高长城印刷有限公司
经　　销：全国新华书店
开　　本：787 mm × 1092 mm 1/16
印　　张：19
字　　数：262 千字
版　　次：2016 年 1 月第 1 版
印　　次：2016 年 1 月第 1 次印刷
定　　价：88.00 元

策划编辑：曾忆梦　　责任编辑：陶　虹　孙燕燕
美术编辑：王齐云　　装帧设计：王齐云
责任校对：陈　民　　责任印制：马　洁